U0728527

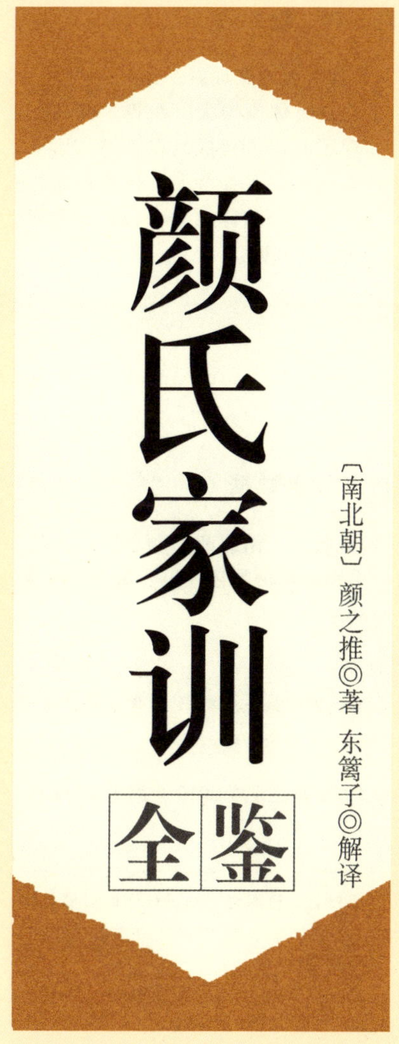

颜氏家训全鉴

〔南北朝〕颜之推◎著
东篱子◎解译

中国纺织出版社有限公司
国家一级出版社
全国百佳图书出版单位

内 容 提 要

《颜氏家训》既是一部宏大的家训教子经典，也是一部学术著作，其内容丰富、广泛，体制宏大，在我国家训史上有着举足轻重的地位，体现了我国古代的教子智慧，形成了一种新的、独特的文化形态。本书在参考大量权威古籍的基础上，将正文编写分为原文、注释和译文三个板块，并对生僻字词进行了注音，以方便读者阅读。

图书在版编目（CIP）数据

颜氏家训全鉴：珍藏版 /（南北朝）颜之推著；东篱子解译．--北京：中国纺织出版社有限公司，2019.8

ISBN 978－7－5180－6401－4

Ⅰ.①颜… Ⅱ.①颜… ②东… Ⅲ.①家庭道德—中国—南北朝时代②《颜氏家训》—注释③《颜氏家训》—译文 Ⅳ.①B823.1

中国版本图书馆 CIP 数据核字（2019）第 150599 号

策划编辑：段子君　　责任校对：楼旭红　　责任印制：储志伟

中国纺织出版社有限公司出版发行
地址：北京市朝阳区百子湾东里 A407 号楼　邮政编码：100124
销售电话：010—67004422　传真：010—87155801
http://www.c-textilep.com
E-mail：faxing@c-textilep.com
中国纺织出版社天猫旗舰店
官方微博 http://weibo.com/2119887771
北京华联印刷有限公司印刷　各地新华书店经销
2019 年 8 月第 1 版第 1 次印刷
开本：710×1000　1/16　印张：20
字数：231 千字　定价：68.00 元

凡购本书，如有缺页、倒页、脱页，由本社图书营销中心调换

前言

“家训”指的是祖父、父亲一辈对子孙后代或者是部族族长对族人的一种训示教导之辞，用以规范、处理家庭或者是家族内部的事务。古时候，“家训”又被称为“庭训”“家规”等。

我国家训初创于先秦两汉时期，发展于三国两晋至隋唐时期，成熟于宋元明清时期。在其发展阶段，颜之推所著的《颜氏家训》称得上是代表之作。他根据自己的切身经历，系统地总结出一套教子经验，内容涉及教育的各个方面，对于当时的社会、经济、文化、风俗也有所反映，理论性和实践性比较强。《颜氏家训》为后世出现的家训提供了体裁蓝本，在我国家训史上有着举足轻重的地位，体现了我国古代的教子智慧，形成了一种新的、独特的文化形态。

南北朝时期，颜之推的先人跟随东晋王朝渡江南下，定居在建康。侯景之乱时，颜之推任职散骑侍郎。江陵沦陷后，颜之推成了西魏的俘虏，跟随西魏大军西去。为了返回故乡，颜之推偷渡过河，先是逃往北齐，想要伺机回江南。梁朝被陈朝所灭后，颜之推南归的希望彻底破灭，只能孤身居住在北齐，官拜黄门侍郎。后来北齐被周朝所灭，隋朝又灭掉了周朝，颜之推又在隋朝为官。《颜氏家训》这本书便是在隋文帝灭掉陈国之后完成的。

《颜氏家训》既是一部宏大的家训教子经典，也是一部学术著作，其内容丰富、广泛，体制宏大，强调早期教育的重要性。颜之推一生历经战乱漂泊，深谙南北政治、风俗以及南学北学的长短，几乎钻研过当世的所有学问，并且对每一种学问都提出了独到的见解，对后世人有着很大的借鉴意义。

清朝人王钺在其《读书丛残》中写道："北齐黄门颜之推《家训》二十篇，篇篇药石，言言龟鉴，凡为人子弟者，当家置一册，奉为明训，不独颜氏。"《颜氏家训》总共有二十篇，其通行本又分为七卷——卷一:《序致篇》《教子篇》《兄弟篇》《后娶篇》《治家篇》；卷二:《风操篇》《慕贤篇》；卷三:《勉学篇》；卷四:《文章篇》《名实篇》《涉务篇》；卷五:《省事篇》《止足篇》《诫兵篇》《养生篇》《归心篇》；卷六:《书证篇》；卷七:《音辞篇》《杂艺篇》《终制篇》。

本书按照通行本的体例，以上海古籍出版社的《颜氏家训》为底本，将全书分为七卷，书中每一篇章都有题解作为引导，便于读者提前了解篇中所讲的主要事宜。此外，我们秉着忠实于原著而又便于读者阅读的原则，在参考大量权威古籍的基础上，按照原文、注释和译文的体例格式编写了本书正文，并对生僻字词进行了注音，以方便读者阅读。

不过，我们在学习《颜氏家训》时，也应该分辨出不适宜现代教育的消极内容。比如文中的男尊女卑思想、歧视妇女的观念等，都应注意摒弃。

最后，希望我们精心编撰的这一《颜氏家训》版本，能够为广大读者带来帮助。虽然本书无法达到尽善尽美，但我们也希望能够尽自己之力，让读者更好地学习这部有着广泛影响的家训著作。如若书中有不妥之处，敬请指正，我们将不胜感激。

《颜氏家训全鉴》平装本自出版以来，广受读者欢迎和喜爱。为满足大家的收藏、馈赠需要，现特以精装形式推出，敬请品鉴。

解译者

2019 年 1 月

目录

卷一

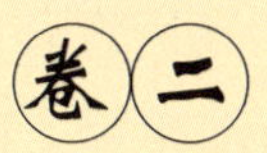

卷二

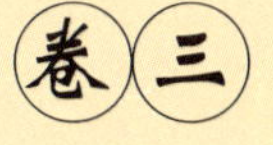

卷三

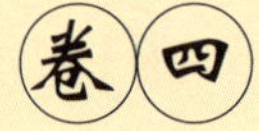
卷四

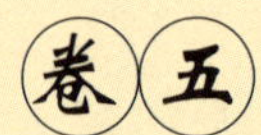
卷五

卷六

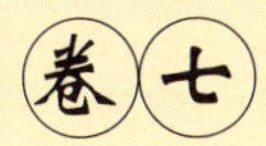

卷七

附录

卷一

序致篇

【题解】

序致篇相当于《颜氏家训》一书的序篇，颜之推在文中阐述了自己著书的目的，并且结合自身的经验和心得，说明了早期接受优良教育的重要性，认为“习若自然，卒难洗荡”，一旦养成了不良习惯，等到成年后再想改正就难了。颜之推写下家训，想要以此传给后人，整塑门风，造福子孙。

【原文】

夫圣贤之书，教人诚孝，慎言检迹①，立身扬名，亦已备矣。魏晋已来，所著诸子②，理重事复，递相模敩③，犹屋下架屋，床上施床耳。吾今所以复为此者，非敢轨物范世也④，业以整齐门内⑤，提撕子孙⑥。夫同言而信，信其所亲；同命而行，行其所服。禁童子之暴谑，则师友之诫，不如傅婢之指挥⑦；止凡人之斗阋⑧，则尧舜之道，不如寡妻之诲谕。吾望此书为汝曹之所信，犹贤于傅婢、寡妻耳⑨。

【注释】

①检迹：检点行为举止，不放纵。

②诸子：原意为先秦诸子，这里代指魏晋之后的人们阐述儒家学说的著述。

③敩（xiào）：同“效”。

④轨物：当作事物的规范。

⑤门内：指家庭内部。

⑥提撕：教导，提醒。

⑦傅婢：侍婢。

⑧斗阋（xì）：代指家庭内部兄弟之间的争吵。

⑨寡妻：正妻。

【译文】

古时圣贤们所著的书，教人忠诚孝顺，说话谨慎，不放纵自己的行为，立身扬名等道理，都已经叙述得很完备了。魏晋以来，阐述古代圣贤思想的书籍，事理重复，前后照搬，就好比在屋内又建造了一间屋子，在床上又叠放了一张床。如今我之所以也来写这样的书，并不是为了以此作为世人的行为规范，只是想要整顿家风，教导子孙。相同的一句话，有人信服，是因为说话的人是他们所亲近的；同样的一个嘱咐，有人去照办，是因为嘱咐的人是他们所顺服的。想要禁止孩童间过分地嬉笑打闹，师友的告诫还不如侍婢的指挥；想要禁止兄弟间的争执，那么尧舜之道，还不如妻子的诲谕。我希望这本书能够让你们信服，犹且希望它能胜过侍婢对孩童、妻子对丈夫所起的作用。

【原文】

吾家风教，素为整密，昔在龆龀[①]，便蒙诱诲。每从两兄，晓夕温清，规行矩步，安辞定色，锵锵翼翼[②]，若朝严君焉[③]。赐以优言，问所好尚，励短引长，莫不恳笃。年始九岁，便丁荼蓼，家涂离散，百口索然[④]。慈兄鞠养，苦辛备至，有仁无威，导示不切。虽读《礼》《传》，微爱属文[⑤]，颇为凡人之所陶染，肆欲轻言，不修边幅。年十八九，少知砥砺，习若自然，卒难洗荡。二十已后，大过稀焉。每常心共口敌，性与情竞，夜觉晓非，今悔昨失，自怜无教，以至于斯。追思平昔之指，铭肌镂骨；非徒古书之诫，经目过耳也。故留此二十篇，以为汝曹后车耳[⑥]。

【注释】

①龆龀（tiáo chèn）：指孩童换牙之时，此处代指童年。

②锵锵翼翼：行走的时候恭敬有礼。

③严君：代指父母。

④百口：全家。古时人口众多，有百口之称。

⑤属文：写文章。

⑥后车：后继之车，意为借鉴。

【译文】

我家的家风，素来都是严整缜密，在童年时代，便蒙受教诲指导。跟随我的两位兄长，早晚侍奉双亲，行事合乎规矩，言辞平和神色安详，连走路都要恭敬有礼，犹如给父母请安一般。长辈以佳言警句勉励我，关心我的喜好，鼓励我克服短处发扬长处，没有不恳切深厚的。我刚满九岁的时候，父亲去世，家道离散，人口零落。慈爱的兄长将我抚养长大，辛苦到了极点，他仁爱有余威严不足，对我的教导并不严厉。虽然我读了《周礼》《左传》，对于写文章也有些喜爱，但却因受凡俗之人的影响，放纵私欲，信口开河，不修边幅。十八九岁的时候，才渐渐明白要磨炼品行，但习惯成自然，很难彻底改掉之前的不良习惯。二十岁之后，就很少犯大的过失了。每次想要信口开河的时候，心中就会有所警醒并加以控制，以至于理智和情感常处于矛盾的状态，晚上察觉白天犯下的错误，今天反省昨天的过失，自己哀伤于幼时无教，才到了今天这

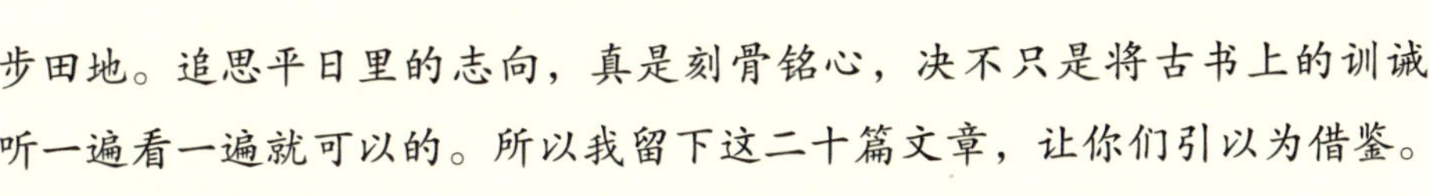

步田地。追思平日里的志向，真是刻骨铭心，决不只是将古书上的训诫听一遍看一遍就可以的。所以我留下这二十篇文章，让你们引以为借鉴。

教子篇

【题解】

教子篇， 顾名思义， 讲述的是关乎子女教育的问题。 颜之推对儿童的早期教育非常重视， 认为 “教妇初来， 教儿婴孩”， 幼时没有接受良好的教育， 等不良习性养成之后， 就很难再纠正过来。 他主张父母在教育过程中 “威严而有慈”， 反对 “无教而有爱”， 认为不可过分溺爱孩子， 不可同孩子过于亲昵， 不可偏宠， 不可盲目等。

【原文】

上智不教而成，下愚虽教无益，中庸之人①，不教不知也。古者，圣王有“胎教”之法：怀子三月，出居别宫，目不邪视，耳不妄听，音声滋味，以礼节之。书之玉版，藏诸金匮②。生子孩提③，师保固明④，孝仁礼义，导习之矣。凡庶纵不能尔⑤，当及婴稚识人颜色、知人喜怒，便加教诲，使为则为，使止则止。比及数岁，可省笞罚。父母威严而有慈，则子女畏慎而生孝矣。

【注释】

①中庸之人：智力普通的人。

②金匮：金属材料的柜子。

③孩提：两三岁的孩童。

④师保：古时教导皇室贵族的官。

⑤凡庶：普通人。

【译文】

智力超群的人，不用教育也可以成才；智力低下的人，即便教育也没有什么用处；智力一般的人，不接受教育就无法知道事理。古时候，圣王有“胎教”的方法：王后怀孕三个月的时候，便会搬到专门的宫室居住，不看不该看的，不听不该听的，音乐饮食，都要依照礼仪进行节制。这种胎教之法被写入玉版，藏于金柜中。孩子两三岁的时候，就已经确定好了师保，开始教导他们仁、孝、礼、义的道理，并引导他们加以熟习。普通百姓纵然不能这样，但也应该在婴孩懂得识人脸色、知人喜怒时，开始教诲，让他做的时候就去做，不让他做时便不做，等到他再长几岁时，就可以省去竹板的惩罚了。父母威严而又有慈爱，那么子女便懂得戒惕谨慎而生孝心了。

【原文】

吾见世间，无教而有爱，每不能然；饮食运为[①]，恣其所欲，宜诫翻奖，应呵反笑，至有识知，谓法当尔。骄慢已习，方复制之，捶挞至死而无威，忿怒日隆而增怨，逮于成长，终为败德。孔子云：“少成若天性，习惯如自然。”是也。俗谚曰：“教妇初来，教儿婴孩。”诚哉斯语。

【注释】

①运为：行为。

【译文】

我见世间父母，不懂得对子女进行教育却对其溺爱无比的，每次都不以为然；饮食行为，肆意放纵，该惩戒的反倒夸奖，该呵斥的反倒微笑，到了子女懂事时，还认为道理本该如此。子女已经养成了骄横傲慢的习气，父母才想要加以节制，（这个时候）即便将子女抽打至死也难再树立父母的威严，父母心中忿怒之气日益增加，因此招来子女的怨恨，等到子女成人，最终会变成道德败坏之人。孔子说：“少成若天性，习惯如自然”，说的就是这个道理。俗语说：“媳妇初来时就要教导，子女出生时就要教育。”此话一点不假。

【原文】

凡人不能教子女者，亦非欲陷其罪恶，但重于呵怒伤其颜色，不忍楚挞惨其肌肤耳①。当以疾病为谕，安得不用汤药针艾救之哉②？又宜思勤督训者，可愿苛虐于骨肉乎？诚不得已也！

【注释】

①楚挞（tà）：杖打。

②艾：艾叶，中医以其熏灼人体而达疗效。

【译文】

凡是无法教导子女的人，其实并不是想要让子女作奸犯科，只是不想因大声呵斥责骂而使子女脸色沮丧，不忍心让子女受杖打之苦而伤及肌肤罢了。对此应该以治病救人来比喻，难道不用汤药针艾就可以把病治好吗？又应该想想那些勤于教导训诫子女的父母，难道他们愿意虐待自己的骨肉吗？实在是不得已啊！

【原文】

王大司马母魏夫人①，性甚严正。王在湓城时②，为三千人将，年逾四十，少不如意，犹捶挞之，故能成其勋业。梁元帝时，有一学士，聪敏有才，为父所宠，失于教义。一言之是，遍于行路[3]，终年誉之；一行之非，揜藏文饰，冀其自改。年登婚宦[4]，暴慢日滋，竟以言语不择，为周逖抽肠衅鼓云[5]。

【注释】

①王大司马：王僧辩，南朝梁人，字君才，曾拜大司马等职。

②湓（pén）城：湓水入长江之处，今江西九江。

③行路：路人。

④婚宦：结婚和为官，这里代指成年。

⑤周逖：卢文弨曰："周逖无考，唯《陈书》有《周迪传》。"梁元帝时期，周迪官拜高州刺史，封临汝县侯。

【译文】

大司马王僧辩的母亲魏夫人，品性很是严谨方正。王僧辩在湓城时，统率三千人马，年过四十，（即便如此，王僧辩）若稍微有不如魏夫人意的地方，犹且还要受杖打之苦，所以才能够成就他的勋业。梁元帝时期，有一个学士，聪敏有才，深受其父亲的宠爱，却疏于教义。他说对了一句话，其父便四处向路人宣扬，终年都赞誉他；他行为上有些过失，其父便百般修饰掩藏，希望他能够自行改过。这个学士成年之后，粗暴傲慢的恶习日益滋长，最后因出言不逊，惹怒了周逖招致杀身之祸，死后肠子被抽出，血也被用来祭祀战鼓。

【原文】

父子之严，不可以狎；骨肉之爱，不可以简。简则慈孝不接，狎则怠慢生焉。由命士以上[1]，父子异宫，此不狎之道也；抑搔痒痛，悬衾箧枕[2]，此不简之教也。或问曰："陈亢喜闻君子之远其子[3]，何谓也？"对曰："有是也。盖君子之不亲教其子也。《诗》有讽刺之辞，《礼》有嫌疑之诫，《书》有悖乱之事，《春秋》有邪僻之讥，《易》有备物之象[4]：皆非父子之可通言，故不亲授耳。"

【注释】

①命士：古时候，读书做官的人被称之为士，这里指的是受朝廷爵命的士。

②悬衾箧（qiè）枕：将捆好的被子悬挂起来，将枕头装入箱子里。

③陈亢：孔子的弟子。

④备物：置办各种器物。

【译文】

父子之间要有威严存在，不可以过分亲昵；骨肉之爱，不可以简慢而不知礼仪。简慢就做不到父慈子孝，过度亲昵就会产生怠慢之心。从命士往上数，父子都是分屋而住，这是不过分亲昵的办法；为长辈按摩抑搔，整理起卧用具，这是不简慢的教育。有的人问："陈亢因听说君子疏远自己的儿子而感到高兴，这是为什么呢？"我会回答说："这是很有道理的。君子大约不会亲自教导自己的儿子。《诗》里有讽刺骂人的诗句，《礼》中有不宜言传的告诫，《书》中有对悖乱之事的记载，《春秋》有对邪僻之事的讥讽，《易》中有置办器物的卦象：都不是父亲可以向子女直接讲授的，因此君子不会亲自教导自己的子女。"

【原文】

齐武成帝子琅邪王，太子母弟也，生而聪慧，帝及后并笃爱之，衣服饮食，与东宫相准①。帝每面称之曰："此黠儿也②，当有所成。"及太子即位，王居别宫，礼数优僭③，不与诸王等。太后犹谓不足，常以为言。年十许岁，骄恣无节，器服玩好，必拟乘舆④。尝朝南殿，见典御进新冰⑤，钩盾献早李⑥，还索不得，遂大怒，訽曰⑦："至尊已有，我何意无？"不知分齐，率皆如此。识者多有叔段、州吁之讥⑧。后嫌宰相，遂矫诏斩之，又惧有救，乃勒麾下军士，防守殿门。既无反心，受劳而罢，后竟坐此幽薨⑨。

【注释】

①东宫：古时太子居住的地方，有时也代指太子。

②黠（xiá）：聪明。

③礼数：关乎礼仪的等级制度。

④乘舆：皇帝乘坐的车子，又代指皇帝。

⑤典御：古时掌管皇帝饮食的官员。

⑥钩盾：古时主管皇家园林的官员。

⑦诟（gòu）：骂。

⑧叔段、州吁：叔段，郑庄公的弟弟，行事不拘礼节，最后因谋反失败而逃亡共地；州吁，卫庄公的儿子，深受卫庄公的喜爱，卫桓公即位后，州吁作乱，被大臣所杀。

⑨坐：获罪。

【译文】

齐武成帝高湛的三儿子琅邪王高俨，是太子高纬的同母弟弟，自幼聪慧，皇上和皇后都非常宠爱他，他的衣服饮食，标准都和太子一模一样。皇帝每次看到他都说："这是个聪明的孩子，一定会有所成就。"等到太子即位，琅邪王高俨移居别宫，但依然享受优厚的待遇，并不和其他诸侯王相等。（即便这样）太后总说优待不够，经常挂在嘴上。琅邪王高俨十几岁的时候，性情便骄横无节制，用的、穿的、玩的，一定要和皇帝相比。有一次，高俨去南殿朝拜的时候，看到典御官给皇帝进献了刚取出的新冰，钩盾官给皇帝呈上了早熟的李子，高俨便派人前去索取，最后没有得到，于是大发脾气，骂道："皇帝都有的东西，我为什么没有?"言行举止没有分寸，在其他事情上的行为也大抵如此。有识之士讥讽他如叔段、州吁一般。后来，高俨厌恶宰相和士开，于是便假传圣旨想要将其斩首，后又担心有人前来搭救，便命令自己的军士，防守住殿门。虽然高俨并没有反叛之心，受到皇帝的安抚后也就撤兵了，不过最后还是因为这件事情获罪，被皇帝秘密处死。

【原文】

人之爱子，罕亦能均，自古及今，此弊多矣。贤俊者自可赏爱，顽鲁者亦当矜怜。有偏宠者，虽欲以厚之，更所以祸之。共叔之死，母实为之。赵王之戮[①]，父实使之。刘表之倾宗覆族[②]，袁绍之地裂兵亡[③]，可为灵龟明鉴也[④]。

【注释】

①赵王：赵王如意为汉高祖刘邦和戚夫人所生，深受宠爱。戚夫人整日向刘邦哭诉，希望汉高祖能够改立赵王为太子，但未能如愿。汉高祖死后，吕后将赵王如意毒死，并将戚夫人制成了“人彘”。

②刘表：刘表有两个儿子，刘琦和刘琮。刘表后妻蔡氏的侄女嫁给刘琮为妻，于是蔡氏便偏爱刘琮而厌恶刘琦，经常在刘表耳边说刘琦的坏话，刘表也比较偏信于她。刘琦感到自己所处的危险境地，便向刘表请求外出任职。刘表生病时，蔡氏将前来探望的刘琦关在门外，并趁机让刘表立刘琮为继承人，导致兄弟反目。

③袁绍：袁谭、袁熙、袁尚为袁绍的三个儿子。袁绍的后妻刘氏偏爱袁尚，袁绍死后，其部下以袁谭为长子，想立他为继承人，但袁尚的下属却假传袁绍的遗命，立袁尚为继承人，最后导致兄弟反目，兵戎相见，最后倒是便宜了前来进攻的曹操。

④灵龟明鉴：古人进行卜筮时，以龟甲占卜，以铜镜照形，所以用这两种事物比喻可资借鉴的事情。

【译文】

人们爱护自己的孩子，却极少能够做到一视同仁。从古至今，这种做法的弊端有很多。聪明俊俏的孩子自然可以得到赏识和喜爱，但那些愚蠢顽劣的孩子也应该得到爱怜和同情才对。那些偏爱孩子的，虽然想要以自己的爱来厚待于他，却反而给他带来灾祸。共叔的死，实际上是他的母亲造成的。赵王遭到的杀戮，实际上是他的父亲造成的。刘表家族的倾覆，袁绍家族的内乱兵败，都可以当作明镜、灵龟般的借鉴。

【原文】

齐朝有一士大夫，尝谓吾曰："我有一儿，年已十七，颇晓书疏[①]。教其鲜卑语及弹琵琶，稍欲通解，以此伏事公卿[②]，无不宠爱，亦要事也。"吾时俛而不答[③]。异哉，此人之教子也！若由此业[④]，自致卿相，亦不愿汝曹为之。

【注释】

①书疏：指文书信函的书写工作。

②伏事：服侍。

③俛（fǔ）：同"俯"，低头。

④业：职业。

【译文】

齐朝有一位士大夫，曾经对我说："我有一个儿子，已经十七岁了，颇懂些文书信函方面的抄写工作。我教给他鲜卑语，教他弹奏琵琶，他也稍微有些掌握了，以这些技能来服侍公卿大人，没有不宠爱他的，这也是很要紧的一件事。”我低下头没有回答。这个人的教子方式，很奇怪！就算从事这样的工作就能官拜卿相，我也不愿意让你们去做。

兄弟篇

【题解】

兄弟篇主要论述的是家庭成员之间的关系，兄弟友爱，弟弟要像尊敬父亲般尊敬自己的兄长，以此来维护家庭的和睦团结。颜之推对于兄弟关系非常重视，相应之下，他对夫妻关系的漠视有些让人讶然，他甚至认为，正是因为夫妻关系的存在，才削弱了兄弟间的情谊，并将夫妻关系看作是老鼠、麻雀般的害虫，要防止它们对兄弟之情的侵害。

【原文】

夫有人民而后有夫妇，有夫妇而后有父子，有父子而后有兄弟，一家之亲，此三而已矣。自兹以往，至于九族[1]，皆本于三亲焉，故于人伦为重者也，不可不笃。

【注释】

①九族：指的是自身之上的父亲、祖父、曾祖父、高祖父和之下的儿子、孙子、曾孙子、玄孙子等。也以父族四、母族三、妻族二为“九族”。

【译文】

先有人类而后有夫妇，有了夫妇而后有父子，有了父子而后有兄弟，一家之中的亲人，也只有这三类而已。再往后推算，到了九族，都是从三亲而来的，所以人伦关系中最为重要的就是三亲，不可以不重视。

【原文】

兄弟者，分形连气之人也[①]。方其幼也，父母左提右挈[②]，前襟后裾，食则同案[③]，衣则传服[④]，学则连业，游则共方，虽有悖乱之人，不能不相爱也。及其壮也，各妻其妻，各子其子，虽有笃厚之人，不能不少衰也。娣姒之比兄弟[⑤]，则疏薄矣。今使疏薄之人，而节量亲厚之恩，犹方底而圆盖，必不合矣。惟友悌深至，不为旁人之所移者[⑥]，免夫！

【注释】

①分形连气：形体分开，气息相连。

②挈（qiè）：提着，扶持。

③案：古时盛放食物的盘子。

④传服：大孩子穿过的衣服再留给小孩子穿。

⑤娣姒（sì）：妯娌。

⑥旁人：代指妻子。

【译文】

兄弟，是形体分离、气息相连的人。在他们年幼的时候，父母左手提着一个右手拉着一个，前面的牵着父母的前襟，后面的拉着父母的衣摆，吃饭都在同一个盘子里，衣服也是大孩子穿完小孩子穿，大孩子用过的书本再留给小孩子用，玩耍的时候都会去同一个地方，即便有悖乱之人，也不可不相互爱护。等到他们成年，各自娶了妻子，各自有了孩子，即便是忠诚亲厚的兄弟，感情也会比少时减少些。妯娌之间和兄弟相比，感情更要疏远得多。而今让感情疏远的人，来节制感情深厚的兄弟，犹如给方形的底座配了圆形的盖子，一定是不合适的。只有兄弟间相互爱护、感情深厚，不会受他人影响而有所转移，才能够避免上面这些情况。

【原文】

二亲既殁[①]，兄弟相顾，当如形之与影，声之与响；爱先人之遗体，惜己身之分气，非兄弟何念哉[②]？兄弟之际，异于他人，望深则易怨，地亲则易弭。譬犹居室，一穴则塞之，一隙则涂之，则无颓毁之虑；如雀鼠之不恤，风雨之不防，壁陷楹沦[③]，无可救矣。仆妾之为雀鼠，妻子之为风雨，甚哉！

【注释】

①殁（mò）：死。

②念：爱怜。

③楹：厅前的柱子。

【译文】

双亲死后，兄弟间相互照应，应该如同形体和影子，声响与回声的关系一样密切，互相爱惜先人赐予的躯体，互相珍惜从先人那里分得的血气，不是兄弟谁又会这般相互爱怜呢？兄弟之间的关系，与他人不同，相互期望越高就越容易惹来怨恨，而关系越近也就越容易消除不满。犹如一间房子，破损一个洞就立刻堵上，出现一条缝隙便立刻涂上，这样就没有倒塌的忧虑了；如果不在乎雀鼠的危害，不防备风雨的

侵害，那么墙壁便会倒塌，柱子也会摧折，无法补救了。仆妾比那雀鼠，妻子比那风雨，怕还更厉害些吧！

【原文】

兄弟不睦，则子侄不爱[①]；子侄不爱，则群从疏薄；群从疏薄[②]，则僮仆为仇敌矣。如此，则行路皆踖其面而蹈其心[③]，谁救之哉？人或交天下之士皆有欢爱，而失敬于兄者，何其能多而不能少也；人或将数万之师得其死力，而失恩于弟者，何其能疏而不能亲也！

【注释】

①子侄：兄弟的儿子。

②群从：指和“子侄”同辈的家族子弟。

③踖（jí）：踩踏。

【译文】

兄弟间不和睦，那么子侄间就不会相互爱护；子侄间不相互爱护，那么同族子弟的关系就会疏远淡薄；同族子弟的关系疏远淡薄，那么僮仆之间将会互为仇敌。这样一来，就连过往的行人都能够任意踩踏、侮辱他们，谁又能够救他们呢？有人能够友爱天下的士人，却不尊敬自己的兄长，为何对多数人可以做到而却对少数人做不到；有人能够统率几万大军，使他们愿拼死效力，却没有善待自己的弟弟，为何能够对关系疏远的人做到而无法对亲近的人做到呢。

【原文】

娣姒者，多争之地也。使骨肉居之，亦不若各归四海，感霜露而相思，伫日月之相望也[①]。况以行路之人，处多争之地，能无间者鲜矣。所以然者，以其当公务而执私情[②]，处重责而怀薄义也。若能恕己而行[③]，换子而抚[④]，则此患不生矣。

【注释】

①伫：久立。

②公务：家庭的内部事务。

③恕己：以宽恕自己的心来宽恕他人。

④换子而抚：交换孩子来抚养。这里指要像对待自己的孩子那样对待兄弟的子女。

【译文】

妯娌之间经常会产生争执。即便是亲姐妹成为妯娌，也不如让她们各嫁一方，这样她们还会因为霜露的降临而相互思念，久久站在日月之下期盼相聚。更何况妯娌原本就是互不相关的路人，又处于一个容易发生争执的环境中，能够不产生隔阂的很少。之所以会这样，是因为大家在处理家庭内部事务的时候都存有私心，身负重任却心怀私怨。如果能够以恕己之心来行事，爱护别人家的孩子如同爱护自家的孩子一般，那么就不会产生这样的忧患了。

【原文】

人之事兄，不可同于事父[①]，何怨爱弟不及爱子乎？是反照而不明也。沛国刘琎，尝与兄瓛连栋隔壁[②]，瓛呼之数声不应，良久方答；瓛怪问之，乃曰："向来未着衣帽故也[③]。"以此事兄，可以免矣。

【注释】

①可：肯。

②瓛（huán）：人名。

③向来：刚才。

【译文】

人们在服侍兄长的时候，不肯用服侍父亲的态度对待，又何必要埋怨兄长爱惜弟弟不如爱惜自己的儿子呢？这是因为缺乏对自身的观照。沛国的刘琎，曾经就住在兄长刘瓛的隔壁，有一次刘瓛几次呼唤刘琎都没有回应，过了好一阵才听到刘琎的回答；刘瓛感到奇怪便问其原因，刘琎说："因为我刚才没有穿戴好衣帽。"以这样的态度服侍兄长，就不必担心上述情况的发生了。

【原文】

江陵王玄绍，弟孝英、子敏，兄弟三人，特相友爱，所得甘旨新异[①]，非共聚食，必不先尝。孜孜色貌[②]，相见如不足者。及西台陷没，玄绍以形体魁梧，为兵所围，二弟争共抱持，各求代死，终不得解，遂并命尔[③]。

【注释】

①甘旨：食物美味。

②孜孜：勤勉。

③并命：相从而死。

【译文】

江陵人王玄绍，和弟弟孝英、子敏一共兄弟三人，非常友爱，要是得到了新奇的美味，如果不能三人一起品尝，就一定不会一个人先吃。三人间的勤勉热诚从神态上就能看出来，每一次相见都感觉在一起的时间远远不够。等到西台沦陷时，王玄绍因为身形高大魁梧，被敌军团团包围，两个弟弟争相抱住他，请求代哥哥赴死，但最终也没有消除厄运，于是兄弟三人相从而死。

后娶篇

【题解】

后娶篇谈论的主要是后娶的危害。 在此篇中， 颜之推引用了大量的事例来告诫后世之孙， 对待后娶之事一定要慎之又慎， 否则一不小心， 便会造成父子离间、 子女受虐的悲剧。 在此篇的论述中， 颜之推对于妇女的歧视态度也更加显露出来。

【原文】

吉甫[①]，贤父也。伯奇[②]，孝子也。以贤父御孝子[③]，合得终于天性[④]，而后妻间之，伯奇遂放。曾参妇死[⑤]，谓其子曰："吾不及吉甫，汝不及伯奇。"王骏丧妻[⑥]，亦谓人曰："我不及曾参，子不如华、元[⑦]。"并终身不娶。此等足以为诫。其后假继惨虐孤遗[⑧]，离间骨肉，伤心断肠者何可胜数。慎之哉！慎之哉！

【注释】

①吉甫：尹吉甫，周宣王的大臣。

②伯奇：尹吉甫的大儿子。伯奇遭到后母的诬陷，被尹吉甫赶出家门。后来伯奇将自己的冤屈写入琴曲《履霜操》中，尹吉甫得知真相后，杀死后妻，并召回了伯奇。

③御：驾驭，这里指管教。

④天性：指父子间相互爱护的天性。

⑤曾参：曾子。

⑥王骏：西汉成帝时的大臣，

妻子死后没有再娶。

⑦华、元：曾子的儿子，曾华和曾元。

⑧假继：继母。

【译文】

尹吉甫，是贤明的父亲。伯奇，是孝顺的儿子。以贤明的父亲来管教孝顺的儿子，这完全符合父慈子孝的天性，但却因尹吉甫后妻的挑拨，使得伯奇被放逐在外。曾子的妻子死后不愿再娶，并对他的儿子说："我不如尹吉甫，你不如伯奇。"王骏的妻子死后，对别人说："我不如曾子，我的儿子也不如曾华、曾元。"于是终生没有再娶。这些事情都能够引以为戒。而在曾子、王骏之后，继母虐待前妻留下的孩子，离间骨肉之情，伤心断肠的事数不胜数。一定要慎之又慎。

【原文】

江左不讳庶孽[①]，丧室之后，多以妾媵终家事[②]。疥癣蚊虻[③]，或未能免；限以大分[④]，故稀斗阋之耻。河北鄙于侧出[⑤]，不预人流[⑥]，是以必须重娶，至于三四，母年有少于子者[⑦]。后母之弟，与前妇之兄，衣服饮食，爰及婚宦，至于士庶贵贱之隔，俗以为常。身没之后，辞讼盈公门，谤辱彰道路，子诬母为妾，弟黜兄为佣，播扬先人之辞迹[⑧]，暴露祖考之长短[⑨]，以求直己者，往往而有。悲夫！自古奸臣佞妾，以一言陷人者众矣，况夫妇之义，晓夕移之，婢仆求容，助相说引[⑩]，积年累月，安有孝子乎？此不可不畏。

【注释】

①江左：长江下游南岸地区。

②妾媵（yìng）：侍妾。

③疥癣蚊虻：代指家庭内部的小纠纷。

④大分：名分。

⑤河北：黄河以北。

⑥人流：有身份人的行列。

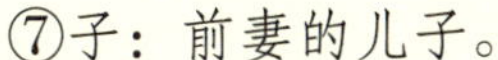

⑦子：前妻的儿子。

⑧辞迹：言语。代指先辈的隐私。

⑨祖考：祖先。考，已逝的父亲。

⑩引：引诱。

【译文】

江左一带的人不避讳侍婢的孩子，正妻去世后，大多都是让侍婢来主持家事。这样一来家庭中的小矛盾，或许未能避免；但因侍婢名分的限制，所以很少发生像兄弟争执这般羞耻的事。黄河以北地区的人鄙视侍妾所生的孩子，不给予他们平等的社会地位，正妻死后就必须再娶，甚至会迎娶三四次，有的后母年龄比前妻的儿子还小。后母的儿子和前妻的儿子，衣服饮食以至于婚配为官，竟有着士庶贵贱般的差异，而当地人却认为这是正常的。父亲去世后，兄弟之间的争执就要闹到官府去，在路上都能够听到他们之间的诽谤辱骂声，前妻的儿子骂后母为小老婆，后妻的儿子贬低前妻的儿子为佣仆，并四处散播先辈的隐私，暴露祖先的短处，以证明自己的道理，这种事情时常发生。真是可悲啊！自古奸臣佞妾，用一句话便能陷害别人的有很多，更何况以夫妻间的情意，后妻早晚都能够转移丈夫的心意，侍婢仆人为了赢得主人的欢心，也从旁帮着劝说诱引，长年累月，哪还有孝子呢？这不能不让人感到畏惧啊！

【原文】

凡庸之性，后夫多宠前夫之孤，后妻必虐前妻之子。非唯妇人怀嫉妒之情，丈夫有沉惑之僻[①]，亦事势使之然也。前夫之孤，不敢与我子争家，提携鞠养[②]，积习生爱，故宠之；前妻之子，每居己生之上，宦学婚嫁[③]，莫不为防焉，故虐之。异姓宠则父母被怨[④]，继亲虐则兄弟为仇[⑤]，家有此者，皆门户之祸也。

【注释】

①沉惑：沉迷。

②鞠养：抚养。

③宦学：宦，为官；学，学习《六经》事宜。

④异姓：前夫的儿子。

⑤继亲：后母。

【译文】

普通人的秉性，后夫大多都宠爱前夫的孩子，后妻却一定会虐待前妻的孩子。并不是因为只有妇人才有嫉妒之情，而是男子容易沉迷于诱惑的缘故，也是事情的事态促成的。前夫的儿子，不敢和自己的儿子争夺家产，提携养育他们，时间久了自然就会生出爱心，所以会宠爱他；前妻的儿子，身份地位都居于自己的儿子之上，做官进学结婚出嫁，后母没有不提防的，所以才会虐待他。父母宠爱前夫的儿子，那么就会遭到自己孩子怨恨；后母虐待前妻的儿子，兄弟就会反目为仇，家中有这般情况的，都是门户的灾祸啊。

【原文】

思鲁等从舅殷外臣[①]，博达之士也。有子基、谌，皆已成立，而再娶王氏。基每拜见后母，感慕呜咽[②]，不能自持，家人莫忍仰视。王亦凄怆，不知所容，旬月求退，便以礼遣，此亦悔事也。

【注释】

①思鲁：颜之推的长子。

②感慕：思念。

【译文】

思鲁等兄弟的表舅殷外臣，是个博学通达之人。他的两个儿子殷基、殷谌，都已经成年，殷外臣又续娶王氏为妻。殷基每次拜见后母时，都因思念生母而呜咽哭泣，无法自持，家人都不忍心看他。王氏也很凄怆，不知道该怎么办，所以结婚还没有半个月便要求退婚，殷外臣只能依照礼仪将她送回娘家，这也是一件让人后悔的事啊。

【原文】

《后汉书》曰："安帝时，汝南薛包孟尝，好学笃行，丧母，以至孝闻。及父娶后妻而憎包，分出之。包日夜号泣，不能去，至被殴杖。不得已，庐于舍外，旦入而洒扫。父怒，又逐之，乃庐于里门[①]，昏晨不废[②]。积岁余，父母惭而还之。后行六年服，丧过乎哀[③]。既而弟子求分财异居，包不能止，乃中分其财：奴婢引其老者，曰：'与我共事久，若不能使也[④]。'田庐取其荒顿者[⑤]，曰：'吾少时所理[⑥]，意所恋也。'器物取其朽败者，曰：'我素所服食[⑦]，身口所安也。'弟子数破其产，还复赈给。建光中，公车特征[⑧]，至拜侍中。包性恬虚，称疾不起，以死自乞。有诏赐告归也[⑨]。"

【注释】

①里门：乡里之门。

②昏晨不废：早晚给父母请安，从不废止。

③丧过乎哀：守丧超过哀礼的要求。

④若：你。

⑤荒顿：荒废。

⑥理：整治。

⑦服：用。

⑧公车：汉代官署名。

⑨赐告：汉制。官吏得病满三个月后，皇帝特赐其回家养病，并为

其保留官职，称为赐告。

【译文】

《后汉书》记载：“安帝时期，汝南人薛包，字孟尝，好学笃行，母亲已经去世了，而他以至孝闻名于乡间。他的父亲娶了后妻后便逐渐憎恶薛包，并让他分家单独居住。薛包日夜哭泣，不愿离去，以致遭到了父亲的殴打。不得已之下，薛包只能在门外搭了一间小屋居住，早上便回到家里打扫。父亲很是恼怒，又将他逐出家门，薛包只能在乡里之门处搭建了茅屋暂住，但早晚向父母请安的规矩并没有废止。一年多之后，父母因心中有愧而让薛包回家。父母死后，薛包守丧六年，已经超过了哀礼的要求。随后弟弟要求分家居住，薛包制止不住，只能平分了家产：薛包留下了年龄大的奴婢，并说：‘她们和我共事很久了，你使唤不了她们。’薛包要了荒废的田地房屋，说：‘我年轻时曾经打理过，对它们有些依恋。’器物取那些快要朽败的，并说：‘我一直都用它们，早就习惯了。’弟弟几次败坏了家产，薛包又几次接济他。建光年间，官府特意征用他，直至官拜侍中。不过薛包性情恬淡，称病不起，并以死祈求回家养老。皇帝便拟好诏书，保留他的官职，让他回家养病。”

治家篇

【题解】

在颜之推看来，治家最重要的就是要以身作则：父慈则子孝，兄友则弟恭，夫义则妇顺等。治家和治国的道理是一样的，都要有章可循。要心怀仁爱之心，勤俭治家，宽严适度；要保有正确的态度和立场；要从小事出发，来不得半点马虎。

【原文】

夫风化者[1]，自上而行于下者也，自先而施于后者也。是以父不慈则子不孝，兄不友则弟不恭，夫不义则妇不顺矣。父慈而子逆，兄友而弟傲，夫义而妇陵[2]，则天之凶民，乃刑戮之所摄[3]，非训导之所移也。

【注释】

①风化：教化。

②陵：凌辱。

③刑戮：刑罚。

【译文】

教化的事情，需要自上而下地推行，要让先人影响后人。所以父亲不慈爱那么儿子就不孝顺，兄长不友爱那么弟弟就不恭敬，丈夫不仁义那么妻子就会不顺从。父亲慈爱而子女违逆，兄长友爱而弟弟傲慢，丈夫仁义而妻子凶悍，这就是天生的凶民了，只能以刑罚杀戮来让他们畏惧，并不是训导就能够改变的。

【原文】

笞怒废于家[1]，则竖子之过立见[2]；刑罚不中[3]，则民无所措手足。治家之宽猛，亦犹国焉。

孔子曰："奢则不孙[4]，俭则固。与其不孙也，宁固。"又云："如有周公之才之美[5]，使骄且吝，其余不足观也已。"然则可俭而不可吝也。俭者，省约为礼之谓也；吝者，穷急不恤之谓也。今有施则奢，俭则吝。如能施而不奢，俭而不吝，可矣。

【注释】

①笞：鞭打。

②竖子：未成年人。

③中：合适。

④孙：同“逊”，恭顺。

⑤周公：名姬旦，周文王的儿子。

【译文】

废止家庭内部的鞭打等体罚手段，那么孩子的过失就会立刻显现；刑罚不适当，百姓便会手足无措。治家的宽与猛，和治国是一样的。

孔子说：“奢侈就不会恭顺，节俭就会固陋。与其不恭顺，宁愿固陋。”又说：“如若一个人有周公那般的才能，但他却骄奢吝啬，那么他其余的地方也就不值一提了。”因此，人可以节俭但不可以吝啬。节俭，是节省简约而合乎礼数的意思；吝啬，是不救济穷困危难之人的意思。现在愿意施舍的人往往奢侈无比，节俭的人却又吝啬。如若可以做到施舍而又不奢侈，节俭而又不吝啬，就可以了。

【原文】

生民之本，要当稼穑而食[①]，桑麻以衣。蔬果之畜[②]，园场之所产；鸡豚之善[③]，埘圈之所生[④]。爰及栋宇器械，樵苏脂烛[⑤]，莫非种殖之物也。至能守其业者，闭门而为生之具以足，但家无盐井耳[⑥]。今北土风俗，率能躬俭节用，以赡衣食[⑦]；江南奢侈，多不逮焉[⑧]。

【注释】

①要当稼穑（sè）：要当，最重要的是；稼穑，泛指农业生产。

②畜：蓄积。

③豚：猪。

④埘（shí）：在墙壁上挖洞而成的鸡窝。

⑤樵苏脂烛：樵苏，做燃料用的柴草；脂烛，用大麻的籽实灌油脂照明。

⑥盐井：用以煮盐而挖的地下井。

⑦赡：足。

⑧不逮：不及。

【译文】

百姓生存的基础，最重要的是从事农业生产以获得食物，种植桑麻以获得衣服。蔬菜瓜果的蓄积，是由园场生产的；鸡肉猪肉等美食，都是从鸡窝猪圈里面产出的。至于房屋器械、柴草脂烛，都是源于耕种养殖的事物。那些善于操持家业的人，不用出门就已经备齐了维持生计的各种物品，唯独只缺盐井而已。而今北方的风俗，大都能够做到躬俭节用，足以保障自己的衣食用品；而江南地区盛行奢侈之风，在节俭方面是远不及北方的。

【原文】

梁孝元世[①]，有中书舍人[②]，治家失度，而过严刻，妻妾遂共货刺客[③]，伺醉而杀之。

【注释】

①梁孝元：梁元帝萧绎。

②中书舍人：官职名。

③货：买通。

【译文】

梁元帝时期，有一个中书舍人，治家没有尺度，过于严厉苛刻，于是妻妾一起买通了一个刺客，趁着他醉酒的时候将他杀了。

【原文】

世间名士，但务宽仁；至于饮食饟馈[①]，僮仆减损，施惠然诺[②]，妻子节量，狎侮宾客，侵耗乡党[③]：此亦为家之巨蠹矣[④]。

【注释】

①饟（xiǎng）馈：饟，通“饷”，饷馈，馈赠。

②然诺：应允，承诺。

③侵耗乡党：侵耗，克扣；乡党，乡里。

④蠹（dù）：蛀虫。此处比喻那些危害家庭的人或事。

【译文】

世间的一些名士，治家只求宽容仁爱；以至于日常的饮食和馈赠的物品，连家里的僮仆都敢私下克扣，答应给别人的恩惠，也会被妻子儿女从中扣减，甚至还发生戏弄欺侮宾客、克扣乡里的事：这也是家庭的巨大危害。

【原文】

齐吏部侍郎房文烈[①]，未尝嗔怒，经霖雨绝粮[②]，遣婢籴米[③]，因尔逃窜，三四许日，方复擒之。房徐曰：“举家无食[④]，汝何处来?”竟无捶挞[⑤]。尝寄人宅[⑥]，奴婢彻屋为薪略尽[⑦]，闻之颦蹙[⑧]，卒无一言。

【注释】

①房文烈：北齐大臣。

②霖雨：连绵的大雨。

③籴（dí）米：买米。

④举家：全家。

⑤捶挞：鞭打。

⑥寄人宅：将房子借给他人居住。

⑦彻：拆毁。

⑧颦（pín）蹙：皱眉头，表示不高兴。

【译文】

北齐吏部侍郎房文烈，从来不对人发怒生气，有一次连绵大雨，家中缺粮，于是便让婢女前去买米，谁知这个婢女却趁机逃走了，三四天之后，才又将她捉回。房文烈和缓地说："全家都没有吃的，你又跑到哪里去了呢？"（即便这样）他都没有让人鞭打这个婢女。房文烈曾经将房子借给他人居住，这个人的婢女拆毁了房屋当烧柴用，几乎都要将房子拆光了，房文烈听后也只是皱了皱眉头，没有说一句话。

【原文】

裴子野有疏亲故属饥寒不能自济者[①]，皆收养之。家素清贫，时逢水旱，二石米为薄粥，仅得遍焉，躬自同之[②]，常无厌色。邺下有一领军[③]，贪积已甚，家童八百，誓满一千，朝夕每人肴膳，以十五钱为率[④]，遇有客旅，更无以兼。后坐事伏法，籍其家产，麻鞋一屋，弊衣数库，其余财宝，不可胜言。南阳有人，为生奥博[⑤]，性殊俭吝。冬至后女婿谒之，乃设一铜瓯酒[⑥]，数脔獐肉[⑦]。婿恨其单率[⑧]，一举尽之。主人愕然，俛仰命益[⑨]，如此者再。退而责其女曰："某郎好酒，故汝常贫。"及其死后，诸子争财，兄遂杀弟。

【注释】

①裴子野：南朝著名文学家，字几原，河东闻喜人，代表作为《雕虫论》。

②躬自：亲自。

③邺下：地名，今河北临漳。领军：官名。

④率：规格。

⑤奥博：富裕，丰厚。

⑥瓯（ōu）：盛酒的器皿。

⑦脔（luán）：切成块的肉。

⑧单率：待客的礼仪比较简单粗率。

⑨俛（fǔ）仰：俛，同“俯”。周旋。

【译文】

裴子野对于那些身陷饥寒而又无法自救的远亲旧属，他都会一一收留。裴子野的家境素来清贫，有时逢水旱灾害，用两石米煮成稀粥，也只够一个人喝一点的，裴子野和大家一起喝稀粥，脸上从未显现过厌恶的神色。邺下有一位领军，贪得无厌，家中有八百僮仆，还发誓要扩展到一千人，每天每人的膳食，都以十五钱为标准，即便有客人前来到访，（膳食的标准）也不会有所增加。后来因罪伏法，家产被没收时，有一屋子的麻鞋，几个库房的衣服也都腐朽败坏，其余的财宝，更是数不胜数。南阳有个人，家中富足，可性情却极为节俭吝啬。冬至时他的女婿前来拜访，这个人却只摆设了一小铜瓯酒，几块獐肉。女婿怨恨他待客太过简单草率，便将酒肉一下子吃完了。这个人很是愕然，便只好吩咐人添酒加菜，这样前后添加了两次。吃完后这个人责备自己的女儿说：“你的丈夫如此贪杯，所以你才会经常贫困。”等到这个人死后，他的儿子们争夺家产，当哥哥的竟然将自己的弟弟杀掉了。

【原文】

妇主中馈[①]，惟事酒食衣服之礼耳。国不可使预政，家不可使干蛊[②]。如有聪明才智，识达古今，正当辅佐君子，助其不足。必无牝鸡晨鸣[③]，以致祸也。

【注释】

①中馈：家中妇女主持饮食等诸事。

②干蛊：主事。

③牝（pìn）鸡：母鸡。

【译文】

妇女主持家中事务，只是负责操持家中酒食衣服的礼仪罢了。国家不可让其参与政事，家庭也不可让其主持家政。如若她们有聪明才智，通达古今，就应该辅佐自己的丈夫，弥补丈夫的不足之处。一定不能像母鸡代替公鸡报晓般替代丈夫的地位，以致招来祸端。

【原文】

江东妇女，略无交游，其婚姻之家[①]，或十数年间未相识者，惟以信命赠遗[②]，致殷勤焉。邺下风俗，专以妇持门户，争讼曲直，造请逢迎，车乘填街衢，绮罗盈府寺[③]，代子求官，为夫诉屈，此乃恒、代之遗风乎[④]？南间贫素[⑤]，皆事外饰，车乘衣服，必贵齐整，家人妻子，不免饥寒。河北人事[⑥]，多由内政[⑦]，绮罗金翠，不可废阙，羸马悴奴，仅充而已，倡和之礼[⑧]，或尔汝之[⑨]。

【注释】

①婚姻之家：儿女亲家。

②信命赠遗：让使者传达书信问候，以及赠送礼物。

③府寺：官署。

④恒、代：恒州与代郡。

⑤南间：南方地区。

⑥人事：交际应酬。

⑦内政：家庭事务，这里指妻子。

⑧倡和：夫唱妇随。

⑨尔汝：夫妻之间相互轻贱。

【译文】

江东地区的妇女，基本上很少和人交往，即便是儿女亲家，有的十几年都没有相互见过面，只是派遣使者传递书信问候以及赠送礼物，以表彼此的情谊。邺地的风俗，主要是由妇女主持家务，她们出面和人争辩是非，登门拜见相互逢迎，她们乘坐的马车挤满了街巷，穿着锦衣华服挤在官府之内，有的替子求官，有的为丈夫喊冤，这就是恒州、代郡地区的鲜卑遗风吧？南方地区，即便是贫寒人家，也都注重外表的修饰，车马衣服，一定要整齐，家中的妻儿，却难免挨饿受冻。黄河以北地区的交际应酬，也大都是妻子出面主持，绫罗绸缎金珠玉翠，都不可缺少，家中的瘦马和憔悴的奴仆，只是充数而已。夫唱妇随的礼仪，恐怕已经被相互轻贱的称谓代替了。

【原文】

河北妇人，织纴组紃之事[①]，黼黻锦绣罗绮之工[②]，大优于江东也。

【注释】

①织纴（rèn）组紃：织纴，织作布帛；组紃，丝带绳。这里指的是妇女从事织作的事务。

②黼黻（fǔ fú）：礼服上的花纹。

【译文】

黄河以北地区的妇女，不管是从事织作的事务，还是刺绣的工艺，都要远远优于江东地区的妇女。

【原文】

太公曰：“养女太多，一费也。”陈蕃曰[①]：“盗不过五女之门[②]。”女之为累，亦以深矣。然天生蒸民[③]，先人传体，其如之何？世人多不举女，贼行骨肉，岂当如此而望福于天乎？吾有疏亲，家饶妓媵，诞育将及，便遣阍竖守之[④]。体有不安，窥窗倚户，若生女者，辄持将去[⑤]，母随号泣，莫敢救之，使人不忍闻也。

【注释】

①陈蕃：东汉末年大臣。

②盗不过五女之门：盗贼都不进有五个女儿的家门。意为要为五个女儿置办嫁妆，家中必然会一贫如洗。

③蒸民：众民。

④阍（hūn）竖：看门的僮仆。

⑤辄：就。

【译文】

姜太公说："养女太多，这是一大浪费。"陈蕃说："盗贼都不会进有五个女儿的家门。"女儿所带来的拖累，可见是非常沉重的。然而天生众民，都是先人传下来的骨肉，又能将她怎么样呢？世间之人大都不愿意抚养女儿，甚至会残害自己的亲生骨肉，这样做了，难道还能祈求上天的赐福吗？我有一个远亲，家里妻妾成群，有姬妾将要生产，他便派僮仆守在门外，临近分娩时，僮仆便从窗内窥视，如果生下的是女儿，便立刻抱走，母亲随之号啕大哭，却不敢救下孩子，让人听之不忍啊。

【原文】

妇人之性，率宠子婿而虐儿妇。宠婿，则兄弟之怨生焉；虐妇，则姊妹之谗行焉。然则女之行留，皆得罪于其家者，母实为之。至有谚云："落索阿姑餐[①]。"此其相报也。家之常弊，可不诫哉！

【注释】

①落索：冷落，萧索。

【译文】

妇人的本性，大多宠爱女婿而虐待儿媳。宠爱女婿，那么兄弟间就会产生怨恨；虐待儿媳，那么女儿也会跟着进献谗言。不过不管女儿出嫁还是待嫁在家，（此种做法）都得罪了家人，这实在是母亲造成的。至于有谚语说："婆婆吃饭时很冷清。"这是因果报应啊。很多家庭经常出现的弊病，能不引以为戒吗？

【原文】

婚姻素对[①]，靖侯成规[②]。近世嫁娶，遂有卖女纳财，买妇输绢，比量父祖，计较锱铢[③]，责多还少，市井无异[④]。或猥婿在门，或傲妇擅室，贪荣求利，反招羞耻，可不慎欤？

【注释】

①素对：清白的配偶。

②靖侯：指颜含，颜之推的九世祖。

③锱铢（zī zhū）：计量单位，代指微小的事物。

④市井：商贩。

【译文】

婚姻讲究选择清白的配偶，这是先祖靖侯留下的规矩。近些年来的婚姻嫁娶之事，竟然有人通过卖女儿来赚得钱财，用彩礼来买媳妇，计较、攀比对方父辈祖辈的地位权势，在彩礼的多寡上斤斤计较，索取的多而付出的少，和市井商贩没有什么区别。结果，要么是招了猥琐鄙贱的女婿入赘，要么就是娶了凶悍专权的媳妇进门，因为贪图荣华追求利益，最后反倒给自己招来了羞耻，对于这种事可以不慎重吗？

【原文】

借人典籍，皆须爱护，先有缺坏，就为补治，此亦士大夫百行之一也[①]。济阳江禄，读书未竟，虽有急速[②]，必待卷束整齐[③]，然后得起，故无损败，人不厌其求假焉。或有狼籍几案，分散部帙[④]，多为童幼婢妾之所点污，风雨虫鼠之所毁伤，实为累德[⑤]。吾每读圣人之书，未尝不肃敬对之。其故纸有《五经》词义，及贤达姓名，不敢秽用也[⑥]。

【注释】

①百行：古时士大夫订立的修身行己之道，共有百事，称之为百行。

②急速：仓促之间发生的事情。

③卷束：南北朝时期，印刷术还未出现，人们将典籍抄写在绢帛上，然后卷为一束收藏，称之为卷束。

④部帙：部，类别，古时书籍多按照内容分类收藏；帙，装书卷的布套。

⑤累德：拖累德行。

⑥秽用：用在不干净的地方。

【译文】

借了别人的典籍，都须倍加爱护，书籍原先就有缺损的，就要帮别人修补好，这也是士大夫应该行的善事之一。济阳的江禄，读书还没有读完的时候，即便碰到了急事，也一定会整理好书卷，然后才起身，所以书籍没有破损之处，人们也都不讨厌他前来借书。有的人则将书乱七八糟地堆放在几

案上，装有书卷的布袋四处散落，大多都被幼童婢女弄脏了，有的则是受到风雨虫鼠的毁伤，这样做实在是损害了德行。我每一次阅读圣贤之书时，无不肃敬对之。所以如果纸张上有《五经》的词义，以及贤达人的姓名，我从来都不敢拿来用在不干净的地方。

【原文】

吾家巫觋祷请①，绝于言议；符书章醮②，亦无祈焉。并汝曹所见也，勿为妖妄之费。

【注释】

①巫觋（xí）：古时，女巫为巫，男巫为觋。

②符书章醮（jiào）：符书，旧时道士驱鬼、召神、治病用的神秘文书；章醮，设坛祈祷，为道教的一种祈祷方式。

【译文】

我家对于请巫师向鬼神祈祷的事宜，是绝对不会考虑的；对于设坛祈祷、画符办事，也是从来不去祈求的。这些都是你们亲眼所见，不要将钱浪费在这些妖妄之事上。

卷 二

风操篇

【题解】

此篇主要讲述的是士大夫的门风节操，介绍了士大夫们所要遵循的礼仪规范。颜之推生平遍历大江南北，对于南北习俗风尚的差异十分了解。比如，南方人在会见客人时，不会前来迎接，也不会欠身致礼，在诸如此类方面，南方人的礼节远不如北方人周全。颜之推将南北风俗习惯和礼仪规范一一记录在本篇之内，希望自己的后代子孙能够在了解的基础上，对此有所舍取。

【原文】

吾观《礼经》，圣人之教：箕帚匕箸[1]，咳唾唯诺[2]，执烛沃盥[3]，皆有节文[4]，亦为至矣。但既残缺，非复全书；其有所不载，及世事变改者，学达君子，自为节度，相承行之，故世号士大夫风操。而家门颇有不同，所见互称长短；然其阡陌[5]，亦自可知。昔在江南，目能视而见之，耳能听而闻之；蓬生麻中[6]，不劳翰墨[7]。汝曹生于戎马之间，视听之所不晓，故聊记录，以传示子孙。

【注释】

①箕（jī）帚匕箸（zhù）：箕帚，畚（běn）箕和扫帚，主要代指家庭洒扫事宜；匕箸，汤匙和筷子。

②咳唾：代指人的言论。

③沃盥（guàn）：倒水洗手。

④节文：制定礼仪，节制修饰。

⑤阡陌：途径。

⑥蓬生麻中：语出《荀子·劝学》："蓬生麻中，不扶而直。"

⑦翰墨：笔墨。王利器所著《颜氏家训集解》中怀疑此处为误写或者是阙文，"翰墨"疑有"绳墨"之误。

【译文】

我看《礼经》，上面都是圣人的教诲：为长辈清扫污秽时该如何使用箕帚，吃饭的时候如何使用汤匙和筷子，如何使言论适宜得体，如何点烛照明，如何侍奉长辈倒水洗手，这些在书中都有相关的礼制规范，也算是非常详细了。不过这本书已经残缺，并不是全本；有些礼仪书中并没有记载，有些则随着世事的改变已发生了相应的变化，博学的君子，自己自行拟定了规范，并相递延续、加以实施，所以世人便将这些称之为士大夫的风操。不过每个家庭之间都各有不同，对于礼仪的看法也是有所差异；但是其中的脉络途径，还是可以知道的。往日在江南地区的时候，耳濡目染，早就受这些规范的熏陶；就好比蓬蒿生在麻地，不用任何规矩就能够生长得笔直。你们生于祸乱期间，对于这些自然是看不到听不到的，所以我都

记录下来，以此传示后世子孙。

【原文】

《礼》云："见似目瞿，闻名心瞿[①]。"有所感触，恻怆心眼；若在从容平常之地，幸须申其情耳。必不可避，亦当忍之。犹如伯叔兄弟，酷类先人，可得终身肠断与之绝耶？又："临文不讳，庙中不讳，君所无私讳[②]。"益知闻名，须有消息[③]，不必期于颠沛而走也[④]。梁世谢举[⑤]，甚有声誉，闻讳必哭，为世所讥。又有臧逢世，臧严之子也[⑥]，笃学修行，不坠门风。孝元经牧江州，遣往建昌督事，郡县民庶，竞修笺书[⑦]，朝夕辐辏[⑧]，几案盈积，书有称"严寒"者，必对之流涕，不省取记，多废公事，物情怨骇[⑨]，竟以不办而退[⑩]。此并过事也。

【注释】

①见似目瞿（jù），闻名心瞿：出自《礼记·杂记》："免丧之外，行于道路，见似目瞿，闻名心瞿。"瞿，恭谨的样子。

②临文不讳，庙中不讳，君所无私讳：出自《礼记·曲礼上》："君所无私讳，大夫之所有公讳。诗书不讳，临文不讳，庙中不讳。"

③消息：斟酌。

④颠沛：颠覆，此处为听到先人的名讳后，争相趋避的狼狈模样。

⑤谢举：南朝梁人，字言扬。

⑥臧严：梁代著名文人，字彦威。

⑦笺书：书信。

⑧辐辏（còu）：比喻信函都聚集在官署。

⑨物情：人情。

⑩不办：无能，不称职。

【译文】

《礼记》中记载："看到和已故父母相似的容貌就要神情恭谨，听到与已故父母相同的名字，心中便会惊惧不安。"这是因为自身有所感触，而引发出内心的悲凉；如果是在平时平常的地方，兴许能够将心中的感情抒发出来。如果实在没有办法回避的，也应该将这种思绪忍下来。比如叔伯兄弟，他们的长相都酷似先人，难道你要因此感伤一辈子并和他们断绝来往吗?《礼记》中又说：“写文章的时候不必忌讳，在庙中祭祀的时候不必忌讳，在君主面前不必忌讳。”由此可知，听到先人的名讳时，应该仔细斟酌自己所要采取的态度，不必因急于避讳而显得狼狈不堪。梁朝人谢举，在当时很有声誉，但他一听到父母的名讳就会痛苦不已，为世人所讥讽。又有臧逢世这个人，是臧严的儿子，笃学修行，不损其好门风，梁元帝任职江州刺史时，派遣臧逢世前往建昌督察政事，当地的百姓，都竞相写来书信，书信都聚集在官署中，几案上的信函堆积如山。臧逢世在处理公务的时候，只要看到“严寒”二字，一定会流泪哭泣，无法继续查阅公文，荒废了多数公事，百姓诸多抱怨，臧逢世最终因不称职而被罢免官职。这些都是过分避讳的缘故啊。

【原文】

近在扬都①，有一士人讳审，而与沈氏交结周厚②，沈与其书，名而不姓，此非人情也。

【注释】

①扬都：扬州。

②周厚：关系亲密。

【译文】

最近在扬州，有一个士人避讳“审”字，而他又有一个姓沈的知交好友，沈氏给他写信的时候，只署上自己的名而不写上自己的姓，这就不合乎情理了。

【原文】

凡避讳者，皆须得其同训以代换之①：桓公名白②，博有五皓之称③；厉王名长④，琴有修短之目⑤。不闻谓布帛为布皓，呼肾肠为肾修也。梁武小名阿练⑥，子孙皆呼练为绢；乃谓销炼物为销绢物，恐乖其义⑦。或有讳云者，呼纷纭为纷烟；有讳桐者，呼梧桐树为白铁树，便似戏笑耳。

【注释】

①同训：同义词。

②桓公：齐桓公，名小白。

③博：博戏，这里指的是为了避讳齐桓公的名讳，将五白改为了五皓。

④厉王：西汉时期淮南厉王刘长，为汉高祖刘邦的儿子。

⑤琴有修短之目：王利器《颜氏家训集解》中有："琴有修短之说，别无所闻。"

⑥梁武：南朝梁武帝萧衍，字叔达。

⑦乖：背离。

【译文】

凡是要避讳的字眼，都必须再以它的同义词来替代：齐桓公名小白，博戏中的"五白"便改为"五皓"；厉王名刘长，所以将"琴有长短"改成了"琴有修短"。但还没有听说过将"布帛"改为"布皓"，将"肾肠"改为"肾修"的。梁武帝萧衍，小名为阿练，他的后世子孙便将"练"称之为"绢"；不过将"销炼"之物称之为"销绢"之物，就有些背离本义了。有的忌讳"云"字，所以称"纷纭"为"纷烟"；有的忌讳"桐"字，所以将"梧桐树"称作"白铁树"，这简直就像开玩笑了。

【原文】

周公名子曰禽，孔子名儿曰鲤，止在其身，自可无禁。至若卫侯、魏公子、楚太子[①]，皆名虮虱；长卿名犬子[②]，王修名狗子[③]，上有连及[④]，理未为通。古之所行，今之所笑也。北土多有名儿为驴驹、豚子者，使其自称及兄弟所名，亦何忍哉？前汉有尹翁归[⑤]，后汉有郑翁归，梁家亦有孔翁归，又有顾翁宠；晋代有许思妣、孟少孤[⑥]，如此名字，幸当避之。

【注释】

①魏公子：应为韩公子。

②长卿：西汉著名文学家司马相如。

③王修：东晋时期的外戚。

④连及：涉及，联系。

⑤尹翁归：西汉循吏，清正廉明。

⑥妣（bǐ）：已故的母亲。

【译文】

周公给儿子取名为伯禽，孔子给儿子取名为鲤，这些名字的意义只和他们本人有关系，自然没有什么需要避讳的。至于像卫侯、韩公子、楚太子，都取名为“虮虱”；司马相如取名为“犬子”，王修取名为“狗子”，这便涉及他们的父辈，有些说不清事理了。古人所行的这些事情，成了今人的笑柄。北方给儿子取名为驴驹、猪仔的大有人在，让他们这般自称或者是兄弟间相称，又怎么能够忍受得了呢？前汉有个叫尹翁归的人，后汉有个叫郑翁归的人，梁朝也有一个叫孔翁归的人，还有

叫顾翁宠的人；晋代还有叫许思妣、孟少孤的，这一类的名字，都应该尽力避免。

【原文】

今人避讳，更急于古[①]。凡名子者，当为孙地[②]。吾亲识中有讳襄、讳友、讳同、讳清、讳和、讳禹，交疏造次[③]，一座百犯，闻者辛苦[④]，无憀赖焉[⑤]。

【注释】

①急：严格。

②为孙地：为孙辈留有余地。意为在给儿子取名字的时候，会考虑到孙辈，不让孙辈的人因为名讳而感到为难。

③交疏：交情疏远。

④辛苦：辛酸悲苦。

⑤无憀（liáo）赖：无所依从。

【译文】

现在人的避讳，比古人更加严格。但凡给儿子取名的，都要为孙辈留有余地。我认识的亲友中有避讳"襄"字的、有避讳"友"字的、有避讳"同"字的、有避讳"清"字的、有避讳"和"字的、有避讳"禹"字的，交情疏远的人仓促间很容易便触犯了在座人的忌讳，听到的人辛酸悲苦，无所依从。

【原文】

昔司马长卿慕蔺相如，故名相如，顾元叹慕蔡邕[①]，故名雍，而后汉有朱伥字孙卿[②]，许暹字颜回，梁世有庾晏婴、祖孙登，连古人姓为名字，亦鄙事也。

【注释】

①顾元叹，蔡邕：顾元叹，顾雍，三国时期吴国人；蔡邕，东汉文学家、书法家。

②孙卿：即荀卿。汉朝人为了避讳汉宣帝（刘询）的名讳，便用“孙”代替“荀”。

【译文】

昔日司马长卿钦慕蔺相如，所以取名为相如，顾元叹钦慕蔡邕，所以取名为雍，而后汉的朱伥字孙卿，许暹字颜回，梁朝又有庾晏婴、祖孙登，将古人的姓名当做自己的名字，也算是一件粗鄙的事情了。

【原文】

昔刘文饶不忍骂奴为畜产[①]，今世愚人遂以相戏，或有指名为豚犊者。有识傍观，犹欲掩耳，况当之者乎？

【注释】

①刘文饶，畜产：刘文饶，东汉人刘宽，字文饶；畜产，畜生，骂人的话。

【译文】

昔日刘文饶不忍心骂奴仆为畜生，而当今愚蠢的人却以这样的字眼相互玩闹，有的甚至还称呼别人为猪仔、牛犊。有识之人在旁边听到了，犹且想要把耳朵捂上，更何况是当事者呢？

【原文】

近在议曹[①]，共平章百官秩禄[②]，有一显贵，当世名臣，意嫌所议过厚。齐朝有一两士族文学之人，谓此贵曰：“今日天下大同[③]，须为百代典式，岂得尚作关中旧意？明公定是陶朱公大儿耳[④]！”彼此欢笑，不以为嫌。

【注释】

①议曹：官署名。

②平章：商酌。

③大同：国家统一。

④陶朱公大儿：范蠡协助越王勾践灭掉吴国后，辞官经商，家产万

贯，人称陶朱公。陶朱公的次子杀了人，被囚禁在楚国，陶朱公派长子携千金前往楚国营救，最后却因长子的自命不凡和惜金如命，给弟弟带来了杀身之祸。

【译文】

最近我在议曹，一起商酌百官俸禄的问题，有一个显贵，是当今的名臣，认为众人所议俸禄标准过于丰厚而非常不满。有一两位原属齐朝士族的文学侍从便对这个显贵说："如今天下统一，必须要为后世子孙立下典范，岂能再沿用关中时的旧规呢？明公这般吝啬，一定是陶朱公的大儿子吧！"一时间众人欢笑起来，竟然没有厌恶这般戏谑。

【原文】

昔侯霸之子孙①，称其祖父曰家公；陈思王称其父为家父②，母为家母；潘尼称其祖曰家祖③：古人之所行，今人之所笑也。今南北风俗，言其祖及二亲，无云家者；田里猥人④，方有此言耳。凡与人言，言己世父⑤，以次第称之，不云家者，以尊于父⑥，不敢家也。凡言姑、姊妹、女子子⑦，已嫁，则以夫氏称之；在室⑧，则以次第称之。言礼成他族⑨，不得云家也。子孙不得称家者，轻略之也。蔡邕书集，呼其姑、姊为家姑、家姊，班固书集⑩，亦云家孙，今并不行也。

【注释】

①侯霸：东汉大臣，字君房。

②陈思王：曹植。

③潘尼：晋代文学家，字正叔。

④田里猥人：田里，农村里；猥人，粗鄙之人。

⑤世父：伯父。

⑥尊于父：伯父的年龄比父亲的年龄大。

⑦女子子：女子。

⑧在室：还没有出嫁的女子。

⑨礼成他族：女子出嫁到婆家。

⑩班固：东汉史学家。

【译文】

昔日侯霸的子孙，称他们的祖父为家公；陈思王曹植称他的父亲为家父，母亲为家母；潘尼称他的祖先为家祖：古代人的这种行为，让当今的人觉得很是可笑。如今南北方的风俗，说起祖父和双亲，没有说“家”某的；只有农村里的粗鄙之人，才有上述“家”的称呼。凡是和人说话时，言及自己的伯父，也只是依照父辈的排行顺序称呼，不会说“家”某，这是因为伯父的年龄比父亲大的缘故，不敢称之为“家”。凡是说到姑、姊妹等女子的时候，已经出嫁的女子，则是以丈夫的姓氏称呼；还没有出嫁的女子，便以她们在家中的次序称呼。意思是女子出嫁到婆家（就成了夫家的人），便不能再称“家”字了。子孙不能称呼“家”字，是为了表示对他们的轻略之意。蔡邕在书集中，称呼他的姑姑、姐姐为家姑、家姐，班固也在其文集中，提及家孙，不过这种叫法现在已经不流行了。

【原文】

凡与人言，称彼祖父母、世父母、父母及长姑[1]，皆加尊字，自叔父母已下，则加贤字，尊卑之差也。王羲之书[2]，称彼之母与自称己母同，不云尊字，今所非也。

【注释】

①长姑：父亲的姐姐。

②王羲之：东晋著名书法家。

【译文】

凡是和人说话，称呼彼此的祖父母、伯父母、父母以及长姑时，都要加一个“尊”字，从叔父母之下，则要加一个“贤”字，这是因为尊卑差异的缘故。王羲之的家书中，称呼他人的父母和称呼自己的父母时都是一样的，前面都不加“尊”字，现在的人认为这样做是不可取的。

【原文】

南人冬至岁首[1]，不诣丧家[2]；若不修书，则过节束带以申慰[3]。北人至岁之日[4]，重行吊礼；礼无明文，则吾不取。南人宾至不迎，相见捧手而不揖[5]，送客下席而已[6]；北人迎送并至门，相见则揖，皆古之道也，吾善其迎揖。

【注释】

①冬至：二十四节气之一。古时人们将冬至看作是节气的起点，非常重视。

②诣：到。

③束带：整饰衣冠，束紧衣带，以表恭敬之意。

④至岁：冬至、岁首两个节气。

⑤捧手：拱手致意。

⑥下席：离开席位。

【译文】

南方人在冬至和岁首时，不会到办丧事的人家中；如若不写信的话，就会在过节之后再穿戴齐整前去吊唁。北方人到了冬至和岁首时，尤为重视吊唁的礼仪；礼仪中并没有对这一方面的明文规定，所以我认为并不可取。南方人在宾客到来的时候不会出门迎接，宾主相见时也只是拱手致意而不会欠身表达，送客人的时候只是离开席位罢了；北方人则会在家门口迎送客人，相见的时候也会行礼作揖，这是古时候的遗风，对于这种迎送的礼仪我是非常赞赏的。

【原文】

昔者，王侯自称孤、寡、不谷[①]。自兹以降，虽孔子圣师，及门人言皆称名也。后虽有臣、仆之称，行者盖亦寡焉。江南轻重[②]，各有谓号[③]，具诸《书仪》。北人多称名者，乃古之遗风。吾善其称名焉。

【注释】

①孤、寡、不谷（gǔ）：古时帝王诸侯的谦称。

②轻重：尊卑贵贱。

③谓号：特定的称谓。

【译文】

以前，帝王诸侯自称孤、寡、不谷。自此之后，即便是孔子这般的圣贤先师，在和弟子交谈中也会直呼自己的名字。后来虽然又有了臣、仆的称谓，不过用此自谦的人并不是很多。江南地区的人不论尊卑贵贱，都有各自特定的称谓，具体的事宜都记载在《书仪》一书中。北方人大多直呼姓名，这是古时的遗风。我比较赞赏直呼姓名的方式。

【原文】

言及先人，理当感慕，古者之所易，今人之所难。江南人事不获已[①]，须言阀阅[②]，必以文翰[③]，罕有面论者。北人无何便尔话说[④]，及相访问。如此之事，不可加于人也。人加诸己，则当避之。名位未高，如为勋贵所逼，隐忍方便，速报取了；勿使烦重，感辱祖父。若没[5]，言须及者，则敛容肃坐，称大门中[6]，世父、叔父则称从兄弟门中，兄弟则称亡者子某门中，各以其尊卑轻重为容色之节，皆变于常。若与君言，虽变于色，犹云亡祖亡伯亡叔也。吾见名士，亦有呼其亡兄弟为兄子弟子门中者，亦未为安贴也[7]。北土风俗，都不行此。太山羊偘[8]，梁初入南；吾近至邺，其兄子肃访偘委曲[9]，吾答之云："卿从门中在梁，如此如此。"肃曰："是我亲第七亡叔，非从也。"祖孝徵在坐[10]，先知江南风俗，乃谓之云："贤从弟门中，何故不解？"

【注释】

①不获已：不得已。

②阀阅：泛指门第，家世。

③文翰：信札公文。

④无何：没有缘故。

⑤没：去世。

⑥大门中：对他人称呼自己已故的祖父和父亲。

⑦安贴：妥帖。

⑧太山羊偘：太山，指的是泰山，五岳之首；羊偘，泰山梁甫人。

⑨肃，委曲：肃，羊偘兄长的儿子，羊肃；委曲，事情的经过始末。

⑩祖孝徵（zhǐ）：北齐名臣，字孝徵。

【译文】

提到先人，理应要感念先父的恩德，古时候的人很容易做到，而当今的人做起来却很难。江南地区的人除非事发突然不得不为，否则和人说起家世门第的时候，一定会以书信的方式，很少有当面讨论的。北方人和人说话并不需要什么缘由，他们经常会相互访问。像这般言及家世门第的事情，还是不要强加到别人身上吧。别人将这样的事情加诸到自己身上时，也应该及时地回避。名位不高的人，如若被权势所逼迫，便可隐忍克制一下，尽快结束谈话即可；切勿让这样的话题反复提及，以免侮辱到自己的祖辈、父辈。如若自己的祖父、父亲已经去世，说话中又必须提及他们时，就要神色严肃、坐姿端正，并以“大门中”相称，提及已经过世的伯父、叔父则是称“从兄弟门中”，提及已经过世的兄弟则称兄弟的儿子为“某某门中”，并依照他们身份的高低贵贱来掌握好自己面部的表情，都要和平时的神色有所不同。如是和君主提及过世的亲人长辈，虽然脸色有所变化，但依然可以称“亡祖、亡伯、亡叔”等。我看到过一些名士，也有称呼他们过世的兄、弟为兄之子“某某门中”或是弟之子“某某门中”的，这不太妥帖。北方人的风俗习惯里，都不会这般称呼。泰山的羊侃，梁朝初年到了南方；我最近到了邺地，他兄长的儿子羊肃到访并询问羊侃的具体情况，我回答说：“你的从门中在梁朝时，情况是如何如何的。”羊肃说：“他是我嫡亲的第七亡叔，并不是堂叔。”祖

孝徵当时也在场，他深知江南地区的风俗，于是便对他说："指的就是贤从弟门中，您为何不明白呢？"

【原文】

古人皆呼伯父、叔父，而今世多单呼伯、叔。从父兄弟姊妹已孤[①]，而对其前，呼其母为伯叔母，此不可避者也。兄弟之子已孤，与他人言，对孤者前，呼为兄子弟子，颇为不忍，北土人多呼为侄。案：《尔雅》《丧服经》《左传》，侄虽名通男女，并是对姑之称。晋世以来，始呼叔侄；今呼为侄；于理为胜也。

【注释】

①从父：伯父，叔父。

【译文】

古人都称伯父、叔父，而今的人大多都称呼伯、叔。伯叔兄弟的子女丧父后，在他们面前说话时，称呼他们的母亲为伯母、叔母，这是不可避免的。兄弟的子女成为孤儿，在和他人谈话的时候，在他们面前称呼他们为兄长的儿子、弟弟的儿子，颇有些不忍心，北方人大多称呼他们为侄儿。根据考证：《尔雅》《丧服经》《左传》等书记载，虽然"侄"是男女通用的字，但都是相对于姑姑来说的。晋代之后，才开始有了叔侄的称呼；而今称呼"侄"，于情于理都是最为恰当的。

【原文】

别易会难，古人所重；江南饯送，下泣言离。有王子侯[①]，梁武帝弟，出为东郡，与武帝别，帝曰："我年已老，与汝分张[②]，甚以恻怆。"数行泪下。侯遂密云[③]，赧然而出[④]。坐此被责，飘飖舟渚[⑤]，一百许日，卒不得去。北间风俗，不屑此事，歧路言离，欢笑分首[⑥]。然人性自有少涕泪者，肠虽欲绝，目犹烂然[⑦]；如此之人，不可强责。

【注释】

①王子侯：皇室分封的诸侯。

②分张：分别。

③密云：此处指强作悲戚的状态，而不掉眼泪。

④赧（nǎn）然：羞愧的样子。

⑤飘飖（yáo）：飘荡。

⑥分首：分手。

⑦烂然：炯炯有神的样子。

【译文】

分别容易相聚却难，所以古人非常重视离别；江南地区的人在为别人饯行时，提到离别便会掉下眼泪。有一个王子侯，是梁武帝的弟弟，前往东郡任职之前，和梁武帝道别，梁武帝说："我年纪已经大了，现在要和你分别，我心里很是哀伤。"说完便流下几行泪。王子侯也强做出悲戚的模样却无法掉下眼泪，最后只能羞愧而出。因为这件事情，王子侯被人指责，乘船在江边飘荡徘徊了一百多天，最后还是无法离去。北方人的风俗，并不屑于离别时的凄凉，在岔路口时就言及离别，欢笑着分手。然而也有天生少泪的人，即便肝肠欲断，眼中却依然有神；像这样的人，不可以强行指责。

【原文】

凡亲属名称，皆须粉墨[①]，不可滥也。无风教者，其父已孤，呼外祖父母与祖父母同，使人为其不喜闻也。虽质于面，皆当加外以别之；父母之世叔父，皆当加其次第以别之；父母之世叔母，皆当加其姓以别之；父母之群从世叔父母及从祖父母，皆当加其爵位若姓以别之。河北士人，皆呼外祖父母为家公家母；江南田里间亦言之。以家代外，非吾所识。

【注释】

①粉墨：黑与白，此处指如黑白一样分辨明确。

【译文】

凡是亲属的名称，都需要明确辨别，不可以滥用。没有教养的人，祖父母去世之后，对外祖父母的称呼和祖父母一样，让人听了很不高兴。

即便是在外祖父母的面前，也应该加个“外”字加以分别；父母的伯父、叔父，都应该在称呼前加上他们的排位次序以示分别；父母的伯母、叔母，都应该在前面加入她们的姓氏以示分别；称呼父母亲的堂伯父、堂伯母、堂叔父、堂叔母以及堂祖父、堂祖母时，都要在前面加上他们的爵位或姓氏来加以分别。黄河以北地区的士人，都称呼外祖父母为家公家母；江南地区的农村也有这样称呼的。用“家”字代替“外”字，不是我所能明白的。

【原文】

凡宗亲世数，有从父，有从祖①，有族祖②。江南风俗，自兹已往，高秩者③，通呼为尊；同昭穆者④，虽百世犹称兄弟；若对他人称之，皆云族人⑤。河北士人，虽三二十世，犹呼为从伯从叔。梁武帝尝问一中土人曰⑥：“卿北人，何故不知有族?”答云：“骨肉易疏，不忍言族耳。”当时虽为敏对，于礼未通。

【注释】

①从祖：父亲的堂伯、堂叔。

②族祖：祖父的堂伯、堂叔。

③秩：官吏的俸禄。也作官吏的职位或者是品级。

④昭穆：古时候的宗法制度，在宗庙中的排列次序，始祖居中，二世、四世、六世居左，称昭；三世、五世、七世居右，为穆。

⑤族人：同族的人。

⑥中土：中原。

【译文】

凡是宗族里的世系辈分，有从父，有从祖，有族祖。江南地区的风俗，自此以往，职位高的人，都称之为尊；宗族里面辈分相同的人，即便相隔一百代还以兄弟相称；如果对他人提及，则都称为自己的族人。黄河以北地区的士人，即便是相隔二三十代，依然以从伯、从叔相称。梁武帝曾经问过一个中原人说：“你是北方人，为何不知道有‘族’这个称呼呢?”这个人回答说:“骨肉之间的关系很容易疏远,不忍心称呼为‘族’啊。”虽然算是当时机敏的应对,但于礼是说不通的。

【原文】

吾尝问周弘让曰[①]:“父母中外姊妹[②],何以称之?”周曰:“亦呼为丈人[③]。”自古未见丈人之称施于妇人也。吾亲表所行,若父属者,为某姓姑;母属者,为某姓姨。中外丈人之妇,猥俗呼为丈母[④],士大夫谓之王母、谢母云[⑤]。而《陆机集》有《与长沙顾母书》[⑥],乃其从叔母也,今所不行。

【注释】

①周弘让:陈朝官吏,性情闲素。

②中外:内外的意思。姑姑的儿子为外兄弟,舅舅的儿子为内兄弟。

③丈人:对亲戚长辈的统称。

④丈母:称父辈的妻子为丈母。

⑤王母、谢母:泛词,泛指所有王姓母亲和谢姓母亲。

⑥陆机:西晋文学家。

【译文】

我曾经问周弘让说:“父母亲的中表姊妹,该如何称呼呢?”周弘让说:“也称之为丈人。”从古至今都没有见到过将“丈人”这个称呼用在妇女身上的。我的表亲都是这样称呼的,如果是父亲这边的中表姊妹,我们称之为某姓姑;如若是母亲那边的中表姊妹,我们称之为某姓姨。对于中表长辈的妻子,俗称为丈母,而士大夫将她们称为王母、谢母等。而在《陆机集》中有《与长沙顾母书》一篇,顾母指的是陆机的从叔母,现在已经不流行这种称呼了。

【原文】

齐朝士子,皆呼祖仆射为祖公[①],全不嫌有所涉也,乃有对面以相戏者。

【注释】

①祖仆射：北齐大臣祖珽。

【译文】

齐朝的士大夫，都将祖珽称呼为“祖公”，全然不避讳这般称呼会涉及自家的祖先，甚至还有在祖珽面前以这种称呼开玩笑的。

【原文】

古者，名以正体，字以表德，名终则讳之，字乃可以为孙氏[①]。孔子弟子记事者，皆称仲尼；吕后微时，尝字高祖为季；至汉爰种[②]，字其叔父曰丝；王丹与侯霸子语[③]，字霸为君房。江南至今不讳字也。河北人士全不辨之，名亦呼为字，字固呼为字。尚书王元景兄弟[④]，皆号名人，其父名云，字罗汉，一皆讳之，其余不足怪也。

【注释】

①氏：上古时期，姓指的是一种族号，而氏则是姓的分支。战国之前，男子称氏不称姓，战国之后，大多数的人便以氏为姓，姓氏渐渐合一。

②爰种：西汉名臣爰盎（字丝）兄长的儿子。

③王丹：字仲回。

④王元景：王昕，字元景。

【译文】

古时候，名字是用来表明自身的，字是用来表明德行的，死后就要避讳他的名，字则可以用作孙辈的氏。孔子的弟子在记录孔子的言行时，都称其为“仲尼”；吕后为平民时，曾经称呼汉高祖的字“季”；到了汉朝爰种那里，也直接称呼他叔父的字“丝”；王丹和侯霸的儿子谈话时，直接称呼侯霸的字“君房”。江南地区的人到现在都不避讳字。黄河以北地区的人几乎不辨别名、字，名也可以称呼为字，字自然也称为字。尚书王元景兄弟，都号称名人，他们的父亲名云，字罗汉，对此他们兄弟都极其避讳，其他的也就不足为奇了。

【原文】

《礼·闲传》云：“斩缞之哭[①]，若往而不反；齐缞之哭[②]，若往而反；大功之哭[③]，三曲而偯[④]；小功缌麻[⑤]，哀容可也，此哀之发于声音也。”《孝经》云[⑥]：“哭不偯。”皆论哭有轻重质文之声也。礼以哭有言者为号，然则哭亦有辞也。江南丧哭，时有哀诉之言耳；山东重丧[⑦]，则唯呼苍天，期功以下[⑧]，则唯呼痛深，便是号而不哭。

【注释】

①斩缞（cuī）：旧时的五种丧服之一，也是最为重要的一种，服制三年。

②齐（zī）缞：五种丧服之一。服制有三年、一年、五个月、三个月等。

③大功：五种丧服之一，服制为九个月。

④偯（yǐ）：哭泣的尾声。

⑤小功缌（sī）麻：小功，五种丧服之一，服制为五个月；缌麻，五种丧服之一，也是丧服中最轻的一种，服制为三个月。

⑥《孝经》：儒家经典学说之一。

⑦山东：《资治通鉴》中记载："此山东谓太行、恒山以东，即河北之地。"

⑧期（jī）功：期，服丧一年；功，指大功与小功。

【译文】

《礼记·闲传》中记载："穿斩缞这种丧服居丧时，一定要哭到气竭，仿佛再也无法回气一般；穿齐缞这种丧服居丧时，一定要哭得死去活来才行；穿大功这种丧服居丧时，哭的时候声音要一波三折，并拖有尾音；穿小功、缌麻这两种丧服居丧时，表情哀戚就可以了，这是无法通过声音所表达出的哀伤。"《孝经》中说："痛失双亲时，哭声不能有尾音。"这说的是哀哭之声有轻重、质朴、文饰等区别。丧礼中，边哭边说称为号；这样一来哀哭也是可以带有言辞的。江南一带的丧哭，有时会带有哀诉的言语；北方地区在服重丧的时候，通常只会呼天抢地，一年以下的轻丧，便只会诉说自己内心的悲痛，这便是号而不哭。

【原文】

江南凡遭重丧，若相知者，同在城邑，三日不吊则绝之；除丧[①]，虽相遇则避之，怨其不己悯也。有故及道遥者，致书可也；无书亦如之[②]。北俗则不尔。江南凡吊者，主人之外，不识者不执手；识轻服而不识主人[③]，则不于会所而吊[④]，他日修名诣其家[⑤]。

【注释】

①除丧：脱去丧服，改换吉服。

②如之：如同那样。

③轻服：五种丧服中比较轻的丧服，如大功、小功、缌麻。

④会所：聚会的场所，这里指治丧的地方。

⑤名：名刺，和现在的名片相似。

【译文】

江南地区，凡是遭遇重丧的，如若是相知的朋友，而且又同居一座城市，三天之内不来吊丧，丧家便会和他断绝往来；脱去丧服换上吉服后，即便在路上相遇也会避开，因为埋怨他不知道怜悯自己。如若因为其他原因或者是路途遥远而未能亲来吊丧的朋友，也可以写书信以示悼念；没有写书信的，也会和上述一样（丧家也会和其断绝来往）。北方的习俗则不是这样。江南地区，凡是前来悼念的人，除了丧主之外，不认识的人就不会握手；如果只认识穿轻丧服的却不认识丧主，那也就没有前来悼念的必要，只要改日写好名刺再到丧家慰问就可以了。

【原文】

阴阳家云："辰为水墓，又为土墓，故不得哭。"王充《论衡》云[①]："辰日不哭，哭必重丧[②]。"今无教者，辰日有丧，不问轻重，举家清谧，不敢发声，以辞吊客。道书又曰："晦歌朔哭[3]，皆当有罪，天夺其算[4]。"丧家朔望[5]，哀感弥深，宁当惜寿，又不哭也？亦不谕。

【注释】

①王充：东汉时期的哲学家。

②重丧：又死人。

③晦，朔：晦，阴历每月的最后一天；朔，阴历每月初一。

④算：寿命。

⑤望：阴历每月的十五日。

【译文】

阴阳家说："辰日为水墓，又为土墓，所以辰日不能哭丧。"王充《论衡》记载："辰日不可以哭丧，哭丧一定会再死人。"而今有一些没有教养的人，在辰日遭遇丧事，不管是轻丧还是重丧，全家都静悄悄的，不敢发出一点声音，以此来谢绝前来吊丧的客人。道家的书中又记载："阴历每月的最后一天唱歌，每月初一哭泣，都是有罪的，上天会夺去他的寿命。"丧家在阴历每月初一和阴历每月十五，是最为悲伤的时候，难道就得因为爱惜自己的寿命，而不痛哭吗？这是让人无法理解的。

【原文】

偏傍之书[1]，死有归杀[2]，子孙逃窜，莫肯在家；画瓦书符[3]，作诸厌胜[4]；丧出之日，门前然火[5]，户外列灰[6]，祓送家鬼[7]，章断注连[8]。凡如此比，不近有情，乃儒雅之罪人，弹议所当加也[9]。

【注释】

①偏傍之书：旁门左道的书。

②归杀：旧时迷信，认为人死后，他的灵魂还会在某个日子回家一次，这称为"归杀"。

③画瓦：旧时迷信，在瓦片上画图以镇邪物。

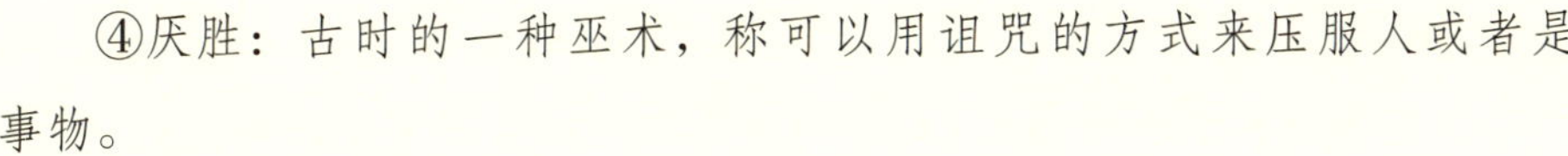

④厌胜：古时的一种巫术，称可以用诅咒的方式来压服人或者是事物。

⑤然：点燃。

⑥户外列灰：旧时迷信，认为在门外铺上一层灰，能够观察到鬼魂的活动轨迹。

⑦祓（fú）：古时为了祈福祛灾而举行的一种仪式。

⑧章断注连：旧时迷信，给鬼神写奏章，以断绝死者的灾祸延续到旁人身上。

⑨弹议：批评。

【译文】

旁门左道的书上说，人死之后灵魂还会在某个时间回家一趟，这一天子孙们都在外逃避，不肯待在家里；又说画瓦和书符能够镇住邪物，诅咒可以压服鬼魔；出殡的那天，门前一定要点火，户外一定要撒灰，并举行送鬼的仪式，写奏章以祈求不让死者的灾祸殃及家人。凡此种种，都是不近情理的，都是儒学雅道的罪人，应该对他们有所议论和批评。

【原文】

已孤，而履岁及长至之节[①]，无父，拜母、祖父母、世叔父母、姑、兄、姊，则皆泣；无母，拜父、外祖父母、舅、姨、兄、姊，亦如之。此人情也。

【注释】

①履岁，长至：履岁，一年的开始，指元旦；长至，冬至。

【译文】

父亲或母亲去世之后，每年的元旦和冬至，没有了父亲，就要去拜见母亲、祖父母、伯叔父母、姑母、兄长、姐姐，拜见的时候都要哭泣；如若是没有了母亲，则要去拜见父亲、外祖父母、舅舅、姨母、兄长、姐姐，拜见时也要哭泣。这是人之常情啊！

【原文】

江左朝臣，子孙初释服[①]，朝见二宫[②]，皆当泣涕；二宫为之改容。颇有肤色充泽，无哀感者，梁武薄其为人，多被抑退。裴政出服[③]，问讯武帝[④]，贬瘦枯槁[⑤]，涕泗滂沱，武帝目送之曰："裴之礼不死也[⑥]。"

【注释】

①释服：丧期已满，脱掉丧服。

②二宫：皇帝和太子。

③裴政：河东闻喜人，字德表。

④问讯：僧尼等向人曲躬合掌致敬，称之为"问讯"。因梁武帝信奉佛教，所以裴政拜见梁武帝时，使用的是僧礼。

⑤贬瘦：消瘦。

⑥裴之礼：裴政的父亲，字子义。

【译文】

南朝的朝臣去世后，他们的子孙刚服完丧期，去朝拜皇帝和太子时，都要痛哭流涕；皇帝和太子也会为此动容。也有一些人肤色润泽，丝毫没有表现出哀伤，深受梁武帝的鄙夷，这样的人大都被贬退了。裴政出了丧期之后，以僧礼拜见梁武帝，容貌消瘦憔悴，涕泪横流，梁武帝目送着他离开后说："裴之礼虽死犹生啊。"

【原文】

二亲既没，所居斋寝[①]，子与妇弗忍入焉。北朝顿丘李构，母刘氏夫人亡后，所住之堂，终身锁闭，弗忍开入也。夫人，宋广州刺史纂之孙女，故构犹染江南风教。其父奖[②]，为扬州刺史，镇寿春，遇害。构尝与王松年、祖孝徵数人同集谈宴[③]。孝徵善画，遇有纸笔，图写为人。顷之，因割鹿尾[④]，戏截画人以示构，而无他意。构怆然动色，便起就马而去。举坐惊骇，莫测其情。祖君寻悟，方深反侧[⑤]，当时罕有能感此者。

吴郡陆襄，父闲被刑，襄终身布衣蔬饭，虽姜菜有切割，皆不忍食；居家惟以掐摘供厨。江宁姚子笃，母以烧死，终身不忍啖炙[6]。豫章熊康，父以醉而为奴所杀，终身不复尝酒。

然礼缘人情，恩由义断，亲以噎死，亦当不可绝食也。

【注释】

①斋寝：斋戒时居住的屋子。

②奘：李奘，字遵穆。

③王松年：北齐官吏。

④鹿尾：鹿的尾巴，为古时珍贵食物。

⑤反侧：不安的样子。

⑥啖：吃。

【译文】

双亲去世后，他们生前斋戒时所居住的房子，儿子和媳妇便不忍心再进去了。北朝顿丘郡有个人叫李构，母亲刘氏夫人去世之后，他便将母亲居住的堂屋锁闭，终身不忍心再开门进去。刘氏，为宋广州刺史刘纂的孙女，所以李构依然受到了江南风气的熏陶。李构的父亲李奖，任职扬州刺史，镇守寿春时不幸遇害。李构曾经和王松年、祖孝徵等几人集聚在一起闲谈宴饮。孝徵擅长绘画，正好有纸笔，便随手画了一个人。之后，孝徵因为恰好用刀割取餐桌上的鹿尾，就顺便开玩笑地用刀割断人像，拿给李构看，并没有其他的意思。（看到被截断的画像后）李构悲痛之情显于脸上，立刻上马离去。在座的人都惊惧骇然，不知道发生了什么事情。孝徵很快明白了，李构是因为人像被割断而想到了父亲被杀的事，才悲而离席，孝徵为刚才的行为感到惶恐不安，当时却很少有人体会到这一点。

吴郡的陆襄，父亲陆闲被处以死刑，陆襄终身穿布衣吃素餐，即便是姜菜，如果被用刀割过他都不忍心再食用；家里也只是用掐摘的蔬菜以供应厨房。江宁的姚子笃，母亲被大火烧死，他便终身不再食用烤肉。豫章熊康的父亲因为醉酒而被奴仆趁机所杀，熊康便终身不再饮酒。

然而礼仪源自于人情，恩情也应由事理决断，如若双亲因吃饭而噎死，那么子女也不可能就此绝食吧。

【原文】

《礼经》：父之遗书，母之杯圈①，感其手口之泽②，不忍读用。政为常所讲习，雠校缮写③，及偏加服用，有迹可思者耳。若寻常坟典④，为生什物⑤，安可悉废之乎？既不读用，无容散逸⑥，惟当缄保⑦，以留后世耳。

【注释】

①杯圈：一种木制的饮器。

②手口之泽：手汗和口气的滋润。

③雠（chóu）校：校对。

④坟典：三坟、五典的合称。此处指书籍。

⑤什物：器皿器具。

⑥散逸：散失。

⑦缄保：封存。

【译文】

《礼经》上说：父亲遗留下来的书籍，母亲使用过的木制饮器，子女能够从上面感受到父母的手汗和口气，不忍心再读再用。这是因为这些书籍是父亲生前经常讲习，亲手校对修缮的，或者是经常使用的，这些事物上的遗迹能够引发子女的思念之情。若是普通书籍，还有各类的器皿物品，怎么可以全部废止不用呢？父母的遗物既然不读不用，也就不应有所散失，最好的办法是将它们封存，留给后世子孙。

【原文】

思鲁等第四舅母，亲吴郡张建女也，有第五妹，三岁丧母。灵床上屏风，平生旧物，屋漏沾湿，出曝晒之，女子一见，伏床流涕。家人怪其不起，乃往抱持；荐席淹渍[①]，精神伤怛[②]，不能饮食。将以问医，医诊脉云："肠断矣！"因尔便吐血，数日而亡。中外怜之[③]，莫不悲叹。

【注释】

①荐席：铺在地上的垫席。

②伤怛（dá）：悲伤痛苦。

③中外：中表亲戚。

【译文】

思鲁等兄弟的四舅母，是吴郡张建的女儿，她还有一个五妹，三岁时丧母。灵床上的屏风，是她母亲生前的旧物，屏风因房屋漏雨而被沾湿，有人将屏风拿出去曝晒，这个女孩看到后，趴在床上痛哭流涕。家人见她一直不起来，便前去抱她；只见她泪水浸湿了垫席，神情悲切，无法饮食。家里人便带着她拜访医生，医生诊脉说："已经断肠了呀！"女孩因而吐血，几日后死亡。中表亲戚都非常怜悯她，没有不为此悲叹的。

【原文】

《礼》云："忌日不乐[①]。"正以感慕罔极[②]，恻怆无聊，故不接外宾，不理众务耳。必能悲惨自居，何限于深藏也？世人或端坐奥室[③]，不妨言笑，盛营甘美，厚供斋食[④]；迫有急卒[⑤]，密戚至交，尽无相见之理：盖不知礼意乎！

【注释】

①忌日：父母去世的日子。

②罔极：无尽。

③奥室：内室。

④斋食：斋戒时的食物。

⑤卒（cù）：仓促。

【译文】

《礼记》中说："父母亲的忌日不能娱乐。"正是因对已故父母无尽的感念思慕，悲戚不乐，所以在这一天不会接待宾客，不理会各种事务。如若真能做到发乎内心的悲伤，又何必要将自己隐藏在家中闭门不出呢？世间有的人即便是端坐于内室之中，也不妨碍他整日说笑，享受美味的食物，对亡者供奉丰盛的斋食；如若突然发生紧急的事情，或者是有密友到来，他却认为没有出来见面的理由：这是不知道礼仪的本义啊。

【原文】

魏世王修母以社日亡[①]。来岁社日，修感念哀甚，邻里闻之，为之罢社。今二亲丧亡，偶值伏腊分至之节[②]，及月小晦后[③]，忌之外，所经此日，犹应感慕，异于余辰，不预饮宴、闻声乐及行游也。

【注释】

①社日：祭祀社神的日子。

②伏腊：伏祭和腊祭。伏祭在夏季的伏日，腊祭在农历的十二月。

③月小晦后：六朝时期，除了有忌日，还有忌月一说。晦，农历每月的最后一天。

【译文】

曹魏王修的母亲在祭祀社神的那天去世。在第二年的社日里，王修因感念母亲而十分哀伤，乡邻听说了这件事情，便为此停止了社日的活动。如果双亲去世的日子，恰巧碰到伏祭、腊祭、春分、秋分、夏至、冬至等这些节日，以及月小晦后的日子，这些虽然都不属于忌日，但在这些日子里，依然要感念思慕已故的双亲，与其他的日子有所殊异，不参加宴饮、行乐以及出游的活动。

【原文】

刘绍、缓、绥，兄弟并为名器①，其父名昭②，一生不为照字，惟依《尔雅》火旁作召耳。然凡文与正讳相犯③，当自可避；其有同音异字，不可悉然。刘字之下，即有昭音④。吕尚之儿，如不为上；赵壹之子⑤，傥不作一⑥：便是下笔即妨，是书皆触也。

【注释】

①名器：知名人士。

②昭：刘昭，平原高唐人。

③正讳：人的正名。

④昭音：昭的读音。

⑤赵壹：东汉辞赋家。

⑥傥（tǎng）：同“倘”，假如。

【译文】

刘绍、刘缓、刘绥，三兄弟都是当时知名的人士，他们的父亲名昭，所以他们一生都没有写过“照”字，只是根据《尔雅》以“火”字加“召”表示。不过凡是文字和人的正名相冲的，理应避讳；其中有同音不同字的，就不可以全部避讳了。旧体“刘”字的下半部分，也有“昭”字的读音。吕尚的儿子，如若不能用“上”字；赵壹的儿子，如若不能用“一”字：那么下笔的时候就会有妨碍，只要写字就会触犯忌讳了。

【原文】

尝有甲设宴席，请乙为宾；而旦于公庭见乙之子[①]，问之曰："尊侯早晚顾宅[②]？"乙子称其父已往。时以为笑。如此比例[③]，触类慎之[④]，不可陷于轻脱[⑤]。

【注释】

①公庭：朝堂。

②尊侯：对别人父亲的尊称。

③比例：相似的事例。

④触类：接触到这一类的事情。

⑤轻脱：不稳重，轻佻。

【译文】

甲君曾经摆设筵席，想要请乙君前来做客；第二天甲君在朝堂上看到了乙君的儿子，问他说："您的父亲何时才能光顾鄙人的寒舍呢？"乙君的儿子说他的父亲已经去了。一时成为笑谈。诸如此类的事例，一定要慎重对待，万不可陷于轻佻。

【原文】

江南风俗，儿生一期，为制新衣，盥浴装饰，男则用弓矢纸笔，女则刀尺针缕，并加饮食之物，及珍宝服玩，置之儿前，观其发意所取，以验贪廉愚智，名之为试儿[1]。亲表聚集[2]，致宴享焉。自兹已后，二亲若在，每至此日，常有酒食之事耳。无教之徒，虽已孤露[3]，其日皆为供顿[4]，酣畅声乐，不知有所感伤。梁孝元年少之时，每八月六日载诞之辰[5]，常设斋讲[6]；自阮修容薨殁之后[7]，此事亦绝。

【注释】

①试儿：抓周。旧时风俗，孩童周岁时进行，根据孩童所抓到的东西，便可以预测他将来的性情和志趣。

②亲表：亲属中表。

③孤露：父亲去世为孤露。

④供顿：设宴款待客人。

⑤载诞之辰：生日。

⑥斋讲：吃斋讲经。

⑦阮修容：梁武帝的妃子。

【译文】

江南地区的风俗，孩子满一岁的时候，为其制作新衣，沐浴打扮，男孩用弓箭、纸笔，女孩用刀尺、针缕，并加上饮食之物，以及珍宝、服饰、玩具等，放在孩童的面前，观察他想要抓取的东西，以此来预测他将来是贪婪还是廉洁，是愚蠢还是智慧，这种风俗称为试儿。这天亲属中表齐聚一堂，主人摆设筵席招待他们。自此之后，双亲如果还在，每到了这一天，就要置办宴席。那些无教养的人，即便自己的父亲已经不在，但他们还会在这一天设宴款待客人，酣畅声乐，不知道感念自己的亡父。梁孝元帝年少的时候，每到了八月六日生日这天，他经常会吃斋讲经；自从他的母亲阮修容去世后，这件事情也中止了。

【原文】

人有忧疾，则呼天地父母，自古而然。今世讳避，触途急切[1]。而江东士庶，痛则称祢。祢是父之庙号[2]，父在无容称庙，父殁何容辄呼？

《苍颉篇》有“倄”字[③]，《训诂》云[④]：“痛而謼也[⑤]，音羽罪反[⑥]。”今北人痛则呼之。《声类》音于耒反[⑦]，今南人痛或呼之。此二音随其乡俗，并可行也。

【注释】

①触途：处处。

②祢（nǐ）：已故父亲在宗庙中立主之称。

③《苍颉篇》：古代字书，为李斯所著。

④《训诂》：对《苍颉篇》加以解释的书。

⑤謼（hū）：同“呼”，呼叫。

⑥反：反切，古时一种注音的方法。

⑦《声类》：古书名，为魏左孝令李登所著。

【译文】

人遇到忧患疾病，便会呼喊天地父母，自古就是这个样子。而今人的避讳，各方面都比古人更加严格。江东地区的士大夫和平民百姓，悲痛的时候就直呼“祢”。祢是父亲的庙号，父亲在世时不允许称呼庙号，父亲死后又如何能随意称呼他的庙号呢？《苍颉篇》有“倄”字，《训诂》中记载：“悲痛发出的呼喊声，它的读音为羽罪反。”如今北方人悲痛时也会这样呼叫。《声类》中把“倄”字音注为于耒反，而今南方人悲痛时也会呼叫这个音。这两个读音是随着各自乡俗而来的，都是可行的。

【原文】

梁世被系劾者[①]，子孙弟侄，皆诣阙三日[②]，露跣陈谢[③]；子孙有官，自陈解职。子则草屩粗衣[④]，蓬头垢面，周章道路[⑤]，要候执事[⑥]，叩头流血，申诉冤枉。若配徒隶，诸子并立草庵于所署门，不敢宁宅[⑦]，动经旬日，官司驱遣，然后始退。江南诸宪司弹人事[⑧]，事虽不重，而以教义见辱者，或被轻系而身死狱户者，皆为怨仇，子孙三世不交通矣。到洽为御史中丞[9]，初欲弹刘孝绰[10]，其兄溉先与刘善，苦谏不得，乃诣刘涕泣告别而去。

【注释】

①系劾（hé）：拘禁判决。

②诣阙：前往朝堂。

③露跣（xiǎn）：露，没有戴帽子而露出发髻；跣，光脚没穿鞋。

④草屩（juē）：草鞋。

⑤周章：惊恐不安。

⑥要候：中途迎候。

⑦宁宅：安居。

⑧宪司：御史的别称。

⑨到洽：南朝梁官吏。

⑩刘孝绰：南朝梁官吏。

【译文】

梁朝那些遭到拘禁判决的官员，他们的子孙弟侄，需要连续三天前往朝堂请罪，不戴帽子不穿鞋子；如果子孙中有为官的，还须主动请求解除官职。他的儿子需要穿着草鞋、粗布衣服，蓬头垢面，惊恐不安地守在道路上，中途迎候主管官员，叩头流血，申诉父亲所受的冤屈。如若被拘禁之人成了苦役，他的儿子们就需要在官署前搭建草棚居住，而不敢在家安居，一住便是十几天，直到官府出面驱赶，儿子们才会退离。江南地区的各个御史可以弹劾官吏，虽然有的案情并不严重，但如果那人只是因为教义的缘故而受到弹劾之辱，或者是因为草率拘禁而死于狱中，两家人便会结下怨仇，子孙三代都不会有所交往。到洽担任御史中丞时，起初想要弹劾刘孝绰，他的兄长到溉起先和刘孝绰交好，便苦苦劝谏自己的弟弟不要弹劾刘孝绰，但却未能如愿，于是只好前往刘孝绰那里，哭着和他告别后离去。

【原文】

兵凶战危，非安全之道。古者，天子丧服以临师，将军凿凶门而出[①]。父祖伯叔，若在军阵，贬损自居，不宜奏乐宴会及婚冠吉庆事也[②]。若居围城之中，憔悴容色，除去饰玩，常为临深履薄之状焉[③]。父母疾笃，医虽贱虽少，则涕泣而拜之，以求哀也。梁孝元在江州，尝有不豫[④]；世子方等亲拜中兵参军李猷焉[⑤]。

【注释】

①凶门：古时将领出征时，都会开凿一扇向北的门，并由此门出征，仿佛办理丧事一般，以表自己战死的决心，这扇门便称为“凶门”。

②冠：古时男子二十岁的成人礼。

③临深履薄：小心翼翼，战战兢兢。出自《诗经·小雅·小旻》：“如临深渊，如履薄冰。”

④不豫：天子有病称“不豫”。

⑤方等：梁元帝的长子。

【译文】

兵器是凶器，战争是险事，这些都不是安全之道。古时出征之前，天子会穿着丧服视察军队，将军会从开凿的“凶门”中率兵出征。一个人的父祖伯叔，有在军中的，这个人就要自我约束，不适合再参加奏乐、宴会以及婚礼冠礼等吉庆的事宜。如若长辈被困在城中，晚辈则应该面容憔悴，除去装饰品和把玩之物，常处于一种如履薄冰的状态。如父母生病，即便医生的地位低、年纪轻，晚辈也应该哭着拜见，以请求他为父母治病。梁孝元帝在江州时，曾经生了病；他的长子方等便亲自求见过中兵参军李猷。

【原文】

四海之人，结为兄弟，亦何容易。必有志均义敌[①]，令终如始者[②]，方可议之。一尔之后[③]，命子拜伏，呼为丈人，申父友之敬；身事彼亲，亦宜加礼。比见北人，甚轻此节，行路相逢，便定昆季[④]，望年观貌，不择是非，至有结父为兄、托子为弟者。

【注释】

①敌：相当。

②令终如始：始终如一。

③一尔：一旦如此。

④昆季：兄弟。

【译文】

四海之内的异姓人，结拜为兄弟，这不是一件容易的事情。一定要有相同的志向，而又能够始终如一的人，才可以谈论这件事情。一旦结为兄弟，就要让自己的儿子拜在他的脚下，称呼其为丈人，以此来表达对父亲朋友的尊敬之情；对于结拜兄弟的双亲，也要以礼相待。我见一些北方人非常草率地对待这件事情，路上相遇的两个陌生人，就能够结为兄弟，问问年龄看看相貌，而不辨别一下是非，以至于有将父辈结为兄长的、有将子辈当做弟弟的。

【原文】

昔者，周公一沐三握发，一饭三吐餐，以接白屋之士[①]，一日所见者七十余人。晋文公以沐辞竖头须[②]，致有图反之诮。门不停宾，古所贵也。失教之家，阍寺无礼[③]，或以主君寝食嗔怒，拒客未通，江南深以为耻。黄门侍郎裴之礼[④]，号善为士大夫，有如此辈，对宾杖之；其门生僮仆[⑤]，接于他人，折旋俯仰[⑥]，辞色应对，莫不肃敬，与主无别也。

【注释】

①白屋之士：平民。

②晋文公：春秋时期晋国君主。

③阍（hūn）寺：指掌管宫禁门户的阉人。

④黄门侍郎：官职名。

⑤门生：门下的奴役。

⑥折旋：曲行，古时行礼的动作。

【译文】

昔日，周公洗头发时三次挽发停下，吃一次饭要三次吐出口中的食物，就是为了接待来访的贫寒之士，一天能够接见七十多个人。晋文公曾以洗头为由拒绝头须的拜见，以至于惹来思维颠倒的讥笑。门前不能滞留宾客，这是古人所看重的。那些没有教养的家庭，就连看守门户的阉人也非常无礼，有的以主人睡觉、吃饭、发怒为借口，拒绝为宾客通报，这在江南地区是非常耻辱的做法。黄门侍郎裴之礼，被看作是善待士人的楷模，有将宾客阻挡在外的僮仆，他就会当着宾客的面杖打这个人；他门下的奴仆，在接待宾客的时候，进退有礼，言行举止，都肃然恭敬，像对待主人一样。

慕贤篇

【题解】

本篇主要论述了颜之推对贤才的仰慕。于个人而言，少年时就应该多结交有德行的君子，在潜移默化中陶冶自己的性情；于国家来说，贤才关乎社稷江山，乃至生死存亡。在他看来，一个地位低下的人，只要他的言行举止有利于人，也应该给予充分的肯定，而不可“用其言，弃其身”。

【原文】

古人云：“千载一圣，犹旦暮也；五百年一贤，犹比髆也[①]。”言圣贤之难得，疏阔如此[②]。傥遭不世明达君子[③]，安可不攀附景仰之乎！吾生于乱世，长于戎马，流离播越[④]，闻见已多，所值名贤，未尝不心醉魂迷向慕之也。人在年少，神情未定，所与款狎[⑤]，熏渍陶染，言笑举动，无心于学，潜移暗化，自然似之，何况操履艺能[⑥]，较明易习者也[⑦]！是以与善人居，如入芝兰之室，久而自芳也；与恶人居，如入鲍鱼之肆[⑧]，久而自臭也。墨翟悲于染丝，是之谓矣。君子必慎交游焉。孔子曰：“无友不如己者。”颜、闵之徒[⑨]，何可世得！但优于我，便足贵之。

【注释】

①髆（bó）：同“膊”，肩胛。

②疏阔：间隔久远。

③不世：罕见。

④播越：离散，流离失所。

⑤款狎（xiá）：亲昵，关系密切。

⑥操履：操守德行。

⑦较明：明显。

⑧鲍鱼之肆：贩卖盐渍鱼的店铺。

⑨颜、闵：颜回、闵损，皆为孔子的弟子。

【译文】

古人说："一千年出一个圣人，已经像从早到晚般那么快了；五百年出一位贤人，好比肩碰肩那般密集。"意思是说圣贤之人难得，已经到如此地步了。如若遇到了罕见的明达君子，怎能不攀附景仰他呢！我生于乱世，长于戎马之间，流离漂泊，所见所闻已经很多了，只要遇到贤明之人，未尝不心醉魂迷地向往倾慕他。人在年少的时候，精神性情都还没有定型，和贤人保持亲密的关系，受他们的熏陶感染，言笑举止间，即便不是存心学习，却也能在潜移默化中改变，自然和贤明之人有着很多相似的地方，更何况操守和艺能，明显是比较容易学习的东西！所以和善人相处，就好比进入了满是芝兰的房屋，时间久了自身也会变得芳香；和恶人相处，就好比进入了贩卖盐渍鱼的店铺，时间久了自己身上也会有腥臭味。墨子因看到染丝而心有悲叹，说的正是这个道理。君子交游一定要慎重才行。孔子说："不要跟不如自己的人做朋友。"颜回、闵损这般贤人，一辈子都很难遇到！不过只要比我强的人，也就足够让我尊重了。

【原文】

世人多蔽，贵耳贱目，重遥轻近。少长周旋[①]，如有贤哲，每相狎侮，不加礼敬；他乡异县，微藉风声[②]，延颈企踵[③]，甚于饥渴。校其长短，核其精粗，或彼不能如此矣。所以鲁人谓孔子为东家丘[④]。昔虞国宫之奇[⑤]，少长于君，君狎之，不纳其谏，以至亡国，不可不留心也！

【注释】

①少长：从少年到成人。

②藉：凭借。

③延颈企踵：伸着脖子踮着脚尖，殷切期盼的样子。

④东家丘：东面的邻居孔丘。指鲁国人不清楚孔子的价值，把他看作平常人。

⑤宫之奇：春秋时期虞国大夫。晋国伐虢国，曾向虞国借道，宫之奇反对借道，但虞国国君没有听从他的意见，最终引来灭国之灾。

【译文】

世间之人大都是比较闭塞的，重视传闻中的事情却轻视眼睛看到的事物，重视远方的事物而轻视近处的事物。一起长大的人，如果其中有贤能之人，人们往往会怠慢于他，不知道以礼敬重他；对于异地他乡的人，只凭着那么一点点的名声，就可以让人们伸着脖子踮着脚尖去仰慕他，如饥似渴地想要见上一面。考量两者的长短，核实两者的优劣，或许远处的倒还不如近处的呢。所以鲁国人称孔子为东面的孔丘。昔日虞国大夫宫之奇比虞国国君年纪稍大些，二者关系很是亲密，但虞国君主却不肯接受宫之奇的谏言，以至于惹来亡国之灾，这些教训都不可以不留心啊。

【原文】

用其言，弃其身，古人所耻。凡有一言一行，取于人者，皆显称之，不可窃人之美，以为己力；虽轻虽贱者，必归功焉。窃人之财，刑辟之所处[①]；窃人之美，鬼神之所责。

【注释】

①刑辟：刑律。

【译文】

采用一个人的言论，却又嫌弃这个人本身，古人将这种行为看作是可耻的。一言一行，凡是从旁人那里取得的，都应该公开称颂别人，不可以私下窃取他人的成果，当成自己的功劳；即便面对一个低贱卑微的人，也应该肯定他的功劳。偷取别人的钱财，会被刑律处置；偷取别人的功绩，会被鬼神指责。

【原文】

梁孝元前在荆州，有丁觇者[①]，洪亭民耳，颇善属文，殊工草、隶，孝元书记，一皆使之。军府轻贱[②]，多未之重，耻令子弟以为楷法[③]。时云："丁君十纸，不敌王褒数字[④]。"吾雅爱其手迹，常所宝持。孝元尝遣典签惠编送文章示萧祭酒[⑤]，祭酒问云："君王比赐书翰，及写诗笔，殊为佳手，姓名为谁，那得都无声问[⑥]？"编以实答，子云叹曰："此人后生无比，遂不为世所称，亦是奇事！"于是闻者稍复刮目。稍仕至尚仪曹郎[⑦]，末为晋安王侍读[⑧]，随王东下。及西台陷殁[⑨]，简牍湮散，丁亦寻卒于扬州。前所轻者，后思一纸，不可得矣。

【注释】

①丁觇（chān）：梁朝书法家。

②军府：当时萧绎都督六州军事，所以将其治所称之为军府。

③楷法：练字的人以此为范本。

④王褒：南北朝时期著名文人，字子渊。

⑤典签：官名。原意为处理文书的小官，后来成为掌握重权的官员，所以又称“签帅”。

⑥声问：声誉。

⑦仪曹郎：古时官名。

⑧晋安王：梁简文帝萧纲。

⑨西台：江陵。

【译文】

梁孝元帝之前在荆州时，有一个叫丁觇的人，是洪亭人，善于写文章，尤其擅长草书和隶书，梁孝元帝的文书工作，都交给他处理。军府中的人认为丁觇身份轻贱，大都看不起他，耻于让自己的子弟临摹丁觇的字体。当时说：“丁觇写上十页纸，都抵不过王褒几个字。”我却很喜欢丁觇的书法，将其视为珍藏。孝元帝曾经让典签惠编把文章送给祭酒萧子云看，萧子云问：“最近君主时常赐书信给我，还有一些诗歌文章，书写者确实是一个难得的好手，不知道这个人姓什么叫什么，为什么没有一点名气呢？”惠编据实回答，萧子云感叹道：“这个人并不是年轻后生可比的，却没有被世间之人称赞，也是一件奇怪的事！”于是那些听说萧子云看法的人才稍稍改变了对丁觇的态度。丁觇也逐步升迁到尚书仪曹郎，最后担任晋安王侍读，跟随晋安王东行。等到江陵陷落，丁觇亲笔书写的文书信札都消失殆尽，丁觇也死于扬州。之前轻贱他的人，后来再想要他亲笔所书的只言片语，怕也是不可能的了。

【原文】

侯景初入建业①，台门虽闭②，公私草扰③，各不自全。太子左卫率羊侃坐东掖门，部分经略④，一宿皆办，遂得百余日抗拒凶逆。于是城内四万许人，王公朝士，不下一百，便是恃侃一人安之，其相去如此。古人云：“巢父、许由⑤，让于天下；市道小人⑥，争一钱之利。”亦已悬矣⑦。

【注释】

①侯景：南朝梁人。

②台门：晋宋时期，人们将朝廷禁近之地称为台，台城就是禁城。台门，禁城的城门。

③草扰：纷乱。

④部分：部署安排。

⑤巢父、许由：都是尧时期的贤人。

⑥市道小人：市井小人。

⑦悬：悬殊。

【译文】

侯景刚攻入建业时，虽然禁城门内紧闭，但城门内官民都惶恐纷乱，人人自危。太子左卫率羊侃镇守东掖门，部署安排一切事宜，用一夜的时间都安排妥当，这才得以争取到一百多天的时间和敌军相抗。城内有四万余人，其中王公大臣不下一百人，却只依仗着羊

侃一人稳定局面，他们之间的差距如此之大。古人云："巢父、许由，把天下让给别人；市井小人，却去争夺一钱的利益。"这悬殊也太大了。

【原文】

齐文宣帝即位数年[①]，便沉湎纵恣，略无纲纪。尚能委政尚书令杨遵彦[②]，内外清谧，朝野晏如[③]，各得其所，物无异议，终天保之朝[④]。遵彦后为孝昭所戮[⑤]，刑政于是衰矣。斛律明月[⑥]，齐朝折冲之臣[⑦]，无罪被诛，将士解体[⑧]，周人始有吞齐之志[⑨]，关中至今誉之。此人用兵，岂止万夫之望而已也[⑩]！国之存亡，系其生死。

【注释】

①齐文宣帝：北齐君主高洋。

②杨遵彦：杨愔（yīn），字遵彦。

③晏如：安然。

④天保：北齐文宣帝的年号。

⑤孝昭：北齐孝昭帝高演。

⑥斛（hú）律明月：北齐名将斛律金的儿子。

⑦折冲：击退敌军。

⑧解体：人心涣散。

⑨周：北周。

⑩万夫之望：众望所归。

【译文】

北齐文宣帝即位几年后，便沉湎酒色，肆意妄为，目无法纪。但他尚且还能够将政事交付给尚书令杨遵彦处理，朝廷内外倒也还清净，朝野安然，各得其所，朝堂内外没有异声，这样一直到天保之朝终结。后杨遵彦被孝昭帝所杀，刑律也就此衰败。斛律明月，是北齐的军事栋梁，没有罪过却惨遭诛杀，军中上下人心涣散，北周人因此才开始有了侵吞北齐的念头，关中一带的人至今都对斛律明月称赞不已。这个人带兵，岂止是众望所归这么简单！国家的存亡，都系在他一人的生死之上了。

【原文】

张延儁之为晋州行台左丞[①]，匡维主将，镇抚疆埸[②]，储积器用，爱活黎民，隐若敌国矣[③]。群小不得行志，同力迁之；既代之后，公私扰乱，周师一举，此镇先平。齐亡之迹，启于是矣。

【注释】

①张延儁：北齐人。

②疆埸（yì）：疆界。

③隐：威重。

【译文】

张延儁任职晋州行台左丞时，辅佐主帅，镇抚边疆，储备粮食器用，爱护百姓，让晋州仿佛和一国一般威重。一些卑鄙小人无法按自己的欲望行事，便合力将他排挤走了；张延儁的位置被小人代替之后，公私混乱，北周刚兴兵时，便先攻克了晋州。北齐的灭亡迹象，便是从这里开始的。

卷三

勉学篇

【题解】

此篇重点论述了学习的重要性，开篇便指出：“自古明王圣帝，犹须勤学，况凡庶乎！”自古以来，圣贤君主犹且要勤加学习，更何况是那些普通人呢。颜之推几经战乱，目睹了皇家贵族子弟依仗着祖上的阴德，作威作福，不学无术，空有一身皮囊，毫无谋生本领，最后在纷乱的战火中苟延残喘，转死沟壑。所以他写下这篇文章，告诫子孙“父兄不可常依，乡国不可常保”的道理，并希望他们通过勤学不辍，养成自身本领。

【原文】

自古明王圣帝，犹须勤学，况凡庶乎！此事遍于经史，吾亦不能郑重[①]，聊举近世切要，以启寤汝耳[②]。士大夫子弟，数岁已上，莫不被教，多者或至《礼》《传》，少者不失《诗》《论》。及至冠婚，体性稍定，因此天机[③]，倍须训诱。有志尚者，遂能磨砺，以就素业[④]；无履立者[⑤]，自兹堕慢[⑥]，便为凡人。人生在世，会当有业：农民则计量耕稼，商贾则讨论货贿，工巧则致精器用，伎艺则沉思法术，武夫则惯习弓马，文士则讲议经书。多见士大夫耻涉农商，差务工伎，射则不能穿札[⑦]，笔则才记姓名，饱食醉酒，忽忽无事[⑧]，以此销日，以此终年。或因家世余绪，得一阶半级，便自为足，全忘修学；及有吉凶大事，议论得失，蒙然张口，如坐云雾；公私宴集，谈古赋诗，塞默低头，欠伸而已[⑨]。有识旁观，代其入地[⑩]。何惜数年勤学，长受一生愧辱哉！

【注释】

①郑重：频繁。

②寤：觉悟。

③天机：灵性。

④素业：清素之业，士族从事的儒业。

⑤履立：操行。

⑥堕慢：散漫。

⑦札：铠甲的叶子，多为皮革或者是金属制成。

⑧忽忽：迷惑，恍惚。

⑨欠伸：打哈欠，伸懒腰。

⑩入地：羞愧入地。

【译文】

自古以来，那些贤明的君主帝王，犹且还要勤奋学习，更何况是凡夫俗子呢！这种事情在经史书籍中随处可见，我就不再重复述说了，只谈谈最近比较要紧的事情，以启发开导你们。士大夫的子弟，几岁之后，没有不受教育的，学得多的或许已经读到了《礼记》《左传》，学得少的也已经读完了《诗经》《论语》。到了谈婚论嫁的年龄时，体质性情都已经逐渐成型，所以要依据他们的灵性，加倍地对其进行训导。有志向的人，便能够经得起磨砺，以此成就清素之业；没有操行的人，从此堕落散漫，便成为普通之人。人生在世，应该要有自己的事业：农民要计量耕稼，商贾要讨论货物交易，工匠要致力于精巧器物，伎艺要专注于技艺，武士要熟习骑射之术，文士要谈论儒家经书。

我经常看到一些士大夫耻于涉足农业、商业，又没有手工、技艺的本事，射箭无法穿透铠甲上的叶子，提笔只会写自己的姓名，整日饱食醉酒，无所事事，以此度日，虚度终生。有的则是凭借着家中的荫庇，取得一官半职，便自满自足，全然忘记了修缮学业；等到有吉凶大事的时候，谈论得失，却无从张口，就好比坐在云雾间一样茫然无知；公私宴请的场合，别人谈古赋诗时，他的嘴巴却像被塞住一般，只能低头不语，打打哈欠伸伸懒腰罢了。旁边的有识之士看到后，都羞愧得想要替他钻入地缝中。这些人为何舍不得用几年时光去学习，而偏要承受一生的羞辱呢？

【原文】

梁朝全盛之时，贵游子弟[①]，多无学术，至于谚云：“上车不落则著作，体中何如则秘书。”无不熏衣剃面，傅粉施朱，驾长檐车，跟高齿屐[②]，坐棋子方褥[③]，凭斑丝隐囊，列器玩于左右，从容出入，望若神仙。明经求第，则顾人答策；三九公宴[④]，则假手赋诗。当尔之时，亦快士也。及离乱之后，朝市迁革，铨衡选举[⑤]，非复曩者之亲[⑥]；当路秉权，不见昔时之党。求诸身而无所得，施之世而无所用，被褐而丧珠，失皮而露质，兀若枯木，泊若穷流，鹿独戎马之间[⑦]，转死沟壑之际。当尔之时，诚驽材也[⑧]。有学艺者，触地而安[⑨]。自荒乱以来，诸见俘虏，虽百世小人，知读《论语》《孝经》者，尚为人师；虽千载冠冕[⑩]，不晓书记者，莫不耕田养马。以此观之，安可不自勉耶？若能常保数百卷书，千载终不为小人也。

【注释】

①贵游：没有官职的贵族。

②高齿屐（jī）：木底鞋的一种。

③棋子方褥：带有方格图案的方形坐褥。

④三九：三公九卿。

⑤铨（quán）衡：衡量，考察。

⑥曩（nǎng）：过去。

⑦鹿独：颠沛流离。

⑧驽（nú）材：蠢材。

⑨触地：不管是什么地方。

⑩冠冕：官宦之家。

【译文】

梁朝全盛时期，贵族子弟大都不学无术，以至于当时有谚语说："上车时不跌跤就能够当著作郎，会说身体好就能做秘书郎。"这些贵族子弟没有不熏衣剃面的，他们涂抹脂粉，坐着长檐车，穿着高齿屐，坐着带有方格图案的方形坐褥，倚靠着五彩丝线织成的靠枕，身边还放着经常把玩的器物，从容出入，仿佛神仙一般。等到明经问答考取功名的时候，他们便雇人答卷；参加三公九卿的宴会，还要假借别人之手作诗。在那个时候，他们倒也像是一个名士。等到离乱之时，朝代变迁，负责考察官员的人，也不再是过去的亲信；朝中的掌权者中，也看不到昔日的同党。想要依靠自身的力量却又一无所长，想要在世间生存却又没有本事。他们披着粗布衣服，卖掉了怀中的珠宝，失去了华丽的外表而露出了本来面目，仿若枯木，又像干涸的河流。在战乱中颠沛流离，转死于沟壑之间。在这个时候，他们便是实实在在的蠢材了。有学问和技艺的人，不管在什么地方都能够生存。自从兵荒马乱以来，我看到过很多俘虏，有很多世代都是平民百姓的，由于读过《论语》《孝经》，尚且能够为人师表；那些世代为官，却连文书抄写工作都不能胜任的，便只能耕田养马了。由此可知，怎么可以不勉励自己学习呢？如若家中可以经常存留几百卷书籍，即便是再过一千年，后代也不会沦为贫贱之人的。

【原文】

夫明《六经》之指①，涉百家之书，纵不能增益德行，敦厉风俗②，犹为一艺，得以自资。父兄不可常依，乡国不可常保，一旦流离，无人庇荫，当自求诸身耳。谚曰："积财千万，不如薄伎在身。"伎之易习而可贵者，无过读书也。世人不问愚智，皆欲识人之多，见事之广，而不肯读书，是犹求饱而懒营馔[3]，欲暖而惰裁衣也。夫读书之人，自羲、农已来[4]，宇宙之下，凡识几人，凡见几事，生民之成败好恶[5]，固不足论，天地所不能藏，鬼神所不能隐也。

【注释】

①六经：指《诗》《书》《礼》《易》《乐》《春秋》。

②敦厉：敦促劝励。

③馔（zhuàn）：食物。

④羲、农：伏羲、神农，都是传说中的上古帝王。

⑤生民：百姓。

【译文】

知晓《六经》的要旨，涉猎百家学说，就算无法增加个人的德行，劝励社会风俗，但也称得上是一门技艺，足够自谋生路了。父亲兄长不可以长久依靠，故土国家不可能长久无事，一旦颠沛流离，便没人庇护，只能依靠自己了。谚语说："积财万千，不如有薄技在身。"技艺中比较容易学而又比较可贵的，莫过于读书了。世间之人不管是愚蠢还是有智慧的，都想要认识更多的人，见识更多的事，但又不肯读书，这就好比想要吃饱却又懒于做饭，想要温暖却又懒于裁衣一般。读书之人，自伏羲、神农以来，宇宙之下，认识了几个人，见识了几件事，百姓的成败好恶，固然不必再说，即便是天地万物的道理、鬼神之事，也是瞒不过他们的。

【原文】

有客难主人曰[1]："吾见强弩长戟，诛罪安民，以取公侯者有矣；文义习吏，匡时富国，以取卿相者有矣；学备古今，才兼文武，身无禄位，妻子饥寒者，不可胜数，安足贵学乎？"主人对曰："夫命之穷达，犹金玉木石也；修以学艺，犹磨莹雕刻也。金玉之磨莹，自美其矿璞；木石之段块，自丑其雕刻。安可言木石之雕刻，乃胜金玉之矿璞哉？不得以有学之贫贱，比于无学之富贵也。且负甲为兵，咋笔为吏[2]，身死名灭者如牛毛，角立杰出者如芝草；握素披黄，吟道咏德，苦辛无益者如日蚀，逸乐名利者如秋荼，岂得同年而语矣[3]。且又闻之：生而知之者上，学而知之者次。所以学者，欲其多知明达耳。必有天才，拔群出类，为将则暗与孙武、吴起同术[4]，执政则悬得管仲、子产之教[5]，虽未读书，吾亦谓之学矣。今子即不能然，不师古之踪迹，犹蒙被而卧耳。”

【注释】

①主人：作者的自称。

②咋笔：操笔。

③同年而语：相提并论。

④孙武、吴起：春秋时期的著名军事家。

⑤管仲、子产：春秋时期著名军事家、政治家。

【译文】

有客人诘难我说：“我看见有人拿着强弩长戟，诛杀有罪之人以安抚百姓，以这种方式博取功名爵位；有人阐释礼法研习吏道，匡正时弊以使国家富强，以取得卿士相国之位；有人学贯古今，文武双全，自己没有禄位，妻子儿女忍饥挨饿，这种例子数不胜数，又怎能说学习值得推崇呢?”我回答说：“命运的穷困显达，犹如金玉和木石。研习学问，就好像琢磨金玉和雕琢木石。金玉经过雕琢，自然比没有经过冶炼的矿石、璞玉更美；一段木头一块石头，总要比雕刻过的木石丑陋。但怎么可以说经过雕刻的木石，就一定可以胜过没有经过雕刻的金玉呢？所以我们不可以拿有学之士的贫贱，和无学之士的富贵相比。何况身穿铠甲当兵的人，拿着笔做小吏的人，身死名灭者如牛毛一样多，出类拔萃者如芝草一样少；如今埋头苦读，吟道颂德，含辛茹苦却又毫无所得的人如日蚀那样稀少，安于享乐，追名逐利的人却如秋荼一样多，岂能相提并论呢。况且我又听说：生来就无所不知的是天才，通过学习而知晓道理的次之。之所以学习，就是想要知道更多的道理，让自己明白通达罢了。如若必须有天才的话，那也是出类拔萃的人，做将领便天生具备了孙武、吴起的军事才能；执政时便天生得到了管仲、子产的政治才干，即便他们没有读书，我也会说他们是有学问的人。而今你没有达到这种地步，如若再不效仿古人的做法，就好比是蒙被而眠捂住了自己的耳朵，什么都不知道了。”

【原文】

人见邻里亲戚有佳快者[①]，使子弟慕而学之，不知使学古人，何其蔽也哉？世人但知跨马被甲，长矟强弓[②]，便云我能为将；不知明乎天道，辨乎地利，比量逆顺，鉴达兴亡之妙也。但知承上接下，积财聚谷，便云我能为相；不知敬鬼事神，移风易俗，调节阴阳，荐举贤圣之至也[③]。但知私财不入，公事夙办，便云我能治民；不知诚己刑物[④]，执辔如组[⑤]，反风灭火，化鸱为凤之术也。但知抱令守律，早刑晚舍[⑥]，便云我能平狱；不知同辕观罪[⑦]，分剑追财[⑧]，假言而奸露[⑨]，不问而情得之察也[⑩]。爰及农商工贾，厮役奴隶，钓鱼屠肉，饭牛牧羊，皆有先达，可为师表，博学求之，无不利于事也。

【注释】

①佳快：优秀。

②矟（shuò）：即“槊”，古时兵器。

③至：周密。

④刑物：给人做榜样。

⑤辔（pèi）：马缰绳。

⑥早刑晚舍：判刑宜早，赦免宜晚。

⑦同辕观罪：把罪犯系在同一个车辕上，以让他们明白自己所犯的罪行。

⑧分剑追财：《太平御览》卷六三九引《风俗通》："沛郡有富家公，资二千余万。子才数岁，失母，其女不贤。父病，令以财尽属女，但遗一剑，云：'儿年十五，以还付之。'其后又不肯与儿，乃讼之。时太守大司空何武也，得其辞，顾谓掾吏曰：'女性强梁，婿复贪鄙，畏害其儿，且寄之耳。夫剑者所以决断；限年十五者，度其子智力足闻县官，得以见伸展也。'乃悉多财还子。"

⑨假言而奸露：《魏书·李崇传》："先是，寿春县人苟泰有子三岁，遇贼亡失，数年不知所在。后见在同县人赵奉伯家，泰以状告。各言己子，并有邻证，郡县不能断。崇曰：'此易知耳。'令二父与儿各在别处，禁经数旬，然后遣人告之曰：'君儿遇患，向已暴死，有教解禁，可出奔哀也。'苟泰闻即号咷，悲不自胜；奉伯咨嗟而已，殊无痛意。崇察知之，乃以儿还泰，诘奉伯诈状。"

⑩不问而情得：《晋书·陆云传》："俄以公府掾为太子舍人，出补浚仪令。县居都会之要，名为难理。云到官肃然，下不能欺，市无二价。人有见杀者，主名不立，云录其妻，而无所问。十许日遣出，密令人随后，谓曰：'其去不出十里，当有男子候之与语，便缚来。'既而果然。问之具服，云：'与此妻通，共杀其夫，闻妻得出，欲与语，惮近县，故远相要候。'于是一县称其神明。"

【译文】

人们看到乡邻亲戚中有比较优秀的人，就会让自己的子弟钦慕并学习他们，却不知道让自己的子弟学习古人，为何这么糊涂呢？世人只知道骑战马披铠甲，拿着长矟强弓，便认为自己可以做将军；却不知道要通晓天时，辨别地利，衡量形势的优劣，借鉴兴盛衰亡的精妙之处。世人只知道禀承旨意，统领百官，为国积累物资，便认为自己也可以做宰相；却不知晓侍奉鬼神，移风易俗，调节阴阳，推荐贤圣之人的各种周密工作。世人只知道不敛私财，快速办理公事，便认为自己能够治民；却不知道诚恳待民、为人楷模，御民有方，止风灭火，化恶为善的本事。世人只知道遵守法令，早判刑晚赦免，便认为自己能够治理狱事；却不知道让罪犯意识到自己的错误，不知道分剑追财，不知道用假言骗得奸诈者暴露，不知道用反复审察的方法来明晰案情。再推及到农民、商人、工匠，小厮、奴隶，渔民、屠夫，喂牛的、放羊的，其中都有先达之人，可为人师表，广泛地向这些人学习，对事业是很有帮助的。

【原文】

夫所以读书学问，本欲开心明目，利于行耳。未知养亲者，欲其观古人之先意承颜[①]，怡声下气，不惮劬劳[②]，以致甘腝[③]，惕然惭惧，起而行之也。未知事君者，欲其观古人之守职无侵，见危授命，不忘诚谏，以利社稷，恻然自念，思欲效之也。素骄奢者，欲其观古人之恭俭节用，卑以自牧[④]，礼为教本，敬者身基，瞿然自失[⑤]，敛容抑志也。素鄙吝者，欲其观古人之贵义轻财，少私寡欲，忌盈恶满，赒穷恤匮[⑥]，赧然悔耻，积而能散也。素暴悍者，欲其观古人之小心黜己，齿弊舌存，含垢藏疾，尊贤容众，苶然沮丧[⑦]，若不胜衣也。素怯懦者，欲其观古人之达生委命[⑧]，强毅正直，立言必信，求福不回，勃然奋厉，不可恐慑也。历兹以往，百行皆然。纵不能淳，去泰去甚。学之所知，施无不达。世人读书者，但能言之，不能行之，忠孝无闻，仁义不足，加以断一条讼，不必得其理；宰千户县[⑨]，不必理其民；问其造屋，不必知楣横而棁竖也；问其为田，不必知稷早而黍迟也；吟啸谈谑，讽咏辞赋，事既优闲，材增迂诞，军国经纶，略无施用，故为武人俗吏所共嗤诋[⑩]，良由是乎?

【注释】

①先意承颜：指孝子不等父母开口就能领会其心意并且顺从父母的

心意去做。

②劬（qú）劳：劳累。

③胹（ér）：煮烂的肉。

④卑以自牧：以谦卑自居。

⑤瞿然：惊愕。

⑥赒（zhōu）：救济。

⑦苶（nié）然：疲劳。

⑧达生：不受到世务的牵累。

⑨千户县：最小的县。

⑩嗤诋（chī dǐ）：讥笑辱骂。

【译文】

人们之所以要读书学习，本是为了要启发心智、拓展认识，以便利于自己的行动。不知道如何赡养父母的人，便要让他观察古人是如何体察父母心意，承顺父母意志的；如何和颜悦色地和父母谈话，不惧怕疲劳，给父母呈上香软的食物的；以此让他们感到惊惧惭愧，并开始效仿古人的做法。不知道如何侍奉君主的人，就要让他观察古人如何忠于职守、不欺凌犯上；如何临危受命，甘愿以身殉国的；如何不忘记忠诚劝谏，施行利于社稷之事的；这样才能使他们痛心疾首地自我反省，并想着要效仿古人的做法。对于那些素来骄奢的人，要让他们观察古人恭俭节用的行为，谦卑自居的秉性，把礼作为教化的根本，将恭敬当成立身的基础，从而让他们惊愕地意识到自身的过失，并开始收敛、抑制骄奢的心志。对于那些素来粗鄙吝啬的人，就要让他们观察古人重义轻财的行为，清心寡欲，忌讳过于贪财，救济贫困，体恤贫民，以此让他们感到羞愧耻辱，从而学会积财而又散财。对于那些粗暴凶悍的人，要让他们观察古人小心恭谨的行为，明白齿亡舌存的道理，以及如何包容垢疾，尊敬贤士，包容民众，以此让他们气焰消弱，显出谦恭的模样。对于那些素来怯懦的人，要让他们观察古人不受世务拖累、听任命运支配的心态，强毅正直，重视承诺，祈求福祉而又不违逆祖道，以此让他们勃然奋发，不再恐惧。由此可见，各方面的品行都可以借鉴上述的方法，即便无法让风化完全纯正，却也可以防止比较过分的行为。从学习中得到的知识，就没有不能施用的地方。只是现在世间的读书人，只知道空谈，却不知道行动，不谈忠孝，欠缺道义，再加上他们审理一桩官司时，却又不一定知晓其中的事理；管理一个最小的县城，又不一定亲自治理百姓；询问他们建造房屋的建议，他们又不一定知道楣横而棁竖的常理；询问他们田地的治理，他们也不一定知道谷子早种黄米晚种的道理；整日吟诵歌唱，谈笑戏谑，写诗作赋，生活悠然，除了平添荒诞之事外，对于军国经纶，是没有一点用处的，所以武官嘲笑辱骂他们，的确是有原因的呀。

【原文】

夫学者所以求益耳。见人读数十卷书，便自高大，凌忽长者，轻慢同列[①]；人疾之如仇敌，恶之如鸱枭[②]。如此以学自损，不如无学也。古之学者为己，以补不足也；今之学者为人，但能说之也。古之学者为人，行道以利世也；今之学者为己，修身以求进也。夫学者犹种树也，春玩其华，秋登其实；讲论文章，春华也，修身利行[③]，秋实也。

【注释】

①同列：地位相同。

②鸱枭（chī xiāo）：猫头鹰。古人将猫头鹰看作不祥之鸟。

③修身利行：修养德行，便于行事。

【译文】

学习是为了求得收益。我见有些人读了几十卷书，便开始骄傲自大起来，轻慢长辈，鄙夷地位相同之人；人们憎恶他就如同憎恶仇敌，厌恶他如同厌恶猫头鹰。这般因学习而给自己带来损害的，倒不如不学习。古时候的人学习是为了自己，以弥补自己的不足之处；而现在的人学习是为了向他人炫耀，只想着能说会道即可。古时候的人学习是为了他人，施行有利于世道的主张；现在的人学习是为了自己，以提高自身修养而谋求仕途之路。所以学习就如同种树，春季欣赏其花朵，秋季收获其果实；评讲文章，如同春季赏花；修身利行，犹如秋季收获。

【原文】

人生小幼，精神专利[1]，长成已后，思虑散逸，固须早教，勿失机也。吾七岁时，诵《灵光殿赋》[2]，至于今日，十年一理，犹不遗忘。二十之外，所诵经书，一月废置，便至荒芜矣。然人有坎壈[3]，失于盛年，犹当晚学，不可自弃。孔子云："五十以学《易》，可以无大过矣。"魏武、袁遗，老而弥笃，此皆少学而至老不倦也。曾子七十乃学，名闻天下；荀卿五十，始来游学，犹为硕儒；公孙弘四十余[4]，方读《春秋》，以此遂登丞相；朱云亦四十[5]，始学《易》《论语》；皇甫谧二十[6]，始受《孝经》《论语》，皆终成大儒：此并早迷而晚寤也。世人婚冠未学，便称迟暮，因循面墙[7]，亦为愚耳。幼而学者，如日出之光；老而学者，如秉烛夜行，犹贤乎瞑目而无见者也。

【注释】

①专利：专注集中。

②《灵光殿赋》：灵光殿，由西汉宗室鲁恭王建立，今山东曲阜东。

③坎壈（lǎn）：困顿。

④公孙弘：汉武帝时期的丞相。

⑤朱云：西汉元帝、成帝时期的名儒。

⑥皇甫谧：西晋时期著名的学者。

⑦因循：循规蹈矩，不知变通。

【译文】

人们年幼时，精神专注集中，成人之后，思虑却容易涣散，所以一定要重视孩童的早期教育，不要错失了机会。我七岁的时候，诵读《灵光殿赋》，以至于到了现在，每隔十年温习一遍，犹且还不会遗忘。二十岁之后，所诵读的经书，只要废置一个月，便已经遗忘得差不多了。然而人都有困顿的时候，如若在盛年时期失去了求学的机会，在晚年也要继续学习，不可以自我放弃。孔子说："五十岁之后学习《易经》，就可以避免大的过错了。"曹操、袁遗，到了老年时期更加努力学习，这便是从少学到老的例子。曾子七十岁才开始学习，最后却闻名天下；荀子五十岁开始游学，犹且成为一代名儒；公孙弘四十多岁才开始读《春秋》，并以此登上了丞相位；朱云也是四十岁才开始学习《易经》《论语》，皇甫谧二十岁开始学习《孝经》《论语》，这些人最后都成为了大儒：上述都是早期不用功到老才觉悟最终得以成功的例子。世间之人有到婚冠年纪还没有学习的，便称已经太迟了，于是以此这般循规蹈矩下去，犹如面朝墙壁般一无所知，这也太愚蠢了。幼时学习，犹如日出之光；老年学习，犹如秉烛夜行，但也比闭着眼睛一无所见的人强多了。

【原文】

学之兴废，随世轻重。汉时贤俊，皆以一经弘圣人之道，上明天时，下该人事，用此致卿相者多矣。末俗已来不复尔[①]，空守章句，但诵师言，施之世务，殆无一可。故士大夫子弟，皆以博涉为贵，不肯专儒。梁朝皇孙以下，总丱之年[②]，必先入学，观其志尚，出身已后[③]，便从文史，略无卒业者。冠冕为此者，则有何胤、刘瓛、明山宾、周舍、朱异、周弘正、贺琛、贺革、萧子政、刘绍等[④]，兼通文史，不徒讲说也。洛阳亦闻崔浩、张伟、刘芳[⑤]，邺下又见邢子才[⑥]：此四儒者，虽好经术，亦以才博擅名。如此诸贤，故为上品。以外率多田里间人，音辞鄙陋，风操蚩拙，相与专固，无所堪能。问一言辄酬数百，责其指归[⑦]，或无要会[⑧]。邺下谚曰："博士买驴，书券三纸，未有'驴'字。"使汝以此为师，令人气塞。孔子曰："学也，禄在其中矣。"今勤无益之事，恐非业也。夫圣人之书，所以设教，但明练经文，粗通注义，常使言行有得，亦足为人；何必"仲尼居"即须两纸疏义，燕寝、讲堂[⑨]，亦复何在？以此得胜，宁有益乎？光阴可惜，譬诸逝水。当博览机要，以济功业；必能兼美，吾无间焉[⑩]。

【注释】

①末俗：末世的习俗，指已经衰败的风俗。

②总丱（guàn）：指童年时代。

③出身：出仕。

④何胤，明山宾，周舍，朱异，周弘正，贺琛，贺革，萧子政：何胤，南朝齐梁时期的著名儒士、名臣；明山宾，梁朝学者，字孝若，今山东平原西北人；周舍，梁朝官吏，今河南汝南人；朱异，梁朝名臣，今浙江杭州人；周弘正，南朝梁、陈名儒，今河南汝南人；贺琛，梁朝官吏，今浙江绍兴人；贺革，梁朝官吏；萧子政，梁朝学者。

⑤崔浩、张伟、刘芳：崔浩，北魏名臣，字伯渊，今山东武城人；张伟，北魏名臣，今山西榆次人；刘芳，北魏名儒，今江苏徐州人。

⑥邢子才：北齐著名的文人邢邵，今河北任丘人。

⑦指归：意旨。

⑧要会：要旨。

⑨燕寝：闲居的地方。

⑩无间：无话可说，指没有非议。

【译文】

学习风气的兴废，随着世间风气的变化而变化。汉朝时期的贤俊人才，都靠精通一部经书来宣扬光大圣人之道，上知天时，下理人事，用这种方式得到官位的人有很多。汉朝末期的风俗便不是这个样子了，读书人空守着章句，只懂得背诵老师的言语，依靠这种方式来治理世务，恐怕没有一项是可行的。因此，后来士大夫的子弟，都以广泛涉猎书籍为贵，不肯只专注于儒家。梁朝时期自皇孙以下，在孩童时期就必须要入学读书，以此考察他们的志趣，到了出仕的年龄之后，便开始参与文官的事务，几乎没有完成学业的。做官又能够继续学业的，有何胤、刘瓛、明山宾、周舍、朱异、周弘正、贺琛、贺革、萧子政、刘绍等人，他们文史兼通，不仅仅只是讲解经书而已。我也听说过洛阳的崔浩、张伟、刘芳，邺地的邢子才：这四位学者，虽然都喜欢经书，但也以博学多才而闻名。这般的贤者，便是学者中的上品。除此之外便都是一些田野粗人，言语鄙陋，没有操行，和人相处时总是固执己见，没有什么事情是他能够胜任的。问一句他能够回答几百句，但若问他其中的意旨，却不得要领。邺地有谚语称："博士买驴，写了三大张纸的契约，却还没有出现一个'驴'字。"如果让你们以这样的人为老师，真是会把人气死的。孔子说："要学习，俸禄就在这里面。"而今的人们却勤于做没有益处的事情，这恐怕不是正道吧。圣人的书籍，是为了传授教育，只有熟读经文，粗通经义，让其经常辅助自己的言行，这样也就足以立世了；何必需要两张纸来解释"仲尼居"三个字呢，有人说是闲居之所，有人说是求学之所，可它如今还存在吗？凭借这种问题得胜，有什么益处呢？光阴似箭，如流水般一去不返。我们应该广泛浏览书籍、学习精要学说，以此来辅助自己的功业；如若博学与专精两者兼备，我就无话可说了。

【原文】

俗间儒士，不涉群书，经纬之外[①]，义疏而已。吾初入邺，与博陵崔文彦交游，尝说《王粲集》中难郑玄《尚书》事[②]。崔转为诸儒道之，始将发口[③]，悬见排蹙[④]，云："文集只有诗赋、铭、诔，岂当论经书事乎？且先儒之中，未闻有王粲也。"崔笑而退，竟不以粲集示之。魏收之在议曹[⑤]，与诸博士议宗庙事[⑥]，引据《汉书》，博士笑曰："未闻《汉书》得证经术。”收便忿怒，都不复言，取《韦玄成传》[7]，掷之而起。博士一夜共披寻之[8]，达明，乃来谢曰：“不谓玄成如此学也。”

【注释】

①经纬：经书和纬书。

②王粲（càn）：建安七子之一，东汉末年著名文学家，今山东微山县人。

③发口：开口。

④排蹙（cù）：排斥，斥责。

⑤魏收：北朝著名文人，今河北晋县人。

⑥宗庙：古时君王、诸侯祭祀祖先的庙宇。

⑦韦玄成：西汉丞相。

⑧披寻：翻阅。

【译文】

世间的学者，不涉猎群书，除了经书和纬书之外，也只读一些注疏罢了。我刚到邺地时，和博陵人崔文彦交游，曾经说起《王粲集》中有关王粲责难郑玄注解《尚书》的事情。崔文彦回头又和其他的几位学者说起这件事，他刚开口，便被其他的学者斥责：“文集只有诗赋、铭、诔等文体，岂会论说经书的事宜？更何况在先辈的儒学之士中，也没有听说过王粲这个人。”崔文彦笑着退下了，最终都没有把《王粲集》拿给他们看。魏收任职议曹时，曾经和各位学者谈起宗庙的事宜，并引据《汉书》，其他的学者笑着说：“从未听说过《汉书》可以论证经术的。”魏收非常恼怒，便不再多说，取出《汉书·韦玄成传》，扔给那些学者便起身离开了。学者们用一夜的时间一起翻阅这本书，天亮之后，学者们前来道歉说：“没想到韦玄成还有这般学识啊。”

【原文】

夫老、庄之书，盖全真养性[1]，不肯以物累己也。故藏名柱史[2]，终蹈流沙；匿迹漆园[3]，卒辞楚相，此任纵之徒耳。何晏、王弼[4]，祖述玄宗，递相夸尚，景附草靡[5]，皆以农、黄之化[6]，在乎己身，周、孔之业，弃之度外。而平叔以党曹爽见诛[7]，触死权之网也；辅嗣以多笑人被疾，陷好胜之阱也；山巨源以蓄积取讥[8]，背多藏厚亡之文也；夏侯玄以才望被戮，无支离臃肿之鉴也[9]；荀奉倩丧妻[10]，神伤而卒，非鼓缶之情也；王夷甫悼子[11]，悲不自胜，异东门之达也[12]；嵇叔夜排俗取祸[13]，岂和光同尘之流也[14]；郭子玄以倾动专势[15]，宁后身外己之风也；阮嗣宗沉酒荒迷[16]，乖畏途相诫之譬也；谢幼舆赃贿黜削[17]，违弃其余鱼之旨也[18]：彼诸人者，并其领袖，玄宗所归。其余桎梏尘滓之中，颠仆名利之下者，岂可备言乎！直取其清谈雅论，剖玄析微，宾主往复，娱心悦耳，非济世成俗之要也。洎于梁世，兹风复阐[19]，《庄》《老》《周易》，总谓《三玄》。武皇、简文，躬自讲论。周弘正奉赞大猷[20]，化行都邑，学徒千余，实为盛美。元帝在江、荆间，复所爱习，召置学生，亲为教授，废寝忘食，以夜继朝，至乃倦剧愁愤，辄以讲自释。吾时颇预末筵，亲承音旨，性既顽鲁，亦所不好云。

【注释】

①全真：保全本性。

②柱史：柱下史，周秦时期的官名，相当于御史。

③漆园：庄子之前曾做过漆园吏。

④何晏、王弼：何晏，曹魏名士，今河南南阳人；王弼，曹魏时期玄学家，今河南焦作人。

⑤草靡：赞同，臣服。

⑥农、黄：神农氏、黄帝。

⑦曹爽：魏明时期大将军。

⑧山巨源：山涛，西晋大臣，竹林七贤之一。

⑨支离：支离疏，《庄子·人间事》中的寓言人物，形体臃肿，非常怪异。

⑩荀奉倩：荀粲，曹魏名士。

⑪王夷甫：王衍，西晋名士。

⑫东门：东门吴，战国时期秦国人。

⑬嵇叔夜：嵇康，竹林七贤之一。

⑭和光同尘：将光荣和尘土同等看待，泛指与世无争。

⑮郭子玄：郭象，晋代玄学家。

⑯阮嗣宗：阮籍，竹林七贤之一。

⑰谢幼舆：谢鲲，西晋名士。

⑱余鱼：多余的鱼。泛指多余的东西。

⑲复阐：再次流行广大。

⑳大猷（yóu）：治国之道。

【译文】

老子、庄子的书，都是提倡保全天性修养品行的，不愿被外界事物所拖累。所以老子隐姓埋名做了周朝的柱下史，最后遁迹于沙漠中；庄子隐匿于漆园，最后推辞了楚国相位，这两个都是无拘无束的人。何晏、王弼，宣扬道教的深奥玄理，人们争相传诵宣扬，如影随形、如草木随风，都以神农氏、黄帝的教化来修饰自身，而将周公、孔子的学术置之度外。可是何晏因为党附曹爽而被诛，这是死于贪念权力的网中了；王弼经常以自己的长处来嘲笑他人而引来嫉恨，落入了争强好胜的陷阱中；山涛因为积累财物而受人讥讽，这是因为违背了积蓄越多丧失越多的训诫；夏侯玄因为才气声望被杀，这是因为他没有借鉴到支离疏和臃肿大树得以自保的经验；

荀奉倩的妻子去世，他也因过度悲伤而死，这便没有庄子所说的击鼓而歌的情怀；王夷甫因为悼念儿子，悲不自胜，这便和东门吴面对丧子时的达观态度有所不同；嵇康因排斥世俗而引来杀身之祸，岂能称得上是与世无争的人呢；郭象因显赫的声名而走上权势之路，也没有甘于人后的风度；阮嗣宗沉迷于酒色、荒诞迷离，也违背了险路要谨慎对待的古训；谢鲲因贪污受贿而遭到贬黜，这是因为违背了要节制欲望的训诫：上述这些人，是人心目中的玄学领袖。其余的那些被束缚在名利场中摸爬滚打的世俗之人，就更不必说了！这些人不过选取了老子、庄子的清谈雅论，剖析其中的微妙义理，宾主相互提问，只求愉悦身心罢了，并不是济世救人的要紧之事。到了梁朝时期，这种崇尚道教的风气再次盛行，《庄子》《老子》《周易》，总称为《三玄》。梁武帝、简文帝都会亲自讲解论述。周弘正奉命讲述玄学治世的大道理，整个都城都受到这种风气的影响，学徒有一千多人，实在是空前盛况。梁元帝在江陵、荆州的时候，也比较喜欢《三玄》，还招来一些学生，亲自为他们讲授，以至于废寝忘食，夜以继日，在他疲倦愁闷的时候，也经常以讲解玄学来排解心中忧愤。有时我也会坐在末席，亲自听从梁元帝的传授，不过我天生愚笨，又不喜欢此类的事情，所以并没有什么收获。

【原文】

齐孝昭帝侍娄太后疾[①]，容色憔悴，服膳减损。徐之才为灸两穴[②]，帝握拳代痛，爪入掌心，血流满手。后既痊愈，帝寻疾崩，遗诏恨不见太后山陵之事[③]。其天性至孝如彼，不识忌讳如此，良由无学所为。若见古人之讥欲母早死而悲哭之，则不发此言也。孝为百行之首，犹须学以修饰之，况余事乎！

【注释】

①齐孝昭帝：北齐君主，高欢的第六子。

②徐之才：北齐的医学家。

③山陵：帝王或者是皇后的坟墓。这里指孝昭帝母亲娄太后的丧事。

【译文】

齐孝昭帝侍奉病重的娄太后，神色憔悴，茶饭不想。徐之才曾经为娄太后针灸两个穴位，孝昭帝便握紧双拳以替代母亲的疼痛，指甲刺入掌心，血流了一手。后来娄太后的病情痊愈，孝昭帝却因病去世了，并留下遗诏称因无法为娄太后养老送终而感到遗憾。孝昭帝的天性纯良至此，却又这般不知忌讳，这确实是因为没有学习造成的。如若看到古人讥讽那些因盼着母亲早逝而好为其痛哭尽孝的人，就不会说出这样的话了。百善孝为先，即便这样尚且还需要通过学习来培养这种孝道，更何况是其他的事情呢。

【原文】

梁元帝尝为吾说："昔在会稽[①]，年始十二，便已好学。时又患疥[②]，手不得拳，膝不得屈。闲斋张葛帏避蝇独坐[③]，银瓯贮山阴甜酒，时复进之，以自宽痛。率意自读史书，一日二十卷，既未师受，或不识一字，或不解一语，要自重之，不知厌倦。"帝子之尊，童稚之逸，尚能如此，况其庶士，冀以自达者哉？

【注释】

①会稽：郡名，今浙江绍兴。

②疥：疥疮，皮肤病的一种。

③葛帏：用葛布制成的帷帐。

【译文】

梁元帝曾经对我说："昔日我在会稽时，年仅十二岁，便已经爱好学习了。当时又患了疥疮，双手无法握成拳，膝盖不得弯曲。在闲斋中悬挂一张葛布帷帐以阻隔蚊蝇，自己独坐在里面，用银瓯盛了一些山阴甜酒，不时地喝上一口，以此来纾解疼痛。这段日子我只随意阅读了一些史书，一天读二十卷，那个时候没有老师教授，每遇到不认识的字，或者是不理解的语句时，都会反复观看，从来不知道厌倦。"梁元帝有着帝王之子的尊贵身份，在他童年时期，尚且如此用功读书，更何况是那些希望通过自身努力来求得入仕机会的普通人呢？

【原文】

古人勤学，有握锥投斧[①]，照雪聚萤[②]，锄则带经[③]，牧则编简[④]，亦为勤笃。梁世彭城刘绮，交州刺史勃之孙，早孤家贫，灯烛难办，常买荻尺寸折之，然明夜读。孝元初出会稽，精选寮寀[⑤]，绮以才华，为国常侍兼记室[⑥]，殊蒙礼遇，终于金紫光禄。义阳朱詹，世居江陵，后出扬都，好学，家贫无资，累日不爨[⑦]，乃时吞纸以实腹。寒无毡被，抱犬而卧。犬亦饥虚，起行盗食，呼之不至，哀声动邻，犹不废业，卒成学士，官至镇南录事参军，为孝元所礼。此乃不可为之事，亦是勤学之一人。东莞臧逢世，年二十余，欲读班固《汉书》，苦假借不久，乃就姊夫刘缓乞丐客刺书翰纸末[⑧]，手写一本，军府服其志尚，卒以《汉书》闻。

【注释】

①握锥：战国时期苏秦锥刺股的故事。苏秦学习犯困的时候，便用锥子刺自己的大腿，以让自己清醒继续读书。

②照雪聚萤：照雪，指晋代人孙康映雪读书的故事；聚萤，晋代人车胤借着萤火虫发出的光芒而读书。

③锄则带经：汉朝倪宽、常林在田间耕作的时候，依然带着书本学习。

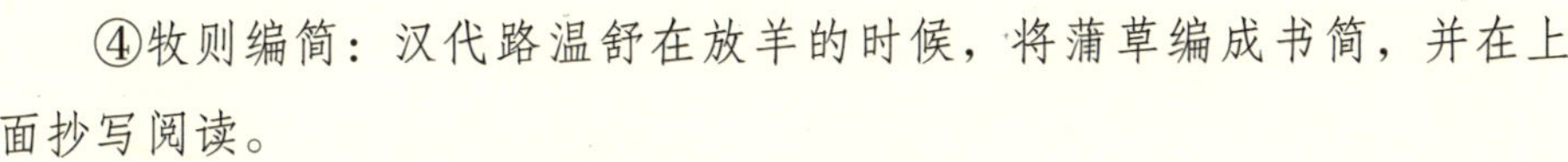

④牧则编简：汉代路温舒在放羊的时候，将蒲草编成书简，并在上面抄写阅读。

⑤寮寀（cǎi）：本意是官舍，此处指官吏。

⑥记室：官名。

⑦爨（cuàn）：烧火做饭。

⑧客刺：名刺，名片。

【译文】

古人勤于学习，有用锥子刺大腿以防止犯困的苏秦，有将斧头投于树上而决心外出求学的文党，有映雪读书的孙康、借萤火虫之光读书的车胤，有田间耕作时还要读书的倪宽、常林，有放羊时编蒲草为书简的路温舒，这些都是勤于学习的人。梁朝时期，彭城的刘绮，是交州刺史刘勃的孙子，他的父亲早逝，家境贫寒，连灯烛都无钱购买，只好常买荻草，将它们的茎部折成一尺的长度，点燃后用作夜间读书照明。孝元帝初到会稽任职时，精心挑选了一些幕僚官吏，刘绮凭借着自己的才华，担任湘东王府的常侍和记室参军，颇受孝元帝的礼遇，最后官拜金紫光禄大夫。义阳的朱詹，世代居住在江陵，后来迁到了扬都，朱詹好学，但因家徒四壁无钱读书，几日都无法生火做饭，于是他有时便依靠吞食废纸以果腹。寒冷时没有毡被取暖，便抱着狗睡觉。狗也因为饥饿虚脱，起来外出盗食，朱詹无法将它喊回来，悲哀的声音惊动了邻居。即便是这样，朱詹也没有放弃学业，最后成了一名学士，官拜镇南录事参军，被孝元帝所礼遇。朱詹所做的事情是普通人无法做到的，他也是一个勤学之人啊。东莞的臧逢世，二十多岁的时候，想要阅读班固的《汉书》，不过苦于借来的书无法让自己长久阅读，便向他的姐夫刘缓讨要名刺、文书的边角纸，将《汉书》抄写下来，将军府的人都佩服他的毅力和志气，最后他也以研究《汉书》闻名于世。

【原文】

齐有宦者内参田鹏鸾①，本蛮人也。年十四五，初为阍寺，便知好学，怀袖握书，晓夕讽诵。所居卑末，使役苦辛，时伺间隙，周章询请。每至文林馆[②]，气喘汗流，问书之外，不暇他语。及睹古人节义之事，未尝不感激沉吟久之。吾甚怜爱，倍加开奖。后被赏遇，赐名敬宣，位至侍中开府。后主之奔青州，遣其西出，参伺动静[③]，为周军所获。问齐主何在，绐云[④]：“已去，计当出境。”疑其不信，欧捶服之[⑤]，每折一支[⑥]，辞色愈厉，竟断四体而卒[⑦]。蛮夷童丱，犹能以学成忠，齐之将相，比敬宣之奴不若也。

【注释】

①内参：太监。

②文林馆：官署名。主要管理著作典籍，训导生徒。

③参伺：窥视。

④绐（dài）：欺骗。

⑤欧：捶击。

⑥支：通“肢”，肢体。

⑦四体：四肢。

【译文】

北齐有一个太监名为田鹏鸾，是少数民族人。十四五岁的时候，刚做宦官，便知道要好好学习，随身都会携带着书本，早晚背诵。虽然他的身份卑贱，劳役辛苦，但他还是会寻找闲暇的时间来看书，并四处请教。每一次来到文林馆，都是气喘吁吁、汗流浃背，除了询问书中的内容之外，就没有时间说其他的话了。每当他看到古人节义之事，都会感激沉吟许久。我对他甚是怜爱，经常加倍鼓励劝导他。后来他被赏识礼遇，赐名为敬宣，官至侍中开府。北齐后主逃亡到青州，让他西去勘察敌情，窥视敌军动静，不幸成了周军的俘虏。周军问他北齐君主在哪里，他欺骗周军说：“已经离开了，估计已经不在国内了。”周军并不相信他的话，便对他严刑拷打希望他能够屈服，他的四肢每被打断一条，他的声音与神色便更加严厉，最后四肢断裂而死。一个少数民族的孩童，尚且能够因学习而效忠，北齐的将士们，真是不如这个叫敬宣的奴仆啊。

【原文】

邺平之后，见徙入关。思鲁尝谓吾曰："朝无禄位，家无积财，当肆筋力，以申供养。每被课笃，勤劳经史，未知为子，可得安乎？"吾命之曰："子当以养为心，父当以学为教。使汝弃学徇财，丰吾衣食，食之安得甘？衣之安得暖？若务先王之道，绍家世之业，藜羹缊褐[①]，我自欲之。"

【注释】

①藜羹：用嫩藜做成的羹饭。这里指粗糙的饭食。

【译文】

北周军队平定邺城之后，我们随北齐君主被流放到关内。思鲁曾经对我说："朝中没有禄位，家中没有积财，应当全力劳作，以尽供养的责任。每当您督促我的学习，让我勤于经史之学时，您可知我这个做儿子的如何能安心学习呢？"我教导他说："儿子应当将供养双亲的责任放在心上，父亲应当将督促子女的学习当做教育的第一要事。让你放弃学业去赚取钱财，虽然丰富了我的衣食，但我又如何能安心享用呢？穿衣又如何能感到温暖呢？如若遵循先王之道，继承我们家的读书传统，即便吃粗糙的饭食，穿麻布的衣服，我也是愿意的。"

【原文】

《书》曰："好问则裕[①]。"《礼》云："独学而无友，则孤陋而寡闻。"盖须切磋相起明也[②]。见有闭门读书，师心自是[③]，稠人广坐，谬误差失者多矣。《谷梁传》称公子友与莒挐相搏，左右呼曰："孟劳！"孟劳者，鲁之宝刀名，亦见《广雅》。近在齐时，有姜仲岳谓："孟劳者，公子左右，姓孟名劳，多力之人，为国所宝。"与吾苦诤。时清河郡守邢峙[④]，当世硕儒，助吾证之，赧然而伏。又《三辅决录》云："灵帝殿柱题曰：'堂堂乎张[⑤]，京兆田郎。'"盖引《论语》，偶以四言，目京兆人田凤也。有一才士，乃言："时张京兆及田郎二人皆堂堂耳。"闻吾此说，初大惊骇，其后寻愧悔焉。江南有一权贵，读误本《蜀都赋》注，解"蹲鸱[6]，芋也"，乃为"羊"字；人馈羊肉，答书云："损惠蹲鸱[7]。"举朝惊骇，不解事义，久后寻迹，方知如此。元氏之世[8]，在洛京时，有一才学重臣，新得《史记音》，而颇纰缪，误反"颛顼"字，顼当为许录反，错作许缘反，遂谓朝士言："从来谬音'专旭'，当音'专翾'耳。"此人先有高名，翕然信行[9]；期年之后，更有硕儒，苦相究讨，方知误焉。《汉书·王莽赞》云："紫色蛙声，余分闰位。"谓以伪乱真耳。昔吾尝共人谈书，言及王莽形状，有一俊士，自诩史学，名价甚高，乃云："王莽非直鸱目虎吻，亦紫色蛙声。"又《礼乐志》云："给太官挏马酒[10]。"李奇注："以马乳为酒也，揰挏乃成[11]。"二字并从手。揰挏，此谓撞捣挺挏之，今为酪酒亦然。向学士又以为种桐时，太官酿马酒乃熟。其孤陋遂至于此。太山羊肃，亦称学问，读潘岳赋"周文弱枝之枣"，为杖策之杖；《世本》"容成造歷"，以歷为碓磨之磨。

【注释】

①好问则裕：好问之人，学识就会充足。

②起：启发，开导。

③师心自是：代指固执己见。

④邢峙：北齐著名的儒者。

⑤堂堂乎张：出自《论语·子张》"曾子曰：'堂堂乎张也，难与并为仁矣。'"

⑥蹲鸱（chī）：大芋，形状像蹲伏着的鸱。

⑦损惠：感谢别人馈赠礼物的敬辞。

⑧元氏之世：代指北魏。

⑨翕（xī）然：聚集。

⑩挏（dòng）：撞击。

⑪揰（chòng）挏：上下撞击。

【译文】

《尚书》中说："好问之人学识就会充足。"《礼记》上说："一个人独自学习而没有可以一起商讨的朋友，便会显得孤陋寡闻。"这是因为学习需要相互切磋开导才能更加明白。我看到有些人关起门来读书，固执己见，却经常在大庭广众之下，出现差错谬误。《谷梁传》中说公子友和莒挐搏斗，公子友身边的人呼叫："孟劳！"所谓"孟劳"，就是鲁国宝刀的名称，也记载在《广雅》一书中。近些日子我在齐国，有一个叫姜仲岳的人说："'孟劳'，是公子友身边的一个人，姓孟名劳，力气很大，鲁国将他当作国宝。"因为这件事情他还和我苦苦相争。时任清河郡守的邢峙，是当世的名儒，帮助我做了论证，姜仲岳才算是红着脸认输了。此外在《三辅决录》中记载："灵帝殿前柱子上题字说：'堂堂乎张，京兆田郎。'"这是从《论语》中引过来的，以四言两句一韵的句式，评价京兆人田凤。当时有一个有才之士，说："当时的张京兆和田郎都是相貌堂堂的人物。"听了我的言论后，他起初非常惊讶，后来便很快明白过来。江南地区有一个权贵，读了有错误的《蜀都赋》注本，书中将"蹲鸱，芋也"的"芋"字错写为"羊"字；所以当他接到别人馈赠的羊肉时，便回信说："谢谢您赠予的蹲鸱。"全朝官员骇然不已，不知道其中的意思，很久之后才明白了其中的缘由。北魏时期，洛阳有一位颇有学识的重臣，新得了一本《史记音》，书中的纰漏之处很多，注错了"颛顼"二字的"顼"，顼应为许录反，书中错写为许缘反，于是这个人对朝中官员说："人们一直将'颛顼'误读为'专旭'，应该读'专翾'才对。"这个人的名望很高，人们对他的意见自然都很信服；一年之后，有一个更加有名气的学者，经过苦心钻研，才知道那位重臣读错了。《汉书·王莽赞》中记载："紫色蛙声，余分闰位。"说的是王莽以假乱真的事情。昔日我曾和他人一起谈论经书，说到王莽的长相时，有一位俊秀之人，自认为精通史学，名声地位都非常高，他说："王莽长得鹰目虎嘴，脸色发紫，声音如同蛙叫一般。"此外，在《礼乐志》中记载："给太官挏马酒。"李奇注解说："以马乳为酒，上下撞击而成。"揰挏两个字的偏旁从"手"。揰挏，这里指上下捣击、搅拌的意思，而今也用这种方式来酿酒。刚才说到的那位学士又认为李奇的注解并非如此，而是说要等到种植梧桐的时节，太官酿造的马酒才熟。这个人竟然孤陋寡闻到如此地步。泰山地区的羊肃，也算是一个有学问的人，他在读潘越赋"周文弱枝之枣"一句时，将"弱枝"的"枝"误读成"杖策"的"杖"；《世本》中还有"容成造歷"一句，他却将"歷"误读为"碓磨"的"磨"字。

【原文】

谈说制文，援引古昔，必须眼学，勿信耳受。江南闾里间[①]，士大夫或不学问，羞为鄙朴，道听途说，强事饰辞：呼征质为周、郑[②]，谓霍乱为博陆[③]，上荆州必称陕西，下扬都言去海郡，言食则餬口[④]，道钱则孔方[5]，问移则楚丘[6]，论婚则宴尔[7]，及王则无不仲宣[8]，语刘则无不公干[9]。凡有一二百件，传相祖述[10]，寻问莫知原由，施安时复失所[11]。庄生有乘时鹊起之说[12]，故谢朓诗曰[13]："鹊起登吴台。"吾有一亲表，作《七夕》诗云："今夜吴台鹊，亦共往填河。"《罗浮山记》云："望平地，树如荠。"故戴暠诗云[14]："长安树如荠。"又邺下有一人《咏树》诗云："遥望长安荠。"又尝见谓矜诞为夸毗[15]，呼高年为富有春秋[16]，皆耳学之过也。

【注释】

①闾里：里巷，百姓居住的地方。

②呼征质为周、郑：《左传·隐公三年》"周、郑交质。王子狐为质于郑，郑公子忽为质于周。"

③博陆：汉代大臣霍光曾封博陆侯。

④餬（hú）口：寄食。

⑤孔方：钱。

⑥楚丘：《左传·闵公二年》："齐桓公迁邢于夷仪，封卫于楚丘。邢迁如归，卫国忘亡。"此处代指迁移。

⑦宴尔：欢乐的模样。

⑧仲宣：王粲，字仲宣。

⑨公干：刘桢，字公干。

⑩祖述：效仿前人的行为或者是学说。

⑪失所：使用不当。

⑫乘时鹊起：《庄子》记载："鹊上高城，危而巢于高枝之巅，城坏巢折，凌风而起，故君子之居世也，得时则义行，失时则鹊起。"

⑬谢朓：南朝著名诗人，字玄晖。

⑭戴暠：梁朝诗人。

⑮夸毗：阿谀奉承，取媚于人。

⑯富有春秋：年纪小。

【译文】

说话写文章，引用古时事例，一定要是自己亲眼看到的，而不是轻信传言。江南的里巷间，有些士大夫不愿勤于学问，又羞于被别人看作是粗鄙之人，使用一些道听途说的事情，勉强修饰自己的言辞：将征质称作周、郑，将霍乱称为博陆，去荆州一定要说去陕西，下扬州一定说是去海郡，吃饭便说糊口，提到钱便说孔方，说到迁移一定会称楚丘，论及婚姻则会说宴尔，说到王姓的人便说仲宣，说起刘姓的人便说公干。像这样的事情不下一二百件，这些士大夫们相互影响、前后继承，问起其中缘由却又没有一个能够回答上来的，日常使用时又总是使用不当。庄子有乘时鹊起的说法，所以谢朓的诗中说："鹊起登吴台。"我有一个表亲，作了一首《七夕》诗："今夜吴台鹊，亦共往填河。"《罗浮山记》中说："望平地，树如荠。"所以戴暠作诗说："长安树如荠。"邺城又有一个人作了一首《咏树》诗："遥望长安荠。"我曾经还见过有人将矜诞解释为夸毗，称高年为富有春秋的，这些都是道听途说、人云亦云造成的。

【原文】

夫文字者，坟籍根本[①]。世之学徒，多不晓字：读《五经》者，是徐邈而非许慎[②]；习赋诵者，信褚诠而忽吕忱[③]；明《史记》者，专徐、邹而废篆籀[④]；学《汉书》者，悦应、苏而略《苍》《雅》[⑤]。不知书音是其枝叶，小学乃其宗系[6]。至见服虔、张揖音义则贵之[7]，得《通俗》《广雅》而不屑。一手之中，向背如此，况异代各人乎？

【注释】

①坟籍：古时典籍。

②徐邈，许慎：徐邈，晋代学者，今山东诸城人；许慎，东汉文学家，今河南郾城人。

③褚（chǔ）诠，吕忱：褚诠，南朝官吏；吕忱，西晋文学家，今山东济宁人。

④徐，邹，篆，籀（zhòu）：徐，宋代学者徐野民；邹，梁朝学者邹诞生；篆，小篆；籀，大篆。

⑤应，苏，《苍》，《雅》：应，汉代学者应劭；苏，魏朝学者苏林；《苍》，《苍颉篇》；《雅》，《尔雅》。

⑥小学：汉代将文字训诂学称为小学。

⑦服虔、张揖：服虔，东汉经学家，河南荥阳人；张揖，曹魏的博士，今山东临清人。

【译文】

文字，是各种典籍的根本。世间求学的人中，大多都不通晓文字：读《五经》的人，赞同徐邈而非议许慎；学习辞赋的人，都推崇褚诠而忽视吕忱；通读《史记》的人，专攻徐野民、邹诞生的著作而废弃了对大篆小篆的研究；学习《汉书》的人，喜欢应劭、苏林而忽略了《苍颉篇》和《尔雅》。他们不知道语音只是文字的枝叶，而字义才是文字的根本。以至于有人见到服虔、张揖关于音义的书便非常看重，得到《通俗》《广雅》类的书籍却十分不屑。同一个人的书籍尚且得到如此的待遇，更何况是不同时代、不同人的作品呢？

【原文】

夫学者贵能博闻也。郡国山川，官位姓族，衣服饮食，器皿制度，皆欲根寻，得其原本；至于文字，忽不经怀[1]，已身姓名，或多乖舛[2]，纵得不误，亦未知所由。近世有人为子制名：兄弟皆山傍立字，而有名峙者；兄弟皆手傍立字，而有名机者；兄弟皆水傍立字，而有名凝者。名儒硕学，此例甚多。若有知吾钟之不调[3]，一何可笑。

【注释】

①忽：轻视。

②乖舛：违背。

③钟之不调：师旷和晋平公讨论钟音是否协调的事情。

【译文】

求学之人都以广学博闻为贵。郡国、山川，官位、姓族，衣服、饮食，器皿、制度，都想要寻得根本，找到其缘由；可对于文字，却轻视不关切，即便是自己的名字姓氏，竟然还有谬误的地方，即便是不出错误，却也不知道它的缘由。现在有些人给儿子取名字：兄弟几个都用“山”字旁的名，其中有取名“峙”的；兄弟几个以“手”字旁的字取名，却有取名为“机”的；兄弟几个都以“水”字旁的字取名，却有取名“凝”的。名家大儒中，这一类的事例有很多。如若后人能明白其中的道理，就会知道这与晋平公和师旷讨论钟音是否协调的事一样，都是多么可笑啊。

【原文】

吾尝从齐主幸并州[1]，自井陉关入上艾县[2]，东数十里，有猎闾村。后百官受马粮在晋阳东百余里亢仇城侧[3]。并不识二所本是何地，博求古今，皆未能晓。及检《字林》《韵集》，乃知猎闾是旧䜲余聚[4]，亢仇旧是禐钒亭[5]，悉属上艾。时太原王劭欲撰乡邑记注，因此二名闻之，大喜。

【注释】

①齐主幸：齐主，北齐文宣皇帝高洋；幸，皇帝前往某处。

②井陉：井陉口，要隘口，著名的军事要地。

③晋阳：县名，今山西太原。

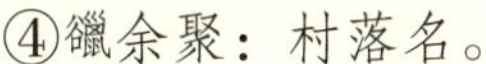

④䌚余聚：村落名。

⑤馒釚亭：古亭名。

【译文】

我曾经跟随北齐文宣皇帝前往并州，从井陉口进入上艾县，向东几十里，有一个猎闾村。之后百官在晋阳以东一百里左右的亢仇城旁边接受马匹粮食。所有人都不知道上面所说的两个地方在哪里，查阅了古今书籍记载，都没能得到答案。等到我翻阅《字林》《韵集》的时候，才知道猎闾村就是过去的䌚余聚，亢仇城便是过去的馒釚亭，都属于上艾县。当时太原的王劭想要撰写乡邑记注，听说了这两个地方后，很是高兴。

【原文】

吾初读《庄子》"螝二首"[①]，《韩非子》曰："虫有螝者，一身两口，争食相龁[②]，遂相杀也。"茫然不识此字何音，逢人辄问，了无解者。案：《尔雅》诸书，蚕蛹名螝，又非二首两口贪害之物。后见《古今字诂》[③]，此亦古之虺字[④]，积年凝滞，豁然雾解[⑤]。

【注释】

①螝（huǐ）：虫蛹。

②龁（hé）：咬。

③《古今字诂》：魏朝博士张揖所编撰。

④虺（huǐ）：毒蛇。

⑤雾解：雾气消散。

【译文】

我刚读《庄子》时，看到"螝二首"一句，《韩非子》中也记载："有一种名为螝的虫，一个身体两个口，为了争抢食物会相互撕咬，互相残杀。"我当时并不知道这个字的音义，逢人就问，没有一个人了解。根据考证：《尔雅》等书记载，蚕蛹就称为螝，但并不是有两个头两个口、相互残害的生物。后来又看到《古今字诂》的记载，才明白"螝"字就是古时候的“虙”字，几年的疑虑不解，一下子便云开雾散了。

【原文】

尝游赵州，见柏人城北有一小水，土人亦不知名。后读城西门徐整碑云①：“洦流东指②。”众皆不识。吾案《说文》，此字古魄字也，洦，浅水貌。此水汉来本无名矣，直以浅貌目之，或当即以洦为名乎？

【注释】

①徐整：字文操。

②洦（pò）：“魄”的古字，意为水浅。

【译文】

我曾经游览赵州，看到柏人城北边有一条小河，当地人也不知道它的名字。后来我阅读城西门的徐整的碑文，说：“洦流东指。”所有人都不知道什么意思。我又查阅了《说文解字》，原来这个“洦”字就是古时候的“魄”字，洦，是水浅的意思。这条小河从汉代以后就没有名字，人们直接将它当做一条很浅的小河，或许正因为如此才给它命名为“洦”。

【原文】

世中书翰，多称勿勿，相承如此，不知所由，或有妄言此忽忽之残缺耳。案：《说文》：“勿者，州里所建之旗也，象其柄及三斿之形①，所以趣民事②。故匆遽者称为勿勿③。”

【注释】

①斿（liú）：古时候旌旗下面的垂饰品。

②趣：即“促”，催促，督促。

③匆遽（jù）：匆促。

【译文】

世人在书信中，常常使用“勿勿”二字，历来都是这样，不知道有何缘由，有些人便妄下言论，认为“勿勿”是“忽忽”的残缺字。查阅了《说文解字》一书：“勿，是乡邑里所树立的旗帜，仿似旗杆和三条下垂的丝带，这种旗帜是为了督促百姓勤于农事的。所以便称匆促为‘勿勿’。”

【原文】

吾在益州，与数人同坐，初晴日晃，见地上小光，问左右：“此是何物？”有一蜀竖就视①，答云：“是豆逼耳。”相顾愕然，不知所谓。命取将来，乃小豆也。穷访蜀士，呼粒为逼，时莫之解。吾云：“《三苍》②《说文》，此字白下为匕，皆训粒。《通俗文》音方力反。”众皆欢悟。

【注释】

①竖：僮仆。

②《三苍》：三部古书的合集。李斯《苍颉篇》、赵高《爰历篇》、胡毋敬《博学篇》。

【译文】

我在益州的时候，曾经和几个人坐在一起闲聊，天刚放晴，阳光明媚，我看到地上的一些小光点，便问左右的人说：“这是什么东西？”有一个蜀地的僮仆上前查看，回答说：“是豆逼。”在座的人相互愕然，不知道什么意思。我让他拿过来，发现是小豆。随后我访问蜀地的人们，他们将“粒”称为“逼”，不过当时的人们却无法解释这里面的意思。我说：“《三苍》《说文解字》里面，这个字是‘白’下加个‘匕’，都解释为‘粒’。《通俗文》中的注音是方力反。”所有人这才顿悟而喜。

【原文】

愍楚友婿窦如同从河州来①，得一青鸟，驯养爱玩，举俗呼之为鹖②。吾曰：“鹖出上党，数曾见之，色并黄黑，无驳杂也。故陈思王《鹖赋》云③：‘扬玄黄之劲羽。’”试检《说文》：“鴠雀似鹖而青，出羌中。”《韵集》音介。此疑顿释。

【注释】

①愍（mǐn）楚友婿：愍楚，颜之推的次子；友婿，连襟，同门女婿。

②鹖（hé）：鸟名。

③陈思王：曹植。

【译文】

愍楚的连襟窦如同从河州过来，带来了一只青鸟，经常驯养把玩，人们称这只鸟为鹖。我说：“鹖鸟产自上党，我曾几次见过它，为黄黑色，并没有其他的杂色。所以曹植作《鹖赋》说：‘扬玄黄之劲羽。’”我又试着查阅《说文解字》：“鴠雀和鹖相似，但颜色为青色，产自羌中。”《韵集》中认为这个字读“介”。这个疑问便解开了。

【原文】

梁世有蔡朗者讳纯，既不涉学，遂呼蓴为露葵①。面墙之徒，递相仿效。承圣中，遣一士大夫聘齐，齐主客郎李恕问梁使曰②：“江南有露葵否？”答曰：“露葵是蓴，水乡所出。卿今食者绿葵菜耳。”李亦学问，但不测彼之深浅，乍闻无以核究③。

【注释】

①蓴（chún），露葵：蓴，莼菜，水草的一种，可以食用；露葵，葵

菜，也叫滑菜。

②主客郎：官名，主要是接待宾客。

③核究：核实。

【译文】

梁朝有个人名为蔡朗，他对“纯”字很是避讳，而且还不学习，于是便将“蓴”称呼为露葵。那些毫无见识的人，便争相效仿。梁简文帝年间，朝廷派遣一位士大夫前往齐朝，齐朝负责接待宾客的李恕问梁朝使者说：“江南地区有露葵吗？”这个使者回答说：“露葵就是莼菜，属于水生植物。您现在吃的是绿葵菜。”李恕也是个有学问的人，但因为并不知道对方学识的深浅，所以刚一听到这个说法也无法加以核实深究。

【原文】

思鲁等姨夫彭城刘灵，尝与吾坐，诸子侍焉。吾问儒行、敏行曰：“凡字与谘议名同音者[①]，其数多少，能尽识乎？”答曰：“未之究也，请导示之。”吾曰：“凡如此例，不预研检，忽见不识，误以问人，反为无赖所欺，不容易也[②]。”因为说之，得五十许字。诸刘叹曰：“不意乃尔[③]！”若遂不知，亦为异事。

【注释】

①谘（zī）议：刘灵的官号。

②不容易：不容，不允许；易，等闲对待。

③不意乃尔：没想到是这样。

【译文】

思鲁等兄弟的姨夫是彭城的刘灵，我曾经和他一起闲聊，他的几个儿子就在一边服侍。我问儒行、敏行说：“凡是和你们父亲‘谘议’读音一样的字，有多少，你们能够全部认得吗？”他们回答说：“没有研究过这个问题，还请训导示下。”我说：“凡是这一类的例子，如若不事先翻阅查看，偶然看到却又不认识，错拿着去问别人，反而容易受到小人的欺骗，不能等闲看待啊。”于是我便帮他们解释了这个问题，总共得出五十个字左右。刘灵的儿子们感叹道：“没想到是这样啊！”如若他们一直都不知道，那也称得上是一件怪事了。

【原文】

校定书籍，亦何容易，自扬雄、刘向[①]，方称此职耳。观天下书未遍，不得妄下雌黄[②]。或彼以为非，此以为是，或本同末异，或两文皆欠，不可偏信一隅也。

【注释】

①扬雄、刘向：扬雄，西汉文学家、哲学家，今四川人；刘向，西汉经学家、文学家，今江苏沛县人。

②雌黄：矿物名，可以制作颜料。古人以黄纸写字，有误，便以雌黄涂之。

【译文】

校定书籍，又何尝容易，扬雄、刘向这样的人算是能够胜任这种工作的。如若没有将天下的书籍遍览，就不能随意更改书中的文字。有时那个版本认为是错的，这个版本又认为是对的，有时两个版本大同小异，有时两个版本的观点都有所欠缺，不可以偏信一种啊。

卷四

文章篇

【题解】

颜之推历数各朝的文人，认为他们“多陷轻薄”，并以此告诫后代子孙要“深宜防虑”，不要急于求成，不能恃才傲物，不可盲目跟风，不可逐末弃本，要典雅端正，要能够发扬功德、牧民建国。

【原文】

夫文章者，原出《五经》：诏、命、策、檄[1]，生于《书》者也；序、述、论、议，生于《易》者也；歌、咏、赋、颂，生于《诗》者也；祭、祀、哀、诔[2]，生于《礼》者也；书、奏、箴、铭，生于《春秋》者也。朝廷宪章，军旅誓诰[3]，敷显仁义，发明功德，牧民建国，施用多途。至于陶冶性灵，从容讽谏，入其滋味，亦乐事也。行有余力，则可习之。然而自古文人，多陷轻薄：屈原露才扬己，显暴君过；宋玉体貌容冶，见遇俳优[4]；东方曼倩，滑稽不雅；司马长卿，窃赀无操；王褒过章《僮约》[5]；扬雄德败《美新》；李陵降辱夷虏[6]；刘歆反覆莽世[7]；傅毅党附权门[8]；班固盗窃父史[9]；赵元叔抗竦过度[10]；冯敬通浮华摈压[11]；马季长佞媚获诮[12]；蔡伯喈同恶受诛[13]；吴质诋忤乡里[14]；曹植悖慢犯法；杜笃乞假无厌[15]；路粹隘狭已甚[16]；陈琳实号粗疏；繁钦性无检格[17]；刘桢屈强输作；王粲率躁见嫌；孔融、祢衡[18]，诞傲致殒；杨修、丁廙[19]，扇动取毙；阮籍无礼败俗；嵇康凌物凶终；傅玄忿斗免官[20]；孙楚矜夸凌上[21]；陆机犯顺履险；潘岳干没取危[22]；颜延年负气摧黜[23]；谢灵运空疏乱纪[24]；王元长凶贼自诒[25]；谢玄晖侮慢见及[26]。凡此诸人，皆其翘秀者，不能悉记，大较如此。至于帝王，亦或未免。自昔天子而有才华者，唯汉武、魏太祖、文帝、明帝、宋孝武帝㉗，皆负世议，非懿德之君也。自子游、子夏、荀况、孟轲、枚乘、贾谊、苏武、张衡、左思之俦㉘，有盛名而免过患者，时复闻之，但其损败居多耳。每尝思之，原其所积，文章之体，标举兴会，发引性灵，使人矜伐，故忽于持操，果于进取。今世文士，此患弥切，一事惬当，一句清巧，神厉九霄，志凌千载，自吟自赏，不觉更有傍人。加以砂砾所伤，惨于矛戟；讽刺之祸，速乎风尘，深宜防虑，以保元吉。

【注释】

①诏、命、策：古时帝王颁布的命令。

②诔（lěi）：哀悼死者的文章。

③诰（gào）：文体的一种，用于训诫或者是劝勉。

④俳优：古时的歌舞艺人。

⑤王褒：西汉文学家，今四川人。

⑥李陵：西汉大将，字少卿，今甘肃秦安人。

⑦刘歆：西汉末年著名的经学家，今江苏沛县人。

⑧傅毅：东汉文学家，今陕西兴平人。

⑨班固：东汉文学家。

⑩赵元叔：赵壹，东汉文人。

⑪冯敬通：冯衍，东汉文学家，今陕西西安人。

⑫马季长：马融，东汉经学家、文学家，今陕西兴平人。

⑬蔡伯喈：蔡邕。

⑭吴质：三国魏文学家，今山东定陶人。

⑮杜笃：东汉文学家，陕西西安人。

⑯路粹：三国魏文学家，今河南开封人。

⑰繁钦：东汉末期的文学家，今河南禹县人。

⑱孔融、祢衡：孔融，东汉末文学家，今山东曲阜人；祢衡，东汉末文学家，今山东临邑人。

⑲杨修、丁廙（yì）：杨修，东汉末文学家，今陕西人；丁廙，三国魏文学家，今江苏沛县人。

⑳傅玄：西晋文学家，陕西耀县人。

㉑孙楚：西晋文学家，今山西人。

㉒潘岳：西晋文学家。

㉓颜延年：南朝宋文学家，山东人。

㉔谢灵运：南朝宋文学家，河南太康人。

㉕王元长：南朝齐文学家，山东临沂人。

㉖谢玄晖：南朝齐文学家。

㉗汉武、魏太祖、文帝、明帝、宋孝武帝：汉武，汉武帝刘彻；魏太祖，曹操；文帝，魏文帝曹丕；明帝，魏明帝曹睿；宋孝武帝，南朝宋孝武帝刘骏。

㉘子游、子夏、荀况、孟轲、枚乘、贾谊、苏武、张衡、左思之俦：子游，言偃，孔子的弟子；子夏，卜商，孔子的弟子；荀况，荀子；孟轲，孟子，战国时期教育家、思想家，今山东邹城人；枚乘，西汉文学家，今江苏人；贾谊，西汉文学家，今河南洛阳人；苏武，西汉杜陵人；张衡，东汉文学家，今河南南阳人；左思，西晋文学家，今山东淄博人；俦，同一类人。

【译文】

文章，源于《五经》：诏、命、策、檄，是从《尚书》中产生的；序、述、论、议，产生于《易》；歌、咏、赋、颂，产生于《诗经》；祭、祀、哀、诔，产生于《礼记》；书、奏、箴、铭，产生于《春秋》。朝堂上的典籍法度，军旅中的誓词、诰文，宣扬仁义，发扬功德，治理百姓、建设国家，文章的用途是有很多的。至于用文章陶冶人的情操，或者是从容劝谏他人，或者是深入体会其中的意趣，都是一件非常快乐的事情。修行还有余力时，便可以学习这方面的事情。只是自古文人，大多都过于轻薄：屈原展露自己的才华显扬了自己，暴露了君主的过失；宋玉长相俊美、样貌艳冶，被人认作俳优；东方朔言语滑稽，很不雅致；司马相如窃取财物，没有操行；王褒的过失都被记录在《僮约》里；扬雄的败德都被记录在《美新》中；李陵向匈奴投降，辱没了自己的身份；刘歆投靠王莽政权，反复无常；傅毅攀附权贵，结党营私；班固剽窃了父亲所写的史书；赵元叔为人倨傲，自恃才高；冯敬通华而不实，屡遭排挤；马季长谄媚权贵，受人讥讽；蔡伯喈和恶人交往，遭到株连；吴质肆意横行，惹怒乡里；曹植傲慢无礼，触犯法度；杜笃借人钱财，而又不知道满足；路粹为人过于狭隘；陈琳粗略疏忽；繁钦不知检点；刘桢性情倔强，最后只能苦于劳役；王粲性情急躁，遭人厌恶；孔融、祢衡，性情狂妄傲慢，以至于惹来杀身之祸；杨修、丁廙，搬弄是非，自取灭亡；阮籍缺乏礼仪，败坏风俗；嵇康盛气凌人，没得善终；傅玄因为负气争执而被罢免了官职；孙楚骄傲自大，冒犯了上司；陆机犯上作乱，屡次犯险；潘岳侥幸取利而身陷危机；颜延年意气用事而惨遭罢黜；谢灵运空放粗疏，祸乱纲纪；王元长犯上作乱，自取灭亡；谢玄晖侮慢他人而惨遭杀害。上面的这些人，都是出类拔萃之人，不能一一记述，只能大体写下这些。至于帝王，也有一些没有避免这些毛病的。从古至今有才华的天子，只有汉武帝、魏太祖、文帝、明帝、宋孝武帝等人，但他们都背负着世间之人的议论，并不是完美的皇帝。至于子游、子夏、荀况、孟轲、枚乘、贾谊、苏武、张衡、左思这类人，享有盛名而又免于祸患的，有时也会听说，但他们中自我损败的还是占了大多数。每次思虑这个问题，我都会推究其根本的道理，文章的本职，便是要揭示自己的意趣兴致，能够引发人的感情，容易让人恃才傲物，所以会疏于自持操守，却敢于进取。而今世间的文人雅士，这种毛病更深更多，使用了一个比较恰当的典故，说了一句比较清新巧妙的话语，便心志上达九霄，意气下凌千年，自己吟诵自己欣赏，并认为世间再无他人。再加上沙砾伤人，比矛戟更惨；讽刺别人引来的灾祸，比风尘来得更加迅速，应该对此深思熟虑，才能够保全自身。

【原文】

学问有利钝，文章有巧拙。钝学累功，不妨精熟；拙文研思，终归蚩鄙。但成学士，自足为人；必乏天才，勿强操笔。吾见世人，至无才思，自谓清华，流布丑拙，亦以众矣，江南号为“詅痴符”[①]。近在并州，有一士族，好为可笑诗赋，誂撆邢、魏诸公[②]，众共嘲弄，虚相赞说，便击牛釃酒[③]，招延声誉。其妻明鉴妇人也，泣而谏之。此人叹曰：“才华不为妻子所容，何况行路！”至死不觉。自见之谓明，此诚难也。

【注释】

①詅（líng）痴符：古时方言，指没有才学却又喜欢夸耀自己。

②誂撆（tiǎo piē）：嘲弄。

③釃（shī）酒：倒酒。

【译文】

做学问有聪明也有迟钝，做文章有灵巧也有拙劣。做学问比较迟钝的人，只要肯用功，也不妨碍他到达精熟的地步；文章写得很是拙劣的人，即便他苦思钻研，终归是鄙陋。只要成了有学之士，就能够在世间立足了；如若缺乏文章方面的天分，也不要勉强自己提笔写文。我见世间有些人，极其没有才思，却自认为文章清新华丽，将他的拙劣文章四处散播，这样的人有很多，江南地区将他们称为“詅痴符”。最近在并州，有一个士族之人，喜欢写一些引人发笑的诗赋，还讥讽邢邵、魏收等人，众人也联合起来戏弄他，假意称赞他的文章，于是这个人便杀牛倒酒，设宴款待客人以扩大自己的声誉。他的妻子是非常明事理的人，曾经哭着劝谏他。这个人却感叹说："我的才华不为妻子所容，更何况是陌路人呢！"这个人到死都没有觉悟。自己看清自己称之为"明"，这确实是很难做到的。

【原文】

学为文章，先谋亲友，得其评裁，知可施行，然后出手，慎勿师心自任①，取笑旁人也。自古执笔为文者，何可胜言。然至于宏丽精华，不过数十篇耳。但使不失体裁，辞意可观，便称才士。要须动俗盖世，亦俟河之清乎②。

【注释】

①师心自任：固执己见。

②俟（sì）河之清：等待黄河变清。比喻期望的事情无法实现。

【译文】

学习写文章，一定要先征求亲朋好友的意见，得到他们的点评，知道如何写文章了，才可以着手去写，万不可固执己见、自以为是，招来旁人的取笑。自古执笔写文章的人，多得哪能说得完呢。然而能够称得上宏丽精华的文章，也不过几十篇罢了。但只要文章没有违背体裁结构，辞意也值得一看的话，就能够称为有才之士。真要让自己的文章动俗盖世，那就像让黄河水变清一般，恐怕是不易实现的。

【原文】

不屈二姓①，夷、齐之节也②；何事非君，伊、箕之义也③。自春秋已来，家有奔亡，国有吞灭，君臣固无常分矣；然而君子之交绝无恶声，一旦屈膝而事人，岂以存亡而改虑④？陈孔璋居袁裁书⑤，则呼操为豺狼；在魏制檄，则目绍为蛇虺⑥。在时君所命，不得自专，然亦文人之巨患也，当务从容消息之⑦。

【注释】

①二姓：代指改朝换代。

②夷、齐：伯夷和叔齐。

③伊、箕：伊尹和箕子。

④改虑：改变立场和想法。

⑤陈孔璋：陈琳，建安七子之一，先是跟随袁绍，后来投奔曹操。

⑥蛇虺（huǐ）：代指狠毒凶残之人。虺，古书上说的一种毒蛇。

⑦消息：斟酌。

【译文】

不屈身于两个朝代，这是伯夷、叔齐的操行；可以侍奉任何君主，这是伊尹、箕子的道义。自春秋时期以来，卿、士大夫的家族四处逃亡，国家也时常被吞没，君主和臣子之间也就没有长久的名分了；君子绝交也不会相互辱骂，然而一旦屈身侍奉他人，又岂能因为旧主的存亡来改变自己的立场呢？陈琳做袁绍的文书时，曾称呼曹操为豺狼；在曹魏旗下效力时，又在檄文中将袁绍称为毒蛇。这是当时君主的命令，自己无法做主，然而这也是文人的大患，不能不从容斟酌一番。

【原文】

或问扬雄曰："吾子少而好赋[1]？"雄曰："然。童子雕虫篆刻[2]，壮夫不为也。"余窃非之曰：虞舜歌《南风》之诗[3]，周公作《鸱鸮》之咏[4]，吉甫、史克《雅》《颂》之美者[5]，未闻皆在幼年累德也。孔子曰："不学《诗》，无以言。""自卫返鲁，乐正，《雅》《颂》各得其所。"大明孝道，引《诗》证之。扬雄安敢忽之也？若论"诗人之赋丽以则，辞人之赋丽以淫"，但知变之而已，又未知雄自为壮夫何如也？著《剧秦美新》[6]，妄投于阁，周章怖慑[7]，不达天命，童子之为耳。桓谭以胜老子，葛洪以方仲尼[8]，使人叹息。此人直以晓算术，解阴阳，故著《太玄经》[9]，数子为所惑耳；其遗言馀行，孙卿、屈原之不及，安敢望大圣之清尘？且《太玄》今竟何用乎？不啻覆酱瓿而已[10]。

【注释】

①吾子：对人的尊称，相当于"您"。

②雕虫篆刻：秦书八体中的两种，因其多费力而实用者少，扬雄便将其看作不足一提的小技。

③《南风》：《礼记·乐记》："昔者，舜作五弦之琴，以歌《南风》。"传为虞舜所作。

④《鸱鸮》：传为周公所作。

⑤吉甫：尹吉甫，周宣王时期的大臣。

⑥《剧秦美新》：扬雄歌颂王莽所作的文章。

⑦周章：惊惧的样子。

⑧葛洪：东晋炼丹家，道教理论家。

⑨《太玄经》：《扬子太玄经》，十卷，仿《周易》体裁。

⑩不啻（chì）：不过。啻，仅，只。

【译文】

有人问扬雄说："您从小就喜爱写文作赋吗？"扬雄说："是。诗赋就好比幼童练习的虫书、刻符，大丈夫是不屑于做这些的。"我私下里认为并非如此：虞舜吟诵《南风》这样的诗，周公作了《鸱鸮》，尹吉甫、史克作了《雅》《颂》等美好篇章，还从未听说他们因年轻时写诗而有损于德行的。孔子说："不学《诗》，就不懂得如何说话。"还说："从卫国返回鲁国，整理了《诗》的乐章，《雅》《颂》也各得其所。"孔子彰显孝道，就引用《诗》来论证这一点。扬雄怎么敢忽视这些呢？如若说"诗人的赋华丽但符合规矩，辞人的赋华丽却很淫滥"，但这也只是说明他懂得分辨两者的差异罢了，却不知道扬雄作为一个成年人又做得怎么样呢？他写了《剧秦美新》，曾经又从天禄阁上稀里糊涂地往下跳，惊惧无措，无法上达天命，只不过是小孩子的行为而已。桓谭认为扬雄要胜于老子，而葛洪又将扬雄和孔子相提并论，真是让人叹息啊。扬雄这个人只不过是通晓算术，知晓阴阳，所以撰写了《太玄经》，这些人都让他给迷惑了；他所做所行之事，不及荀子、屈原之项背，又怎可期望和孔子、老子这样的大圣之人相提并论呢？更何况《太玄经》在现在究竟有什么用？不过让人用来盖酱缸而已。

【原文】

齐世有席毗者①，清干之士，官至行台尚书，嗤鄙文学，嘲刘逖云②："君辈辞藻，譬若荣华，须臾之玩，非宏才也；岂比吾徒千丈松树，常有风霜，不可凋悴矣！"刘应之曰："既有寒木，又发春华，何如也？"席笑曰："可哉！"

【注释】

①席毗：北朝北齐大将军。

②刘逖：北齐文人，今江苏徐州人。

【译文】

齐朝有个人叫席毗，是个精明能干之人，官拜行台尚书，对文学很是讥讽鄙夷，曾经嘲笑刘逖说：“你们这些文人的辞藻，就好比茂盛的花草一般，可以供人把玩片刻，却非栋梁之才；岂能和我们这样的军人相比，我们就像千丈松树，虽然经常遭遇风霜，但却不会凋零败坏。”刘逖回应说：“既是耐寒之木，又能在春日盛开花朵，这样如何呢？”席毗笑着说：“这样可以。”

【原文】

凡为文章，犹人乘骐骥[①]，虽有逸气，当以衔勒制之，勿使流乱轨躅[②]，放意填坑岸也。

【注释】

①骐骥：良马。

②轨躅（zhuó）：车辙。此处引申为规范法度。

【译文】

凡是写文章，就好比是人骑着良马一样，虽然良马骏逸奔放，但也应该用衔勒来牵制它，不要让它放任自流而乱了奔走的轨迹，纵意行走而掉入沟壑之中。

【原文】

文章当以理致为心肾[①]，气调为筋骨，事义为皮肤，华丽为冠冕。今世相承，趋末弃本，率多浮艳。辞与理竞，辞胜而理伏；事与才争，事繁而才损。放逸者流宕而忘归[②]，穿凿者补缀而不足。时俗如此，安能独违？但务去泰去甚耳。必有盛才重誉，改革体裁者，实吾所希。

【注释】

①理致：义理意致。

②流宕：流浪漂泊。

【译文】

文章应该以义理意致为心肾，气韵格调为筋骨，事情典例为皮肤，华丽辞藻为冠冕。而今世间之人所继承的，大多趋末弃本，轻率浮艳，文辞和义理相争，文辞胜而义理却被掩盖；事典与才思相争，事典繁琐而有损于才思。奔放飘逸的，行文散漫而文意不足，穿凿拘谨的，虽补充连缀勉强成篇，但文采却又不足。时下的风气如此，又怎可独自违背？但求不要过分而已。如若有声名远播、才华横溢的人出现，重视文章体制的改革，那才真是我所希望的啊。

【原文】

古人之文[①]，宏才逸气，体度风格，去今实远；但缉缀疏朴[②]，未为密致耳。今世音律谐靡，章句偶对，讳避精详，贤于往昔多矣。宜以古之制裁为本，今之辞调为末，并须两存，不可偏弃也。

【注释】

①古人之文：这里主要是先秦两汉时期的文章。

②缉缀：缝结拼合，指文章的撰写联缀。

【译文】

古人的文章，宏才飘逸，体度风格，和如今相差甚远；只是在撰写联缀上面还显得质朴粗疏，不够周密细致。而今的文章音律协调靡丽，词句偶对，避讳详细，在这一点上要比古人高超很多。所以应该以古时候的文章体制体裁为本，以现在的辞调为末，二者并存，不可偏废一方。

【原文】

吾家世文章，甚为典正，不从流俗；梁孝元在蕃邸时[①]，撰《西府新文》，讫无一篇见录者，亦以不偶于世，无郑、卫之音故也[②]。有诗、赋、铭、诔、书、表、启、疏二十卷，吾兄弟始在草土[3]，并未得编次，便遭火荡尽，竟不传于世。衔酷茹恨[4]，彻于心髓！操行见于《梁史·文士传》及孝元《怀旧志》。

【注释】

①蕃邸：指的是梁元帝被封为湘东王。

②郑、卫之音：代指浮艳的文风。

③草土：居丧。

④酷：惨痛。

【译文】

我先父的文章，很是典雅纯正，不与世俗同流；梁孝元帝任职湘东王时，曾编撰《西府新文》，却没有收录一篇先父的文章，这也是因为先父的文章不迎合世俗，没有浮艳之风的缘故。先父有诗、赋、铭、诔、书、表、启、疏等二十卷各种文体的文章，当时我们兄弟几人处于居丧时期，没有来得及整理编排，这些文章便被大火焚烧而尽，竟然未能流传于世。我的悔恨痛苦，贯彻心髓！《梁史·文士传》以及梁孝元帝所著的《怀旧志》中都记载了先父的品行节操。

【原文】

沈隐侯曰[1]：“文章当从三易：易见事，一也；易识字，二也；易读诵，三也。”邢子才常曰[2]：“沈侯文章，用事不使人觉，若胸臆语也[3]。”深以此服之。祖孝徵亦尝谓吾曰：“沈诗云：‘崖倾护石髓。’此岂似用事邪?”

【注释】

①沈隐侯：沈约，南朝梁文学家，今浙江德清人。

②邢子才：邢邵。

③胸臆：心怀。

【译文】

沈约说：“文章应该遵从‘三易’的原则，用典容易懂，这是一；文字容易认识，这是二；文章容易通读背诵，这是三。”邢邵经常说：“沈约的文章，运用典例而让人觉察不出，就好比直抒胸臆一般。”因此我很是佩服他。祖孝徵也曾经对我说：“沈约的诗中说：‘崖倾护石髓。’这哪里像是运用事典呢?”

【原文】

邢子才、魏收俱有重名，时俗准的[①]，以为师匠。邢赏服沈约而轻任昉[②]，魏爱慕任昉而毁沈约，每于谈宴，辞色以之。邺下纷纭，各有朋党。祖孝徵尝谓吾曰：“任、沈之是非，乃邢、魏之优劣也。”

【注释】

①准的：标准。

②任昉（fǎng）：南朝梁文学家，今山东寿光人。

【译文】

邢子才、魏收都负有盛名，当时的世人都以他们为标准，奉他们为老师。邢子才欣赏钦佩沈约而轻视任昉，魏收爱慕任昉而诋毁沈约，每每二人宴饮闲聊时，经常会因为这件事而争执得面红耳赤。邺城的人对此也众说纷纭，两个人各有其拥护者。祖孝徵曾经对我说：“任昉、沈约的是非，实际上正是邢子才、魏收的优劣啊。”

【原文】

《吴均集》有《破镜赋》[①]。昔者，邑号朝歌，颜渊不舍；里名胜母[②]，曾子敛襟：盖忌夫恶名之伤实也。破镜乃凶逆之兽[③]，事见《汉书》，为文幸避此名也。比世往往见有和人诗者，题云敬同，《孝经》云：“资于事父以事君而敬同。”不可轻言也。梁世费旭诗云：“不知是耶非。”殷沄诗云：“飖飏云母舟。”简文曰：“旭既不识其父，沄又飖飏其母[④]。”此虽悉古事，不可用也。世人或有文章引《诗》“伐鼓渊渊”者，《宋书》已有屡游之诮；如此流比，幸须避之。北面事亲，别舅摛《渭阳》之咏[⑤]；堂上养老，送兄赋桓山之悲[⑥]，皆大失也。举此一隅，触涂宜慎。

【注释】

①吴均：南朝梁文学家。今浙江江安人。

②胜母：地名。

③破镜：凶兽的名字。

④飖（yáo）飏：飘扬。

⑤摛（chī）：舒展。

⑥桓山之悲：指父死、兄弟别离的悲伤情感。典出《孔子家语》：孔子在卫，昧旦晨兴，颜回侍侧，闻哭者之声甚哀。子曰："回，汝知此何所哭乎？"对曰："回以此哭声非但为死者而已，又有生离别者也。"子曰："何以知之？"对曰："回闻桓山之鸟生四子焉，羽翼既成，将分于四海，其母悲鸣而送之，哀声有似于此，谓其往而不返也。回窃以音类知之。"孔子使人问哭者，果曰："父死家贫，卖子以葬，与子长决。"父在而送别兄长，不宜用桓山之悲这一语典。

【译文】

《吴均集》中有《破镜赋》一篇。昔日，有座叫"朝歌"的城邑，颜渊便因为这座城市的名字而不在这里居住；有个叫"胜母"的乡里，曾子来此时也是整整衣衫便离开了：大概是忌讳这两座城市的恶名会损伤他们的实质吧。破镜是凶逆的猛兽，其事典出自于《汉书》，写文章时应当要注意避讳这一类的名字。如今常见有迎合别人诗作的世人，给自己和诗的题目取名为“敬同”，《孝经》中记载：“资于事父以事君而敬同。”所以“敬同”二字不可以轻易言说。梁朝费旭的诗中说：“不知是耶非。”殷沄的诗中说：“飙飏云母舟。”简文帝说：“费旭不认识他的父亲，殷沄却又让他的母亲四处漂泊。”虽然这些都是古时候的事情，但也不可随意引用。有的世人做文章引用《诗经》中“伐鼓渊渊”一句，《宋书》中曾经对这些不识反语的人几次讥讽，诸如这一类的句子，希望你们一定要加以避讳。母亲在世，和舅舅离别时却吟诵《渭阳》这首诗；双亲尚在，送别兄长时又引用“桓山之悲”以示自己的哀伤之情，这些都是很大的过失。这里列举了一部分的事例，写文章的时候一定要时刻谨慎才行。

【原文】

江南文制①，欲人弹射②，知有病累，随即改之。陈王得之于丁廙也。山东风俗，不通击难。吾初入邺，遂尝以此忤人，至今为悔；汝曹必无轻议也。

【注释】

①文制：创作文章。

②弹射：指对文章加以批评。

【译文】

江南地区的人创作文章，想要让人加以批评，发现有毛病的地方，也好立刻改正。陈思王曹植便从丁廙那里学习了这种习惯。山东地区的风俗，不让人对自己的文章批评责难。我刚到邺城的时候，就曾经因为这个原因而被别人记恨，到现在为止都非常悔恨；你们万不可轻易批评别人的文章呀。

【原文】

凡代人为文，皆作彼语，理宜然矣。至于哀伤凶祸之辞，不可辄代。

蔡邕为胡金盈作《母灵表颂》曰[①]："悲母氏之不永，然委我而夙丧。"又为胡颢作其父铭曰[②]："葬我考议郎君。"《袁三公颂》曰："猗欤我祖[③]，出自有妫[④]。"王粲为潘文则《思亲诗》云："躬此劳悴，鞠予小人；庶我显妣，克保遐年[⑤]。"而并载乎邕、粲之集，此例甚众。古人之所行，今世以为讳。陈思王《武帝诔》，遂深永蛰之思；潘岳《悼亡赋》，乃怆手泽之遗：是方父于虫，匹妇于考也。蔡邕《杨秉碑》云："统大麓之重。"潘尼《赠卢景宣诗》云："九五思龙飞。"孙楚《王骠骑诔》云："奄忽登遐[⑥]。"陆机《父诔》云："亿兆宅心[⑦]，敦叙百揆[⑧]。"《姊诔》云："伣天之和[⑨]。"今为此言，则朝廷之罪人也。王粲《赠杨德祖诗》云："我君饯之，其乐泄泄[⑩]。"不可妄施人子，况储君乎？

【注释】

①胡金盈：汉朝胡广的女儿。

②胡颢：胡广的孙子。

③猗欤（yú）：感叹词。

④妫（guī）：姓氏。

⑤遐年：高寿。

⑥奄忽：死亡。

⑦亿兆：众多。

⑧百揆（kuí）：百官。

⑨伣（qiàn）：譬喻。

⑩泄泄（yì yì）：和乐自得的样子。

【译文】

凡是代替他人写文章，都需要使用对方的语气，理当如此。至于哀伤凶祸的言辞，就不可以替代了。蔡邕为胡金盈作《母灵表颂》说："悲母氏之不永，然委我而夙丧。"又代替胡颢为其父亲作了一篇铭文说："葬我考议郎君。"《袁三公颂》中说："猗欤我祖，出自有妫。"王粲代替潘文写了《思亲诗》说："躬此劳悴，鞠予小人；庶我显妣，克保遐年。”这些都一并收录在蔡邕、王粲的文集中，这种例子还有很多。古人的这种做法，被现在的人当作忌讳。陈思王曹植的《武帝诔》，以“永蛰”一词来表示对父亲的深深思念；潘岳的《悼亡赋》，以“手泽”一词抒发对亡妻的悼念之情：前者将亡父比作冬虫，后者却是将亡妻等同于亡父了。蔡邕的《杨秉碑》说：“统大麓之重。”潘尼的《赠卢景宣诗》说：“九五思龙飞。”孙楚的《王骠骑诔》说：“奄忽登遐。”陆机的《父诔》说：“亿兆宅心，敦叙百揆。”《姊诔》中说：“伣天之和。”如今再作此番的言辞，便是朝廷的罪人了。王粲的《赠杨德祖诗》中说：“我君饯之，其乐泄泄。”这种表示母子重归于好的言语，不能乱施于普通人的儿女身上，更何况是一国的储君呢？

【原文】

挽歌辞者，或云古者《虞殡》之歌[①]，或云出自田横之客[②]，皆为生者悼往告哀之意。陆平原多为死人自叹之言[③]，诗格既无此例，又乖制作本意。

【注释】

①《虞殡》：送葬的歌曲。

②田横：秦汉时期齐王田荣的弟弟，今山东高青人。

③陆平原：陆机。

【译文】

挽歌辞，有人说始于古时的送葬之歌《虞殡》，有人说出自于田横的门客之手，都是为了表达生者哀悼亡者的哀伤情感。陆机所作的挽歌大都是死者的自叹言辞，挽歌辞的格式中并没有这样的例子，也违逆了制作挽歌的原本意思。

【原文】

凡诗人之作，刺箴美颂，各有源流，未尝混杂，善恶同篇也。陆机为《齐讴篇》，前叙山川物产风教之盛，后章忽鄙山川之情，殊失厥体[①]。其为《吴趋行》，何不陈子光、夫差乎[②]？《京洛行》，胡不述赧王、灵帝乎[③]？

【注释】

①厥：其。

②子光：吴王阖庐。

③赧（nǎn）王、灵帝：周赧王和汉灵帝。

【译文】

凡是诗人的作品，讥讽、针砭、赞美、颂扬的，各有其源流，从来没有混杂过，也从来没有将贬恶扬善的内容混在同一篇文章中。陆机作《齐讴篇》，前半部分叙述山川秀美、物产丰富、风俗教化盛行，后半部分则忽然出现了鄙夷此地山川的情感，这其实已经背离了诗的体制了。陆机所作的《吴趋行》，为何不叙述吴王阖庐、夫差的事情呢？他所写的《京洛行》，又为何不叙述周赧王、汉灵帝的事情呢？

【原文】

自古宏才博学，用事误者有矣；百家杂说，或有不同，书傥湮灭，后人不见，故未敢轻议之。今指知决纰缪者，略举一两端以为诫。《诗》云："有鷕雉鸣[①]。"又曰："雉鸣求其牡。"《毛传》亦曰[②]："鷕，雌雉声。"又云："雉之朝雊[③]，尚求其雌。"郑玄注《月令》亦云："雊，雄雉鸣。"潘岳赋曰："雉鷕鷕以朝雊。"是则混杂其雄雌矣。《诗》云："孔怀兄弟。"孔，甚也；怀，思也，言甚可思也。陆机《与长沙顾母书》，述从祖弟士璜死，乃言："痛心拔脑，有如孔怀。"心既痛矣，即为甚思，何故方言有如也？观其此意，当谓亲兄弟为孔怀。《诗》云："父母孔迩。"而呼二亲为孔迩，于义通乎？《异物志》云："拥剑状如蟹，但一螯偏大尔。"何逊诗云[4]："跃鱼如拥剑。"是不分鱼蟹也。《汉书》："御史府中列柏树，常有野鸟数千，栖宿其上，晨去暮来，号朝夕鸟。"而文士往往误作乌鸢用之。《抱朴子》说项曼都诈称得仙，自云："仙人以流霞一杯与我饮之，辄不饥渴。"而简文诗云："霞流抱朴碗。"亦犹郭象以惠施之辨为庄周言也[5]。《后汉书》："囚司徒崔烈以锒铛锁。"锒铛，大鏁也；世间多误作金银字。武烈太子亦是数千卷学士[6]，尝作诗云："银鏁三公脚，刀撞仆射头。"为俗所误。

【注释】

①鷕（yǎo）：雌雉的鸣叫声。

②《毛传》：《毛诗故训传》的简称。

③雊（gòu）：雄雉的鸣叫声。

④何逊：南朝梁诗人，今山东郯城人。

⑤郭象：西晋哲学家。

⑥武烈太子：梁元帝的长子。

【译文】

自古博学多才的人，在引用事例上出错的也有；百家杂说，有时对于同一事物也会有不同的看法，这样的书籍倘若就此淹没，后人是看不到了，所以我不敢轻易评说。而今我只说一下那些绝对错误的地方，略微列举一两例以为借鉴。《诗经》中说："雌雉鸡鸣叫。"又说："雌雉鸡鸣叫是为了寻求雄雉鸡。"《毛诗故训传》中也说："鷕，为雌雉鸡的鸣叫声。"又说："雄雉鸡的鸣叫声，也是在寻求雌雉鸡。"郑玄注的《月令》中也说："雊，是雄雉鸡的鸣叫声。"而潘岳的赋中说："雉鷕鷕以朝雊。"这样一来就将雌雄混杂在一起了。《诗经》中说："孔怀兄弟。"孔，是非常的意思；怀，是思念的意思，这是说非常思念的意思。陆机

《与长沙顾母书》中，描述了从祖弟陆士璜的死，他说："痛心拔脑，有如孔怀。"心既然很是悲痛，就已经是非常想念了，又为何还要添加"有如"二字呢？看他写的意思，应该是将兄弟之情称为"孔怀"了。《诗经》上说："父母孔迩。"按照陆机的逻辑，将双亲称作"孔迩"，这从意义上能说得过去吗？《异物志》中说："拥剑状如蟹，但一螯偏大尔。"何逊的诗中说："跃鱼如拥剑。"这是不分辨鱼蟹的缘故。《汉书》中记载："御史府中排着一列柏树，经常会有几千只乌在上面栖宿，早晨离去晚上归来，所以又称之为朝夕乌。"而文士却常常将此当作"乌鸢"来用。《抱朴子》中记载项曼都谎称自己遇到了仙人，自说："仙人给我喝了一杯'流霞'，我就不觉得口渴饥饿了。"而简文帝的诗中却说："霞流抱朴碗。"这就好比郭象错把惠施的辩说当作庄子的言论了。《后汉书》中记载："囚司徒崔烈以锒铛鏁。"锒铛，大鏁的意思；世间的人大多将"锒"字误作金银的"银"字。武烈太子也是读书几千卷的学士，曾经作诗说："银鏁三公脚，刀撞仆射头。"这是受世俗的误导所造成的。

【原文】

文章地理，必须惬当。梁简文《雁门太守行》乃云："鹅军攻日逐①，燕骑荡康居，大宛归善马，小月送降书。"萧子晖《陇头水》云："天寒陇水急，散漫俱分泻，北注徂黄龙，东流会白马。"此亦明珠之颣②，美玉之瑕，宜慎之。

【注释】

①鹅：古时的阵名。

②颣（lèi）：缺点，毛病。

【译文】

文章中但凡涉及地理的知识，一定要注意恰当。梁简文帝所著的《雁门太守行》中说："鹅军攻日逐，燕骑荡康居，大宛归善马，小月送降书。"萧子晖的《陇头水》说："天寒陇水急，散漫俱分泻，北注徂黄龙，东流会白马。"这些都是明珠上的小缺点，美玉上的小瑕疵，应该慎重对待。

【原文】

王籍《入若耶溪》诗云[1]："蝉噪林逾静，鸟鸣山更幽。"江南以为文外断绝，物无异议。简文吟咏，不能忘之，孝元讽味，以为不可复得，至《怀旧志》载于《籍传》。范阳卢询祖[2]，邺下才俊，乃言："此不成语，何事于能?"魏收亦然其论。《诗》云："萧萧马鸣，悠悠旆旌[3]。"《毛传》云："言不喧哗也。"吾每叹此解有情致，籍诗生于此耳。

【注释】

①王籍：南朝时梁文学家，今山东人。

②卢询祖：北齐时期的文学家，今河北涿县人。

③旆（pèi）：古时旗帜的统称。

【译文】

王籍所著的《入若耶溪》诗中说："蝉噪林逾静，鸟鸣山更幽。"江南地区的人将这两句诗认作是独一无二的杰作，对此外界并没有异议。简文帝时常吟诵这句诗，久久不能忘怀，梁孝元帝也时常回味吟诵，认为不可多得，以至于《怀旧志》中把这首诗收录入《王籍传》。范阳地区的卢询祖，是邺城的才俊，他说："这两句诗并不能成联语，更看不出来王籍到底有什么才能?"魏收也是这番言论。《诗经》中说："萧萧马鸣，悠悠旆旌。"《毛诗故训传》中说："这是不嘈杂的意思。"我每次都对这种有情致的解释很是叹服，王籍的这两句诗便是从这里而来的。

【原文】

兰陵萧悫[1]，梁室上黄侯之子，工于篇什。尝有《秋诗》云："芙蓉露下落，杨柳月中疏。"时人未之赏也。吾爱其萧散，宛然在目。颍川荀仲举、琅邪诸葛汉[2]，亦以为尔。而卢思道之徒[3]，雅所不惬。

【注释】

①萧悫（què）：北齐文学家，今山东邹城人。

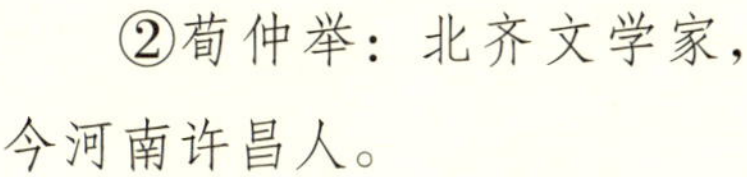
②荀仲举：北齐文学家，今河南许昌人。

③卢思道：北朝与隋朝时期的文人。

【译文】

兰陵人萧悫，是梁朝上黄侯萧晔的儿子，善于写文章。他曾作《秋诗》说："芙蓉露下落，杨柳月中疏。"当时并没有受到人们的赞赏。我却很喜欢这种萧疏散淡的情致，诗中描绘的景象也生动得仿佛近在眼前。颍川的荀仲举、琅邪的诸葛汉，也都是这般认为的。而卢思道这类人，则不太喜欢这样的诗句。

【原文】

何逊诗实为清巧，多形似之言；扬都论者，恨其每病苦辛，饶贫寒气，不及刘孝绰之雍容也①。虽然，刘甚忌之，平生诵何诗，常云："蘧车响北阙②，憆憆不道车③。"又撰《诗苑》，止取何两篇，时人讥其不广。刘孝绰当时既有重名，无所与让；唯服谢朓，常以谢诗置几案间，动静辄讽味。简文爱陶渊明文，亦复如此。江南语曰："梁有三何，子朗最多。"三何者，逊及思澄、子朗也④。子朗信饶清巧。思澄游庐山，每有佳篇，亦为冠绝。

【注释】

①刘孝绰：南朝梁文学家，今江苏徐州人。

②蘧（qú）：蘧伯玉，春秋时期卫国的士大夫。

③憣憣（huà huà）：乖戾的样子。

④思澄：何思澄。

【译文】

何逊的诗实在是清新奇巧，大多都是生动形象之言；扬都地区的评论家，批评他的诗都是深思苦吟得来的，萧索清寒之气过于严重，比不上刘孝绰雍容华贵的诗作。即便是这样，刘孝绰对何逊也是极为忌惮，平常吟诵何逊的诗，经常说："蘧车响北阙，憣憣不道车。"又编撰了《诗苑》，只节选了何逊的两首诗，当时的人们都讥讽刘孝绰一点都不大度。刘孝绰当时的声望甚高，几乎没有让他敬佩的人；唯独只佩服谢朓，经常将谢朓的诗放在案几上，随时诵读玩味。简文帝喜爱陶渊明的诗，也经常这样做。江南地区有句俗语说："梁朝有三何，子朗是才气最多的。"三何，乃是何逊、何思澄、何子朗。何子朗的诗确实清新奇巧。何思澄遍游庐山，时常写出优美的诗作，也称得上是冠绝一时了。

名实篇

【题解】

名与实的关系自古就是哲学家们热衷于探讨的话题，而此篇讲述的则主要是名不副实的问题。开篇，颜之推用形和影的关系，来论述"实"为根本，"名"为外在，并强调，名实相符、言行一致最为可贵。他将"名"分为三种不同的境界，"上士忘名，中士立名，下士窃名"，而此篇重点讲述的就是中士立名的问题，也是颜之

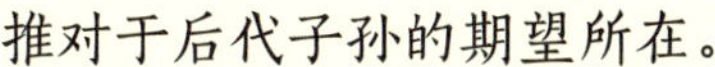
推对于后代子孙的期望所在。

【原文】

名之与实，犹形之与影也。德艺周厚[①]，则名必善焉；容色姝丽，则影必美焉。今不修身而求令名于世者，犹貌甚恶而责妍影于镜也。上士忘名，中士立名，下士窃名。忘名者，体道合德，享鬼神之福祐，非所以求名也；立名者，修身慎行，惧荣观之不显[②]，非所以让名也；窃名者，厚貌深奸，干浮华之虚称[③]，非所以得名也。

【注释】

①德艺：德行才艺。

②荣观：荣誉。

③干：谋求。

【译文】

名和实的关系，犹如形和影的关系。德行才艺深厚的人，那么他的名声一定是好的；相貌姝丽的人，那么他的影子必定是美的。而今不修缮自身却想要在世间求得名声的人，犹如是长相丑陋而又要求镜中要有美丽的影像一般。最上等的人忘记名誉，中等的人树立名誉，下等的人窃取名誉。忘记名誉的人，内心领悟“道”，行为符合“德”，这样的人能够得到鬼神的护佑，他们的一言一行并非是为了追求名誉；树立名声的人，谨言慎行、修缮自身，担心荣誉得不到显扬，他们是不会谦让自己的名誉的；窃取名誉的人，看似忠厚却内心奸诈，谋求浮华的虚名，这样并不会得到真正的名声。

【原文】

人足所履，不过数寸，然而咫尺之途，必颠蹶于崖岸[①]，拱把之梁[②]，每沉溺于川谷者，何哉？为其旁无余地故也。君子之立己，抑亦如之。至诚之言，人未能信；至洁之行，物或致疑，皆由言行声名，无余地也。吾每为人所毁，常以此自责。若能开方轨之路，广造舟之航[③]，则仲由之言信[4]，重于登坛之盟；赵熹之降城[5]，贤于折冲之将矣。

【注释】

①颠蹶：翻跌。

②拱把之梁：独木桥。

③造舟：浮桥，造船为桥。

④仲由：子路，孔子的弟子。

⑤赵熹：东汉人，以信义闻名。

【译文】

人双脚所踩踏的地方，不过几寸地，然而人们在咫尺宽的山路上行走，常常会翻跌下山崖，从独木桥上经过，也有人掉落水中而溺死，这是什么缘故呢？是因为旁边没有多余的地方。君子立身处世，也与此道理相同。最真诚的言论，人们未必会相信；最高洁的行为，却引来他人的质疑，这些都是因为人们的言行声名，没有留余地的缘故。我每次遭到别人的诋毁，便经常以此自省。如若能像广开大道、广造浮桥一般，在立身处世方面留有余地，你的言论就能像仲由一样可信，胜过设坛的盟誓；你做的事就能像赵熹劝敌投降那般，胜过带兵打仗的将领。

【原文】

吾见世人，清名登而金贝入[1]，信誉显而然诺亏，不知后之矛戟，毁前之干橹也！虑子贱云[2]：“诚于此者形于彼。”人之虚实真伪在乎心，无不见乎迹，但察之未熟耳。一为察之所鉴，巧伪不如拙诚，承之以羞大矣。伯石让卿[3]，王莽辞政[4]，当于尔时，自以巧密；后人书之，留传万代，可为骨寒毛竖也。近有大贵，以孝著声，前后居丧，哀毁逾制[5]，亦足以高于人矣；而尝于苫块之中[6]，以巴豆涂脸[7]，遂使成疮，表哭泣之过，左右僮竖，不能掩之，益使外人谓其居处饮食，皆为不信。以一伪丧百诚者，乃贪名不已故也！

【注释】

①金贝：金钱。

②虙子贱：孔子的弟子。

③伯石：春秋时期的郑国大夫，曾三让卿之位，但并不是出自真心。

④王莽辞政：西汉末期，王莽假意推辞大司马一职。

⑤哀毁：哀痛以至于损害了身体容貌。代指居丧尽哀之意。

⑥苫（shān）块：代指居丧。

⑦巴豆：巴蜀一带盛产的果实，有毒性。

【译文】

我见世上有些人，有了名声之后便开始追逐钱财，有了信誉之后便开始不守承诺，他们并不知道自己后来的一些行为，会将他们之前所树立的名声全部毁掉。虙子贱说："在这方面有诚信，也会在那方面显现出来。"人的虚实真伪在于他们的内心，这些都在他们平日的行迹中有所显现，只是他人观察得不细致罢了。一旦他人看出了真相，那些巧妙的伪装都不如拙劣的真诚，他们将会受到很大的羞辱。伯石谦让卿位，王莽推辞大司马，在那个时候，自认为行为很是巧妙周密，而事情的真相被记载下来，留传万世，让人读后汗毛竖起、心寒彻骨。最近有大贵之人，以孝顺著称，前后为双亲居丧时，哀伤之意已经超过了普通的服丧要求，也足以得到比平常人高的名誉了；但是他曾经在居丧的时候，故意将巴豆抹涂在脸上，让脸上生疮，以造成哭泣过度的假象。在左右服侍的僮仆，无法为他掩盖这件事，真相流出后，外人便不再相信他在服丧时期的居住饮食等行为。因一时的虚伪，毁掉一生的诚实，这是过于贪求声誉不知停止的缘故。

【原文】

有一士族，读书不过二三百卷，天才钝拙，而家世殷厚，雅自矜持，多以酒犊珍玩[①]，交诸名士。甘其饵者，递共吹嘘，朝廷以为文华，亦尝出境聘[②]。东莱王韩晋明笃好文学[③]，疑彼制作，多非机杼[④]，遂设宴言，面相讨试。竟日欢谐，辞人满席，属音赋韵，命笔为诗，彼造次即成，了非向韵。众客各自沉吟，遂无觉者。韩退叹曰："果如所量。"韩又尝问曰："玉珽杼上终葵首[⑤]，当作何形?"乃答云："珽头曲圜[⑥]，势如葵叶耳[⑦]。"韩既有学，忍笑为吾说之。

【注释】

①酒犊：美酒和牛犊，这里代指吃喝。

②聘：聘问。特指天子和诸侯，诸侯和诸侯之间。

③韩晋明：北齐名士。

④机杼（zhù）：代指诗文的构思和布局。

⑤玉珽（tǐng）：玉笏。

⑥曲圜（huán）：弯曲而圆。

⑦葵叶：终葵的叶子，此处是指这位士人并不知道韩晋明所说的是什么意思，也不了解齐人把椎称之为终葵，所以便想当然地答曰："葵叶。"

【译文】

有一个士族，不过读了二三百卷的书，天生愚钝笨拙，但他家境殷实，一直装出比较矜持的模样，经常会备下美酒佳肴、珍奇玩物，以结交名流雅士。得到过此间好处的，便相继赞赏吹嘘他，这样一来朝廷便认为他真的是一个有才之人，便聘他出去做官。东莱王韩晋明是一个喜好文学之人，他怀疑这个士族的作品，大多都不是他自己构思创作的，于是便设宴款待并趁机和他交谈，想要面对面地试试他的学问。整整一天的时间都欢快和谐，文人雅士齐聚一堂，和韵赋诗，这个士族也提笔写诗，诗作很快就写好了，但却没有了以往的神韵。在座的宾客都各自沉吟，没有人觉察到这一点。韩晋明退下来感叹说：“果然是我想的这样。”韩晋明曾经问这个士人说：“玉珽杼上终葵首，应该是什么形状呢?”这个人回答说：“珽头曲圜，犹如葵叶的形状。”韩晋明是个有学识的人，他忍着笑对我讲了这件事情。

【原文】

治点子弟文章[①]，以为声价，大弊事也。一则不可常继，终露其情；二则学者有凭，益不精励。

【注释】

①治点：修改润色。

【译文】

修改润色子弟的文章，以此来提高他们的名声和身价，这是一件很坏的事情。一来这样的事情不可以长久继续下去，最后终归会暴露真相；二来求学的子弟有了依赖的人，就更不懂得奋进了。

【原文】

邺下有一少年，出为襄国令[①]，颇自勉笃。公事经怀，每加抚恤[②]，以求声誉。凡遣兵役，握手送离，或赍梨枣饼饵[③]，人人赠别，云：“上命相烦，情所不忍，道路饥渴，以此见思。”民庶称之，不容于口。及迁为泗州别驾[④]，此费日广，不可常周。一有伪情，触涂难继，功绩遂损败矣。

【注释】

①襄国：县名。

②恤：体恤。

③赍（jī）：送别人东西。

④别驾：官名。

【译文】

郸城有一个年轻人，出任襄国县令，能够勤勉务实、勤奋用心。他尽心尽力地处理公事，体恤百姓，以此谋求声誉。凡是派遣男丁服役的时候，都会亲自握手送别，有时还会赠送给他们梨枣糕饼，和他们一一告别，说：“上面的命令要劳烦你们，我实在是不忍心，你们行路中或许会饥渴，这些算是我的心意吧。”平民百姓说起他，都是赞不绝口。等到他迁往泗州任职别驾时，这一类的费用也日益增多，无法做到面面俱到。时间长了，肯定会有虚假矫情的成分在，难以继续此前的行为，原先的功绩、名声也跟着损败。

【原文】

或问曰：“夫神灭形消，遗声余价，亦犹蝉壳蛇皮，兽迒鸟迹耳[①]，何预于死者，而圣人以为名教乎？”对曰：“劝也，劝其立名，则获其实。且劝一伯夷，而千万人立清风矣；劝一季札[②]，而千万人立仁风矣；劝一柳下惠[③]，而千万人立贞风矣；劝一史鱼[④]，而千万人立直风矣。故圣人欲其鱼鳞凤翼，杂沓参差，不绝于世，岂不弘哉？四海悠悠，皆慕名者，盖因其情而致其善耳。抑又论之，祖考之嘉名美誉，亦子孙之冕服墙宇也[⑤]，自古及今，获其庇荫者亦众矣。夫修善立名者，亦犹筑室树果，生则获其利，死则遗其泽。世之汲汲者，不达此意，若其与魂爽俱升[⑥]，松柏偕茂者，惑矣哉！”

【注释】

①迒（háng）：野兽的痕迹。

②季札：春秋时期吴国公子，以仁义著称。

③柳下惠：春秋时期鲁国大夫，以贞洁著称。

④史鱼：春秋时期卫国大夫，以直言进谏著称。

⑤冕服墙宇：衣帽房屋，代指先辈遗留下来的财产。

⑥魂爽：精神气爽。

【译文】

有人问："人死后神灭形消，留下来的名声，便好比蝉蜕下的壳、蛇蜕下的皮，像鸟兽的行迹一样，和死者又有什么关系，而圣人为何却用此来教化百姓？"我回答说："是为了勉励世人，勉励他们树立名声，并且要名副其实。更何况，勉励人们效仿伯夷，那么千万人就可以树立清白的风气了；勉励人们效仿季札，那么千万人就可以树立仁义的风气；勉励人们效仿柳下惠，那么千万人就可以树立坚贞之风；勉励人们效仿史鱼，那么千万人就能够树立正直之风了。所以圣人希望人们都可以效仿伯夷、史鱼等人，不管天赋如何，世代都延续继承下去，那么这种意义岂不是很宏大吗？四海之内的人，都钦慕名声，或许应该根据他们的这种性情而引导他们走上从善之路。再说，祖先们的美誉嘉名，就好比是子孙的衣服和房屋，从古至今，获得其庇荫的人有很多。行善事而修得美名，就好像修建房屋种植果树一般，在世时就可以得到其中的好处，死后也能够造福后人。世间急功近利之人，并不知晓其中的道理，如若他们的名声和魂魄一起升华，和松柏一样常青不衰的话，就让人十分迷惑了。"

涉务篇

【题解】

涉务篇提倡专心于事务，接触实际。南朝后期，朝政混乱，贵族子弟养尊处优，没有解决实际问题的能力，这让同样贵族出身的颜之推很是生气。所以他写下此篇文章，教导后世子孙，一定要切合实际，不可只知高谈阔论，却不涉猎世事。

【原文】

士君子之处世，贵能有益于物耳，不徒高谈虚论，左琴右书①，以费人君禄位也！国之用材，大较不过六事：一则朝廷之臣，取其鉴达治体②，经纶博雅；二则文史之臣③，取其著述宪章，不忘前古；三则军旅之臣，取其断决有谋，强干习事④；四则藩屏之臣⑤，取其明练风俗，清白爱民；五则使命之臣，取其识变从宜，不辱君命；六则兴造之臣，取其程功节费⑥，开略有术：此则皆勤学守行者所能办也。人性有长短，岂责具美于六涂哉？但当皆晓指趣，能守一职，便无愧耳。

【注释】

①左琴右书：古时候，人们一般会琴书并言，士大夫认为是风雅之事。

②治体：国家的体制和法度。

③文史之臣：帝王身边主管文书档案、拟定诏书典章的官员。

④强干：强力能干。

⑤藩屏之臣：藩国的领导者。

⑥程功：衡量功绩，计算工程完成的进度。

【译文】

君子处世，贵在做一些有益于他人的事情，不能只是高谈虚论，左琴右书，以此消耗君主的俸禄爵位！国家任用人才，大抵不过有六种：一个是朝廷之臣，需要他们知晓国家体制法度，满腹经纶，广博诗书；二是文史之臣，需要他们编撰宪章制度，阐述前朝兴亡的缘由，让人不忘前人的教训和经验；三是军旅之臣，需要他们果敢决断、有勇有谋，强力能干、熟习兵事；四是藩屏之臣，需要他们精明干练，了解当地风俗，为官清白、爱民如子；五是使命之臣，需要他随机应变、因事制宜，不辱没君主的使命；六是兴造之臣，需要他计量工程功效、节省费用，懂得创办工程的方法：这些都是勤学苦练、遵守操行的人所能办到的。人的本性有长短之分，一个人岂能在这六个方面都做到完美呢？只需要知晓其中意旨，能够做好其中一职，就可无愧于心了。

【原文】

吾见世中文学之士，品藻古今①，若指诸掌②，及有试用，多无所堪。居承平之世，不知有丧乱之祸；处庙堂之下，不知有战陈之急；保俸禄之资，不知有耕稼之苦；肆吏民之上，不知有劳役之勤：故难可以应世经务也。晋朝南渡③，优借士族④，故江南冠带有才干者，擢为令仆已下尚书郎、中书舍人已上，典掌机要。其余文义之士。多迂诞浮华，不涉世务，纤微过失，又惜行捶楚，所以处于清高，盖护其短也。至于台阁令史⑤，主书监帅⑥，诸王签省⑦，并晓习吏用，济办时须，纵有小人之态，皆可鞭杖肃督，故多见委使，盖用其长也。人每不自量，举世怨梁武帝父子爱小人而疏士大夫⑧，此亦眼不能见其睫耳。

【注释】

①品藻：品评鉴定。

②若指诸掌：好比指点掌中之物一般容易。

③晋朝南渡：建武元年，西晋灭亡，司马睿南渡并在建康建立了东晋。

④优借：优待。

⑤台阁：尚书省。

⑥主书：主掌文书的官员。

⑦签省：典签一类的官员。

⑧梁武帝父子：梁武帝萧衍有八个儿子，这里指的是梁武帝和之后的简文帝萧纲、元帝萧绎。

【译文】

我见世间一些文学之士，品评古今，犹如指点掌中之物一般容易，等到让他们真正实践的时候，却大都无法胜任。他们居住在太平年代，不知道有丧乱的祸患；处于庙堂之下，不知道有战争的急迫；享受着俸禄，不知道百姓耕稼的辛苦；在吏民头上肆意横行，不知道劳役的奔波之苦：所以这样的人难以应对时世政务。晋朝南渡之后，优待士族之人，所以江南地区有才干的士族文人，都被提拔到尚书令、尚书仆射之下，尚书郎、中书舍人之上，掌管政务机要。其余的那些略懂文义的人，大多迂腐、荒诞、浮华，不懂得处理世务，犯下一些小过失，也无法对他们杖责处罚，只能把他们安置在比较清闲的职位上，这也是为了掩盖他们的短处吧。至于台阁令史、主书、监、帅，藩王身边的典签、省事，都要熟习官吏事务，按时完成所需，即便其中有些不良的表现，都可以施行鞭打的惩罚并严加监督，所以这些人大多都被加以任用，这或许是利用他们的长处吧。人们都会有不自量力的时候，当时大家埋怨梁武帝父子亲小人远贤臣，这就好比自己的眼睛无法看到自己的睫毛一样。

【原文】

梁世士大夫，皆尚褒衣博带，大冠高履，出则车舆，入则扶侍，郊郭之内，无乘马者。周弘正为宣城王所爱[①]，给一果下马[②]，常服御之，举朝以为放达。至乃尚书郎乘马，则纠劾之。及侯景之乱[③]，肤脆骨柔，不堪行步，体羸气弱，不耐寒暑，坐死仓猝者，往往而然。建康令王复，性既儒雅，未尝乘骑，见马嘶歕陆梁[④]，莫不震慑，乃谓人曰："正是虎，何故名为马乎?"其风俗至此。

【注释】

①宣城王：南朝梁简文帝的嫡长子萧大器，后死于侯景之乱。

②果下马：身形矮小的马，骑着它可以在果树下面行走，因此得名。

③侯景之乱：梁朝时期，侯景发动叛乱。

④嘶歕（pēn）：马鸣声。

【译文】

梁朝的士大夫，都喜欢穿宽袍大带的衣服，戴着高帽子穿着高履鞋，外出的时候乘坐车舆，回到家还有人搀扶服侍，不管在城内还是郊外，都没有骑马的。周弘正深受宣城王的喜爱，赏赐给他一匹果下马，周弘正便时常骑着它外出，朝中大臣都认为他过于轻率。若尚书郎那般的官员骑马，就会受到朝中大臣的纠正和弹劾。等到侯景之乱的时候，士大夫们皮肤娇嫩筋骨脆弱，无法承受步行之苦，身体瘦弱力气衰竭，受不住寒暑之苦，死于这种仓促祸患的人，到处都是。建康令王复，生性儒雅，从来都没有骑过马，看到马嘶鸣、腾跃时，都会感到震撼惊骇，并对人说："这是老虎，为何要命名为马呢？"当时的习气已然到了这个地步。

【原文】

古人欲知稼穑之艰难[①]，斯盖贵谷务本之道也。夫食为民天，民非食不生矣，三日不粒，父子不能相存。耕种之，茠鉏之[②]，刈获之，载积之，打拂之，簸扬之[③]，凡几涉手，而入仓廪，安可轻农事而贵末业哉？江南朝士，因晋中兴，南渡江，卒为羁旅，至今八九世，未有力田，悉资俸禄而食耳。假令有者，皆信僮仆为之，未尝目观起一墢土[④]，耘一株苗；不知几月当下，几月当收，安识世间余务乎？故治官则不了，营家则不办，皆优闲之过也。

【注释】

①稼穑（sè）：农事。

②茠鉏（hāo chú）：茠，拔草；鉏，锄，农具的一种。

③簸扬：将谷物抄起，以风分隔谷壳和灰尘。

④一墢（fá）土：一犁土。

【译文】

古人想要知道农事的艰难，大概是为了让人珍爱粮食、重视农业。民以食为天，百姓没有吃的就无法生存，三天不进食，即便是父子之间也无法相互救助了。耕种，除草，收割，运送，脱粒，簸扬，要经过这么多工序，粮食才能够收入仓库，如何能轻视农业而重视商业呢？江南地区的士大夫，跟着晋朝中兴，后又南下渡江，最后寄居在此地，到现在已经有八九世了，还从来没有亲自下田耕作过，只是依靠着朝中的俸禄生活。即便是家里有田地，也都是命令僮仆耕种，自己却从未见过一犁土，没有种过一株苗；不知道几月种植，也不知道几月收获，又如何能够知晓世间的其他事务呢？所以治官却不知道为官之道，治家却不知道经营之道，都是因为生活过于悠闲的缘故。

卷 五

省事篇

【题解】

省事，就是不费事，在这里指的是要把握好一定的尺度，不该做的事不要做。于学问而言，多为少善，不如执一，不可过多地涉猎，而应该专心于一门学问的研习，只有这样才能达到精妙的境地。于仕途而言，修养有方，思不出位，在其位谋其政，在自己的职责范围内行事，不可擅自越权。于俸禄爵位而言，不能刻意追求，时运到了，不去追求自然也会来的。

【原文】

铭金人云："无多言，多言多败；无多事，多事多患[①]。"至哉斯戒也！能走者夺其翼，善飞者减其指，有角者无上齿，丰后者无前足，盖天道不使物有兼焉也。古人云："多为少善，不如执一；鼫鼠五能[②]，不成伎术。"近世有两人，朗悟士也[③]，性多营综[④]，略无成名，经不足以待问，史不足以讨论，文章无可传于集录[⑤]，书迹未堪以留爱玩，卜筮射六得三[⑥]，医药治十差五[⑦]，音乐在数十人下，弓矢在千百人中，天文、画绘、棋博、鲜卑语、胡书、煎胡桃油、炼锡为银[⑧]，如此之类，略得梗概[⑨]，皆不通熟。惜乎！以彼神明，若省其异端[⑩]，当精妙也。

【注释】

①铭金人云："无多言，多言多败；无多事，多事多患"：出自刘向《说苑·敬慎篇》，"孔子之周，观于太庙，右陛之前，有金人焉，三缄其口，而铭其背曰：'古之慎言人也，戒之哉！戒之哉！无多言，多言多

败；无多事，多事多患。'" 铭，指的是刻在器物上以记录平生、警戒自己的文字。此处是告诫世人不要多说话，言多必失；不要多事，多事就会招来祸患。

②鼫（shí）鼠：老鼠的名字。

③朗悟：聪颖敏慧。

④营综：综合经营。

⑤集录：辑录文章为集。

⑥卜筮：占卜的方式，古人以龟甲占卜称为卜，以蓍草占卜称为筮。

⑦差：病好了。

⑧胡书，胡桃油：胡书，少数民族的文字；胡桃油，北朝人作画时所用的一种材料。

⑨梗概：大概。

⑩异端：古时候儒家学派称其他有不同意见的学派为异端。

【译文】

铜人背后铭刻着几句话："不要多言，言多必失；不要多事，多事必会招来祸患。"这番劝诫真是太对了！能够奔跑的便不会让他生翅膀，能够飞翔的便不让他生前趾，有角的就没有上齿，后肢发达的前肢就会相应退化，这是上天不让他们兼备所有的缘故。古人说："做的很多而做好的却很少，这样不如只专心做好一件事；鼫鼠有五种能力，却都称不上是技术。"近来世间有这样两个人，都是聪明敏慧的人，兴趣广泛、涉猎颇多，却没有一样可以给他们带来名声，经书经不起别人的考问，学史也不足以和他人讨论，文章无法辑集流传，书法笔墨也不值得让人赏玩，卜筮之术六次只能中得三次，医药水平十个能够治好五个，音乐的排名要在几十个人之下，弓箭之术又和普通人差不多，天文、画绘、棋博、鲜卑语、胡书、煎胡桃油、炼锡为银，诸如此类的事情，也只稍微知道些大概，都不精通熟练。可惜啊！以他们的聪颖敏慧，如若可以抛却其他的事物而只专心于一种学问，应该能够达到精妙的境界吧。

【原文】

上书陈事，起自战国，逮于两汉[①]，风流弥广[②]。原其体度：攻人主之长短，谏诤之徒也[③]；讦群臣之得失[④]，讼诉之类也；陈国家之利害，对策之伍也；带私情之与夺，游说之俦也[⑤]。总此四涂[⑥]，贾诚以求位[⑦]，鬻言以干禄[⑧]。或无丝毫之益，而有不省之困，幸而感悟人主，为时所纳，初获不赀之赏[⑨]，终陷不测之诛，则严助、朱买臣、吾丘寿王、主父偃之类甚众[⑩]。良史所书，盖取其狂狷一介[⑪]，论政得失耳，非士君子守法度者所为也。今世所睹，怀瑾瑜而握兰桂者[⑫]，悉耻为之。守门诣阙，献书言计，率多空薄，高自矜夸[⑬]，无经略之大体[⑭]，咸秕糠之微事[⑮]，十条之中，一不足采，纵合时务，已漏先觉，非谓不知，但患知而不行耳。或被发奸私，面相酬证，事途回穴[⑯]，翻惧愆尤[⑰]；人主外护声教[⑱]，脱加含养[⑲]，此乃侥幸之徒，不足与比肩也[⑳]。

【注释】

①逮：至。

②风流：遗风。

③谏诤：敢于直言进谏。刘向《说苑·臣术》："有能尽言于君，用则留之，不用则去之，谓之谏；用则可生，不用则死，谓之诤。"

④讦（jié）：直言不讳。

⑤俦（chóu）：同类。

⑥涂：同“途”，道路，此处指途径。

⑦贾诚：出卖忠诚。

⑧鬻（yù）言：出卖言论。

⑨不赀（zī）之赏：不可计量的恩赏。《汉书·盖宽饶传》：“不赀者，言无赀量可以比之，贵重之极也。”

⑩严助、朱买臣、吾丘寿王、主父偃：此四人都是汉武帝时期的大臣，前期都受到汉武帝的宠爱，后期却因直言进谏而不得善终。

⑪狂狷：偏激。

⑫怀瑾瑜，握兰桂：比喻拥有美好的德行和才华。

⑬矜夸：自我夸奖。

⑭经略：筹划谋略。

⑮秕糠：事情很烦琐微小。

⑯回穴：纡曲。

⑰愆（qiān）尤：罪过。

⑱声教：声威和文教。

⑲脱：或者。

⑳比肩：并肩。

【译文】

大臣向君主上书陈述事情的原委以及个人的意见，这种风气起源于战国，到了两汉时期，这种风气更为广泛流传。究其原本体制：攻击君主的过失，这是直言不讳的一类；直言大臣的得失，这是诉讼的一类；陈述国家政策的利害，这属于进献对策的一类；带着个人情绪争执的，属于游说的一类。总观这四类情况，都是出卖忠诚以求得官位，出卖言论以求得厚禄。这样上书有的不仅无法带来丝毫的利益，或许还会因为君主的不理解而招来祸患，即便侥幸打动了君主，当时的策略也被采纳，起初从君主那里也获得了不可估量的恩赏，可最后都会陷入不测之灾、引来杀身之祸，像严助、朱买臣、吾丘寿王、主父偃这类的例子有很多。好的史官之所以记述这些，大概只是取其狂狷耿介、讨论时政得失而已，这并非是君子和遵纪守法之人所做的。而今目睹世间的人事，那些有才有德之人，都以这样的事情为耻。是趋赴宫阙，上书献计的人，大多都浅薄空疏，自我夸耀，并没有针对国家大事的经略方针，全都是一些微不足道的烦琐小事，上书十条谏言，却没有一条值得采纳，即便里面所书内容有关当下的事务，但那也只是君主已经知道的部分，而不是君主不知道的部分，只是因为知道而又没有施行而已。还有的人上书是为了揭发奸私之事，他们和人面对面对质，事情迂曲变化，反复几次后却反而恐惧自己会引火烧身；君主对外要维护朝廷的声威和文教，或许会由此对他们加以包容，但这些也都属于侥幸之人，不足以和他们比肩为伍。

【原文】

谏诤之徒，以正人君之失尔，必在得言之地，当尽匡赞之规①，不容苟免偷安，垂头塞耳；至于就养有方②，思不出位，干非其任，斯则罪人。故《表记》云③："事君，远而谏，则谄也；近而不谏，则尸利也④。"《论语》曰："未信而谏，人以为谤己也⑤。"

【注释】

①匡赞：匡正辅佐。

②就养：侍奉。

③《表记》:《礼记》的篇名。

④尸利：尸位素餐，享受俸禄却不尽职。

⑤谤：诽谤。

【译文】

处于谏诤之位的臣子，是负责纠正君主过失的，一定要在应该说的地方，尽匡正辅佐的本分，不可以得过且过，垂头塞耳；至于侍奉君主要有方法，考虑问题不出位，如若去做了其他不属于自己职权内的事情，那么就会成为朝中的罪人。所以《礼记·表记》中记载："侍奉君主，关系疏远却要去直言进谏，这属于谄媚；亲近而又不谏言，就是尸位素餐的行为。"《论语》中说："不受君主的信任而去直言进谏，对方就会以为你诽谤他。"

【原文】

君子当守道崇德，蓄价待时[1]，爵禄不登，信由天命。须求趋竞，不顾羞惭，比较材能，斟量功伐[2]，厉色扬声，东怨西怒；或有劫持宰相瑕疵[3]，而获酬谢，或有喧聒时人视听，求见发遣[4]；以此得官，谓为才力，何异盗食致饱，窃衣取温哉！世见躁竞得官者[5]，便谓"弗索何获"；不知时运之来，不求亦至也。见静退未遇者，便谓"弗为胡成"；不知风云不与，徒求无益也。凡不求而自得，求而不得者，焉可胜算乎！

【注释】

①蓄价：积蓄声价。

②功伐：功劳。

③劫持：要挟。

④发遣：派遣，差遣。

⑤躁竞：浮躁而又急进。

【译文】

君子应当遵守道义推崇德行，积蓄身价等待时机，即便爵位俸禄无法上升，也应该懂得听天由命。如果四处奔走索求，不顾廉耻，和他人比较才能，评论功劳，严声厉色，埋怨东边怒及西边；有的人甚至以宰相的缺点为要挟，而以此获得酬谢，或者是喧哗聒噪以混淆视听，以求早日得到派遣；以此种方式得到官职的，说是因为个人的才力，但又和盗取别人的食物来满足自己的口腹，偷窃别人的衣物以求得自身的温暖有什么区别呢！世间之人看到以急躁奔走、四处谒求的方式来得到官位的人，便称之为“不去追求又何来收获”；却不知道时运如若到来，就算不去索求也会得到的。世人看到那些性情恬淡而没有得到官位的人，便说“不去争取就没有收获”；却不知道时机不到，只一味地索求是没有任何好处的。凡是不追求而能够得到的，追求而又得不到的人，真是数不胜数。

【原文】

齐之季世[①]，多以财货托附外家[②]，喧动女谒[③]。拜守宰者，印组光华[④]，车骑辉赫，荣兼九族，取贵一时。而为执政所患，随而伺察，既以利得，必以利殆，微染风尘，便乖肃正，坑阱殊深[⑤]，疮痏未复[⑥]，纵得免死，莫不破家，然后噬脐[⑦]，亦复何及？吾自南及北，未尝一言与时人论身分也，不能通达，亦无尤焉。

【注释】

①季世：汉代桓宽《盐铁论·授时》：“三代之盛无乱萌，教也；夏商之季世无顺民，俗也。”季世，指的是末世。

②外家：女子出嫁后，便将娘家称之为外家。

③女谒：泛指通过有权势的女性干求请托。

④印组：印信和系在印信上的丝带。

⑤坑阱（jǐng）：捕捉野兽或者是擒敌的陷阱。比喻害人的圈套。

⑥疮痏（wěi）：创伤。

⑦噬（shì）脐：比喻后悔莫及。

【译文】

北齐的末世，大多都是以财物贿赂外戚权贵，通过有权势的女性来干求请托。一旦被任命为地方官员，那么身上的印信光华闪耀，车马显赫光鲜，九族都会享受这种荣耀，富贵荣华都在一时得到。然而这些人都被执政者所忌讳，随时都会伺察他们的一言一行，以钱财得官位，最后也必定会因为钱财而走向灭亡，稍微沾染一些世间尘事，就会违背端正之道，这种陷阱非常深，创伤还没有完全恢复，即便是免于一死，可家庭却也因此破败，最后追悔莫及。我从南自北，从未和当时的人谈论一句有关资历和地位的话，虽然不能通达，但也不会有什么怨言。

【原文】

王子晋云①："佐饔得尝，佐斗得伤②。"此言为善则预，为恶则去，不欲党人非义之事也。凡损于物，皆无与焉。然而穷鸟入怀，仁人所悯；况死士归我，当弃之乎？伍员之托渔舟，季布之入广柳③，孔融之藏张俭，孙嵩之匿赵岐④，前代之所贵，而吾之所行也，以此得罪，甘心瞑目。至如郭解之代人报仇⑤，灌夫之横怒求地⑥，游侠之徒，非君子之所为也。如有逆乱之行，得罪于君亲者，又不足恤焉。亲友之迫危难也，家财己力，当无所吝；若横生图计，无理请谒，非吾教也。墨翟之徒⑦，世谓热腹⑧，杨朱之侣⑨，世谓冷肠⑩；肠不可冷，腹不可热，当以仁义为节文尔。

【注释】

①王子晋：周灵王太子，即王子乔。

②佐饔（yōng）得尝，佐斗得伤：出自《国语·周语》："佐雝（yōng）者尝焉，佐斗者伤焉。""雝"与"饔"通用。佐饔，辅助菜肴的制作。

③季布：楚人，曾效忠于项羽帐下。楚汉相争时，他带兵几次围困刘邦。汉朝建立后，刘邦赦免了他之前的冒犯，任命他为河东守。

④赵岐：京兆长陵人。因为得罪了宦官，出逃到北海，受到孙嵩的救助。

⑤郭解：字翁伯，汉代游侠。

⑥灌夫：西汉人，为人正直。

⑦墨翟：春秋战国时期思想家，墨家学派的创始人。

⑧热腹：过于热心肠。

⑨杨朱：战国时期魏国人，字子居。他的学说重在“爱己”，与墨子的“兼爱”思想相对。

⑩冷肠：心肠冷漠。

【译文】

王子晋说：“帮他人做饭就可以尝到美味，帮助别人打架就会受到伤害。”这说的是要参与看到的好事，远离见到的恶事，不要结党营私而做一些不义的事情。凡是对人有损害的事情，都不要参与。然而走投无路的鸟儿投入人的怀抱，仁慈的人都会怜悯它；更何况那些敢死之士前来归附我，我又如何舍弃他们呢？伍子胥逃难时被一个渔夫所救，季布出逃时被人藏在了广柳车内，孔融藏匿了出逃的张俭，孙嵩救助了外逃的赵岐，这些做法都是前代人所推崇看重的，也是我所要奉行的，即便因此而获罪，我也心甘情愿。至于如郭解那般因为一点小利而替人报仇，灌夫因为他人而怒责丞相田蚡索要田产，这些都是游侠之辈所为，而非君子所为。如若有逆乱的行为，受君主和长辈的责怪，这就不值得同情了。亲友面临危难时，自己的财物力量，都不应该有所吝惜；如若有人起了祸心，提出一些无理的要求，这就不属于我让你们怜悯的那类人。墨翟这类人，是世间过度热心肠的人，杨朱这类的人，世人认为他们是心肠过冷之人；心肠不能过冷，也不可过热，应该以仁义来节制自己的行为。

【原文】

前在修文令曹[①]，有山东学士与关中太史竞历[②]，凡十余人，纷纭累岁，内史牒付议官平之[③]。吾执论曰：“大抵诸儒所争，四分并减分两家尔[④]。历象之要[⑤]，可以晷景测之[⑥]；今验其分至薄蚀[⑦]，则四分疏而减分密。疏者则称政令有宽猛，运行致盈缩[⑧]，非算之失也；密者则云日月有迟速，以术求之，预知其度，无灾祥也。用疏则藏奸而不信，用密则任数而违经[9]。且议官所知，不能精于讼者，以浅裁深，安有肯服？既非格令所司[10]，幸勿当也。”举曹贵贱[11]，咸以为然。有一礼官，耻为此让，苦欲留连，强加考核。机杼既薄[12]，无以测量，还复采访讼人，窥望长短，朝夕聚议，寒暑烦劳，背春涉冬，竟无予夺，怨诮滋生，赧然而退[13]，终为内史所迫：此好名之辱也。

【注释】

①前在修文令曹：指颜之推在修文殿撰写御览的事宜。

②竞历：争执历法。

③牒（dié）：官府公文的一种。

④四分：四分历，也称为“后汉四分历”。

⑤历象：推算天体的运行。

⑥晷（guǐ）景：晷表的投影，也就是日影。

⑦分至：春分、秋分、夏至、冬至。

⑧盈缩：岁星运行的位置有偏差。

⑨违经：违背了《春秋》经

灾异说。

⑩格令：法令。

⑪举曹：包括争执双方在内的各个同僚。

⑫机杼既薄：学问有限，考虑得不周全。

⑬赧然：因为羞愧而脸红。

【译文】

之前我在修文令曹的时候，山东学士和关中太史争论历法的问题，一共有十几个人参加，众说纷纭、无法定论，后来内史下了一纸公文将这一问题交给议官来断定。我发表自己的看法说："各位学士大抵所争论的，只有'四分历'和'减分历'两种。推算天体运行的要领，可以依据晷景来观测推算；而今根据春分秋分、冬至夏至、日食月食来分别验证，那么'四分历'过疏而'减分历'又过密。主张'四分历'的一方认为政令有宽猛之别，天体不断运行而使其位置也有所变化，这并不能算是历法计算上的失误；主张'减分历'的一方则认为日月运行虽有快慢之分，但只要运用正确的方法来计算，就能够预知天体运行的度次，并没有祥灾的说法。运用'四分历'就会藏匿奸邪，并不能真实可信，运用'减分历'，虽然顺应了天数却又违背了经义。更何况议官所了解的历法，不会比在座争执的各位更精通，以浅薄的知识来裁定深奥的知识，如何让彼此信服呢？既然不是法令所掌管的，最好的方法就是不要去裁决了。"令曹上下众人，都非常赞同我的说法。有一个礼官，耻于这种谦让，苦苦不愿放手，几次都想设法论证。但他才疏学浅、思虑也不周全，没办法亲自实践测量，只能反复向争执双方采访确认，希望能够分辨出其中长短，他们日夜都守在一起商谈，历经寒暑也不烦劳，走过春冬之后，竟然还没有得到一个确切的定夺，抱怨和讥诮也随之而来，最后这个礼官只能红着脸退下了，并且还受到了内史的斥责：这是因为喜好名声而惹来的耻辱啊。

止足篇

【题解】

止足，意为知足，在此篇中有既要满足自己的欲望，又要懂得适可而止的意思。颜之推认为，不管是做官还是积财都要有一定的度，官位过高、财富过多，便会引来不必要的麻烦甚至是灾祸，倒不如少欲知足得以保全门户好。

【原文】

《礼》云："欲不可纵，志不可满[①]。"宇宙可臻其极[②]，情性不知其穷，唯在少欲知止足，为立涯限尔[③]。先祖靖侯戒子侄曰[④]："汝家书生门户，世无富贵，自今仕宦不可过二千石[⑤]，婚姻勿贪势家。"吾终身服膺[⑥]，以为名言也。

【注释】

①欲不可纵，志不可满：出自《礼记·曲礼上》："傲不可长，欲不可纵，志不可满，乐不可极。"

②臻：到。

③涯限：界限。

④靖侯：颜之推的九世祖颜含。

⑤二千石：汉制，郡守的俸禄为一年二千石，每月为百二十斛。

⑥服膺：铭记在心，衷心侍奉。

【译文】

《礼记·曲礼上》中记载："欲不可纵，志不可满。"宇宙可以到达它的极点，可人的情性却是不知穷尽的，只有减少欲望、适可而止才行，为自己立一个限度。我的先祖靖侯告诫子侄说：“你们家是书生门户，世代都没有富贵之人，从今往后，为官不可做超过二千石俸禄的官职，缔结婚姻也不要攀附有权势的人家。”我将这一训诫铭记在心，自认为是至理名言。

【原文】

天地鬼神之道，皆恶满盈[①]；谦虚冲损，可以免害。人生衣趣以覆寒露[②]，食趣以塞饥乏耳。形骸之内[③]，尚不得奢靡，己身之外，而欲穷骄泰邪[④]？周穆王、秦始皇、汉武帝，富有四海，贵为天子，不知纪极[⑤]，犹自败累，况士庶乎？常以二十口家，奴婢盛多，不可出二十人，良田十顷，堂室才蔽风雨，车马仅代杖策，蓄财数万，以拟吉凶急速[⑥]。不啻此者，以义散之；不至此者，勿非道求之。

【注释】

①天地鬼神之道，皆恶满盈：《易·谦·彖传》：“天道亏盈而益谦，地道变盈而流谦，鬼神害盈而福谦，人道恶盈而好谦。”

②趣：通“取”，仅仅。

③形骸（hái）：人的躯体。

④骄泰：骄傲放纵。

⑤纪极：限度，终极。

⑥吉凶：婚丧。

【译文】

天地鬼神之道，都厌恶满盈；谦虚冲损，能够免除灾祸。人的一生之中，穿衣仅仅是为了覆盖身体以让其免遭寒露，吃饭也仅仅是为了饱腹以免饥饿乏力。人的躯体自身，尚且还不奢求糜烂生活，自身以外，还要穷尽放纵骄恣吗？周穆王、秦始皇、汉武帝富有四海，他们贵为天子，行为没有限度，犹且还会引来失败、累及自身，更何况是普通的人呢？我一直认为，一个二十口之家，奴婢最多的时候也不能超出二十个，良田最多十顷，房屋能够避雨，车马可以代替拄杖步行，积财万贯，以用来婚丧和应急。超过这个标准的，就要用做好事的方式把钱财散掉；没有达到这个标准的，也不能用不正当手段获得。

【原文】

仕宦称泰[①]，不过处在中品，前望五十人，后顾五十人，足以免耻辱，无倾危也。高此者，便当罢谢，偃仰私庭[②]。吾近为黄门郎，已可收退；当时羁旅，惧罹谤讟[③]，思为此计，仅未暇尔。自丧乱以来，见因托风云，徼幸富贵，旦执机权，夜填坑谷，朔欢卓、郑，晦泣颜、原者，非十人五人也。慎之哉！慎之哉！

【注释】

①泰：通达。

②偃仰：安居，游乐。

③谤讟（dú）：怨恨诽谤。

【译文】

做官能够通达的，是处于中品的职位，前面有五十个人，后面有五十个人，就足够避免耻辱，也不用担心倾覆之危了。高过中品的官员，就应该谢绝、推辞，在家中安居。近来我升任黄门郎一职，已经可以收敛辞退了；不过因为当时我旅居他乡，担心别人会因此怨恨诽谤我，心里虽然有这个打算，但却始终没有机会实施。自从丧乱发生之后，我见过很多趁着此番形势，侥幸获得富贵的人，他们早上还手握大权，晚上却葬身坑谷，月初还快乐如卓氏、郑氏之类的富豪，月末却如颜回、原思这类贫士般悲苦，像这样的人并不止十个五个。一定要谨慎！一定要谨慎啊！

诫兵篇

【题解】

颜之推生逢乱世，深知兵祸之害，所以他告诫后世子孙，万不可以习武的方式来谋取官职，以求富贵。在他看来，但凡文人，只要熟读一些兵书，懂得一点用兵之道，便很容易走入不轨之路，拥兵作乱，给家族、自身带来灭顶之灾。所以他主张要修儒雅之业，远离武术，方可保全门户。

【原文】

颜氏之先，本乎邹、鲁[①]，或分入齐，世以儒雅为业，遍在书记[②]。仲尼门徒，升堂者七十有二，颜氏居八人焉[③]。秦、汉、魏、晋，下逮齐、梁，未有用兵以取达者。春秋世，颜高、颜鸣、颜息、颜羽之徒[④]，皆一斗夫耳[⑤]。齐有颜涿聚[⑥]，赵有颜冣[⑦]，汉末有颜良[⑧]，宋有颜延之[⑨]，并处将军之任，竟以颠覆。汉郎颜驷[⑩]，自称好武，更无事迹。颜忠以党楚王受诛[⑪]，颜俊以据武威见杀[⑫]，得姓已来，无清操者[⑬]，唯此二人，皆罹祸败。顷世乱离，衣冠之士[⑭]，虽无身手[⑮]，或聚徒众，违弃素业，

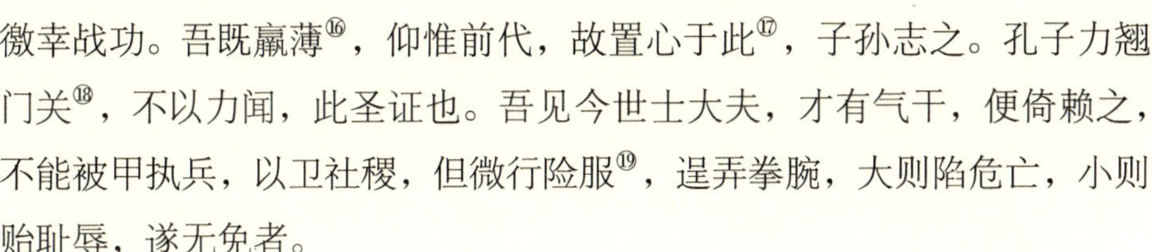

徼幸战功。吾既羸薄[16]，仰惟前代，故置心于此[17]，子孙志之。孔子力翘门关[18]，不以力闻，此圣证也。吾见今世士大夫，才有气干，便倚赖之，不能被甲执兵，以卫社稷，但微行险服[19]，逞弄拳腕，大则陷危亡，小则贻耻辱，遂无免者。

【注释】

①邹、鲁：都是春秋战国时期的诸侯国，位于今山东曲阜一带。

②书记：书籍，文章。

③居八人：居，占；八人，孔子的颜氏弟子有八个人：颜回、颜无繇、颜幸、颜高、颜祖、颜之仆、颜哙、颜何。

④颜高、颜鸣、颜息、颜羽：四人都是鲁国人，颜高和颜息擅长射箭，颜鸣、颜羽曾经率军和齐国作战。

⑤斗夫：武夫。

⑥颜涿聚：颜庚。《左传》记载："晋伐齐，战于黎丘，齐师败绩，亲禽颜庚。"

⑦颜冣（zuì）：《史记·赵世家》"幽缪王迁七年，秦人攻赵，赵大将李牧，将军司马尚将，击之。李牧诛，司马尚免，赵忽及齐将颜冣代之。赵忽军破，颜冣亡去。"

⑧颜良：袁绍手下大将，后被关羽所杀。

⑨颜延之：南朝宋临沂人，字延年。

⑩颜驷：汉代人，历经汉文帝、汉景帝、汉武帝三世。

⑪颜忠：汉人，曾经参与过楚王英的谋反，事情暴露后，被诛。

⑫颜俊：三国时期人。《三国志·魏书·刘司马梁张温贾传》："是时，武威颜俊、张掖和鸾、酒泉黄华、西平麹演等并举郡反，自号将军，更相攻击。俊遣使送母及子诣太祖为质，求助。太祖问既，既曰：'俊等外假国威，内生傲悖，计定势足，后即反耳。今方事定蜀，且宜两存而斗之，犹卞庄子刺虎，坐收其毙也。'太祖曰：'善。'岁余，鸾遂杀俊，武威王秘又杀鸾。"

⑬清操：高尚的操行。

⑭衣冠之士：士大夫。

⑮身手：武艺，勇力。

⑯羸薄：瘦弱。

⑰置：止息。

⑱翘门关：翘，举；门关，出入必经的国门、关门。

⑲微行：悄无声息地行动。

【译文】

颜氏的祖先，原本是在邹国、鲁国，有一些颜氏分支进入齐国，世代以儒雅之业为生，这些事情书籍中都有记载。孔子的徒弟中，有七十二个人的学问达到了精深的境界，其中颜氏一族占了八个。秦、汉、魏、晋，直到齐朝、梁朝，颜氏一族中从来没有出过因带兵打仗而通达的人。春秋时期的颜高、颜鸣、颜息、颜羽一类的人，都只是一介武夫而已。齐朝有颜涿聚，赵国有颜冣，汉朝末期有颜良，南朝宋时期有颜延之，他们都曾任将军一职，最后也都因此而覆败。汉朝做郎官的颜驷，自认为是个好武之人，却从未见他立过什么功绩。颜忠因为攀附楚王而受到诛杀，颜俊因为割据武威而受到诛杀，颜氏自从得到这个姓之后，没有高尚操行的，也只有这两个人，都死于祸败。近来世道混乱，一些士族和贵族子弟，虽然没有什么武艺，却聚集众人，违背了一贯从事的儒雅之业，想带着众人侥幸获得战功。我的身体单薄瘦弱，又想起了前代族人好兵引来的祸患，所以便把心力依然放在了读书上，子孙们也应该记住这一点。孔子的力气大得可以举起城门，但他却不以力大而闻名，这就是圣人给我们做的证明。我见现在世上的一些士大夫，稍有些强干的力气，便依赖于此，而且也不是用它来披甲上阵，以捍卫国家社稷，而是穿着武士的衣服却行诡秘之事，卖弄自己的拳脚。这样的人重则会让自己陷入危亡的境地，轻则会给自身带来耻辱，从未有一个人可以避免这种下场。

【原文】

国之兴亡，兵之胜败，博学所至，幸讨论之。入帷幄之中，参庙堂之上，不能为主尽规以谋社稷，君子所耻也。然而每见文士，颇读兵书，微有经略，若居承平之世，睥睨宫阃[①]，幸灾乐祸，首为逆乱，诖误善良[②]；如在兵革之时，构扇反覆[③]，纵横说诱，不识存亡，强相扶戴[④]：此皆陷身灭族之本也。诫之哉！诫之哉！

【注释】

①睥睨，阃（kǔn）：睥睨，窥视；阃，门槛，代指军事或者是政务。

②诖（guà）误：贻误，连累。

③构扇：挑拨煽动。

④扶戴：拥戴。

【译文】

国家兴亡，战争胜败这类问题，那些学识已经比较渊博的人，还可以议论一番。在军中能够运筹帷幄，在朝堂上也能够参与政事，如果无法尽力为君主出谋划策以保卫国家社稷，这在君子看来就是一种耻辱。然而我常看到一些文士，略读了几本兵书，稍懂得一些用兵之略。如若他们生活在太平盛世，就会蔑视朝廷，幸灾乐祸，甚者会带头发动叛乱，连累善良的百姓；如若他们生在乱世，那么就会挑拨煽动人们叛乱，四处游说、诱骗，无法识别存亡之机，相互扶持拥戴：这些都是招来灭族之灾的根本。一定要引以为戒！引以为戒！

【原文】

习五兵[①]，便乘骑，正可称武夫尔。今世士大夫，但不读书，即称武夫儿，乃饭囊酒瓮也。

【注释】

①五兵：五种兵器，后来便泛指兵器。

【译文】

熟习五种兵器，擅长骑马射箭，就可以称得上是武夫了。而今世上的士大夫，只要是不愿意读书，就自称为武夫，实际上他们就是一些酒囊饭袋而已。

养生篇

【题解】

本篇所谈的关乎养生之道。颜之推对养生之术的看法比较切合实际，从“爱养神明，调护气息，慎节起卧，均适寒暄，禁忌饮食，将饵药物”等方面入手，主张“不可不惜，不可苟惜”的生命态度，不可冒无谓之险，不可行贪婪之事，以此全身保性，避免祸患加身。

【原文】

神仙之事，未可全诬[①]；但性命在天，或难钟值[②]。人生居世，触途牵絷[③]；幼少之日，既有供养之勤；成立之年，便增妻孥之累。衣食资须，公私驱役；而望遁迹山林，超然尘滓，千万不遇一尔。加以金玉之费[④]，炉器所须，益非贫士所办。学如牛毛，成如麟角。华山之下，白骨如莽[⑤]，何有可遂之理[⑥]？考之内教[⑦]，纵使得仙，终当有死，不能出世，不愿汝曹专精于此。若其爱养神明，调护气息，慎节起卧，均适寒暄[⑧]，禁忌食饮，将饵药物[⑨]，遂其所禀[⑩]，不为夭折者，吾无间然[⑪]。诸药饵法，不废世务也。庾肩吾常服槐实[⑫]，年七十余，目看细字，须发犹黑。邺中朝士，有单服杏仁、枸杞、黄精、术、车前得益者甚多，不能一一说尔。吾尝患齿，摇动欲落，饮食热冷，皆苦疼痛。见《抱朴子》牢齿之法，早朝叩齿三百下为良；行之数日，即便平愈，今恒持之。此辈小术，无损于事，亦可修也。凡欲饵药，陶隐居《太清方》中总录甚备[⑬]，但须精审，不可轻脱。近有王爱州在邺学服松脂[⑭]，不得节度，肠塞而死，为药所误者其多。

【注释】

①诬：虚假。

②钟值：正好赶上。

③牵絷（zhí）：牵绊。

④金玉：指的是修炼仙丹所用的黄金、玉石、丹砂、云母等。

⑤白骨如莽：白骨积成堆，仿佛野草一般。

⑥遂：愿望达成。

⑦内教：佛教。

⑧寒暄：寒暖。

⑨饵：吃。

⑩禀：领受。

⑪无间：没有闲话可以说。

⑫庾肩吾：南朝梁代人。

⑬陶隐居：陶弘景，南朝齐梁人。

⑭松脂：《本草纲目》记载：“松脂，一名松膏，久服，轻身，不

老延年。”

【译文】

修道成仙这样的事，并不全是虚假的；不过人的寿命由天定，或许很难正好遇上这样的契机。人生在世，四处都有牵累羁绊；年少时，便有了供养父母的劳苦；成家立业之后，又添加了妻子儿女的拖累。要解决穿衣吃饭所需的费用，又要因为公事和私事而劳苦奔波；然而因此想要遁迹于山林，超然于世外的人，恐怕在千万人中都遇不上一个吧。再加上炼丹材料所需要的费用，炉器所需要的费用，更不是贫寒之士所能办到的。求道之人多如牛毛，而真正能够成仙的人却是凤毛麟角。华山脚下，白骨如野草一般堆积，哪里有可以实现愿望的道理？考察佛教里面的说法，即便是能够成仙，最后还会有一死，无法摆脱掉尘世的羁绊，我是不希望你们将精力花费在这件事情上的。如若你们爱护精神，调理保护气息，起居有节制，能够适应天气寒暖的变化，注重饮食禁忌，并结合药物养生，就能够如愿达到上天所赋予的寿命，不会中途夭折，如此一来我也就没有什么闲话可以说了。熟习各种药物的服用方法，不要因此而荒废了世务。庾肩吾经常服用槐树的果实，七十多岁的时候，眼睛还能够看到微小的字，头发胡须依然很黑。邺城中的朝官，也有单独服用杏仁、枸杞、黄精、白术、车前的，他们从中也得到了不小的益处，这里就无法一一叙说了。我曾经患有牙病，牙齿晃动要掉落，冷热饮食，都苦于牙齿的疼痛。我看到《抱朴子》一书中记载的牢固牙齿的方法，早上起来叩牙齿三百下可以得到很好的效果；我按照这个方法施行了几日，牙齿便痊愈了，到如今我都坚持这种固牙的方法。诸如这类的小方法，如若对别的事情没有什么妨碍，也都可以略微学学。凡是想要吃补药，陶隐居所著的《太清方》中就收录了很完备的药方，不过一定要懂得精心审察，不可轻率使用。近日有个叫王爱州的人在邺城学别人服用松脂，却没有节度，最后肠塞而死，像这种被药物所害的例子还有很多。

【原文】

夫养生者先须虑祸，全身保性，有此生然后养之，勿徒养其无生也。单豹养于内而丧外，张毅养于外而丧内[①]，前贤所戒也。嵇康著《养生》之论，而以傲物受刑；石崇冀服饵之征，而以贪溺取祸[②]，往世之所迷也。

【注释】

①单豹养于内而丧外，张毅养于外而丧内：出自《庄子·达生》："鲁有单豹者，岩居而水饮，不与民共利，行年七十而犹有婴儿之色。不幸遇饿虎，饿虎杀而食之。有张毅者，高门县簿，无不走也，行年四十而有内热之病以死。豹养其内而虎食其外，毅养其外为病攻其内。此二子者，皆不鞭其后者也。"又《淮南子·人间训》中："单豹倍世离俗，岩居谷饮，不衣丝麻，不食五谷，行年七十，犹有童子之颜色，卒而遇饥虎杀而食之。张毅好恭，遇宫室廊庙必趋，见门闾聚众必下，厮徒马圉，皆与伉礼。然不终其寿，内

热而死。豹养其内而虎食其外，毅养其外而病攻其内。”

②石崇冀服饵之征，而以贪溺取祸：石崇，西晋人，以掠夺过往客商致富。八王之乱时，石崇攀附齐王冏，后来被赵王伦所杀。

【译文】

养生的人一定要先考虑到祸患之事，先保全自身性命，有了性命才能够得以养生，不要白白保养那些根本不存在的、所谓长生不老的生命。单豹善于保养身心而最终却丧命于外界饥饿的老虎，张毅善于防备外患而最后却因身心疾病而死，这些都是前代贤人引以为戒的事情。嵇康著有《养生论》，但却因为傲慢无礼而遭杀身之祸；石崇希望通过服药的方式来延年益寿，却因为过于贪财好色而引来祸端，这都是前代中糊涂之人的例子。

【原文】

夫生不可不惜，不可苟惜[①]。涉险畏之途，干祸难之事，贪欲以伤生，谗慝而致死[②]，此君子之所惜哉！行诚孝而见贼[③]，履仁义而得罪，丧身以全家，泯躯而济国[④]，君子不咎也。自乱离已来，吾见名臣贤士，临难求生，终为不救，徒取窘辱，令人愤懑。侯景之乱，王公将相，多被戮辱，妃主姬妾，略无全者。唯吴郡太守张嵊[⑤]，建义不捷[⑥]，为贼所害，辞色不挠[⑦]；及鄱阳王世子谢夫人[⑧]，登屋诟怒，见射而毙。夫人，谢遵女也。何贤智操行若此之难？婢妾引决若此之易[⑨]？悲夫！

【注释】

①苟惜：用不正当的手段加以爱惜。

②慝（tè）：灾祸。

③诚孝：忠孝。颜之推为了避讳隋文帝杨坚的父亲杨忠的名讳所改的。

④泯躯：捐躯。

⑤张嵊（shèng）：南朝梁人。

⑥建义：召集义军，举起义旗。

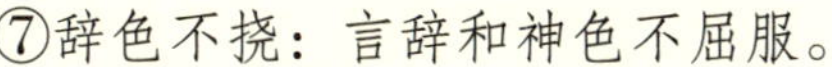

⑦辞色不挠：言辞和神色不屈服。

⑧世子：古代帝王、诸侯的嫡长子。

⑨引决：自裁。

【译文】

生命不可以不珍惜，也不可以采用不正当的手段来爱惜。走上艰险困难的道路，参与招致灾难祸患的事情，因为过度贪婪而伤害生命，做奸恶之事而导致死亡，在这些方面君子应当要珍惜自己的生命！做诚孝之事而惨遭陷害，行仁义之举又惹来罪过，最后君子只能放弃自己的生命以保全家人，捐躯以救济自己的国家，为这些事情而舍弃生命，君子是不会责怪的。自从叛乱以来，我见一些名臣贤士，在危难之中苟且偷生，最后却是求生不得，还白白遭受窘迫和耻辱，真是让人愤懑。侯景之乱，王侯将相，大多都惨遭杀戮侮辱，妃子、公主、姬妾，也几乎没有幸存的。只有吴郡太守张嵊，组织义军对抗侯景的反叛，最后失败被杀，一点都没有屈服；鄱阳王世子谢夫人，登上自家的屋顶怒骂叛贼，最后被叛贼用箭射死。谢夫人，是谢遵的女儿。为何那些贤能、智慧之人坚守操行就如此困难呢？侍婢、小妾自裁就义反倒这么容易？真是可悲啊。

归心篇

【题解】

归心，指的是归于佛心。在当时，佛教极为盛行，人们将佛教称之为内典，将儒教称之为外典。颜之推对于佛教是极为推崇的。在他看来，佛教的博大精深并非儒教能及，佛教、儒教虽为内外两教，但其中蕴含的道理却有相通之处。在此种思想影响下，他写下本篇，告诫后世子孙要克己从善，修身养性。

【原文】

三世之事[①]，信而有征，家世归心[②]，勿轻慢也。其间妙旨，具诸经论[③]，不复于此，少能赞述；但惧汝曹犹未牢固，略重劝诱尔。

【注释】

①三世：指因果轮回。佛教中经常提到的过去、现在和未来三世。

②归心：心悦诚服地归顺。这里的归心用于佛教。

③经论：佛教典籍。经、律、论为佛教的三藏，经为佛教自说，论是对经义的解释，律主要记录各戒规仪式。

【译文】

佛教所言的过去、现在和未来三世的事情，是可信而又应验过的，我们家世代都皈依佛教，不敢有一丝轻慢。佛教中精妙的意旨，都悉数记录在佛教的典籍中，我在这里就不多加叙述赞美了；我恐惧的只是你们对此的信念还不够牢固，所以再略微劝说诱导你们一下。

【原文】

原夫四尘五荫[①]，剖析形有[②]；六舟三驾[③]，运载群生：万行归空，千门入善[④]，辩才智惠，岂徒《七经》、百氏之博哉[⑤]？明非尧、舜、周、孔所及也。内外两教，本为一体，渐积为异，深浅不同。内典初门[⑥]，设五种禁[⑦]，外典仁、义、礼、智、信[⑧]，皆与之符。仁者，不杀之禁也；义者，不盗之禁也；礼者，不邪之禁也；智者，不酒之禁也；信者，不妄之禁也[⑨]。至如畋狩军旅，燕享刑罚，因民之性，不可卒除，就为之节，使不淫滥尔。归周、孔而背释宗[⑩]，何其迷也！

【注释】

①四尘五荫：四尘，佛教用语，指的是色、香、味、触；即五荫，佛教用语，即“五蕴”，色、受、想、行、识五者集合而成的身心。

②形有：有形的物体。

③六舟三驾：六舟，即六度，佛教用语，也是大乘佛教修行的主要内容，指的是从生死此岸到达涅槃彼岸的六种途径；三驾，即三乘，佛教以羊车喻声闻乘，以鹿车喻缘觉乘，以牛车喻菩萨乘。这三乘主要是为了引导众生达到解脱。

④千门：各种修行的法门。

⑤《七经》：儒家七种经典，《诗》《书》《礼》《乐》《春秋》《易》《论语》。

⑥内典：佛教徒将佛经称之为内典。

⑦五种禁：佛教五戒。

⑧外典：佛教徒将佛书之外的典籍称为外典。

⑨不妄：不说假话。

⑩释宗：佛教。佛教的创始人为释迦牟尼，所以人们有时也会将佛教称之为释宗、释教。

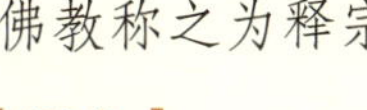

推究“四尘”“五蕴”的道理，剖析万事万物的奥秘；使用“六舟”“三驾”的方法修行，超度世间万物：佛教中的各种修行都是为了让众生归空，佛教中各种修行的法门也是为了让万物入善，有高明的辩才和智慧，又岂止只像儒家《七经》、诸子百家那样只有广博的学问呢？佛教境

界显然是尧、舜、周公、孔子之道所不能及的。佛教和儒教，原本是一体的，只是两者在悟道过程和方式上都有诸多的不同，而境界的深浅也不一样。佛学典籍的入门经学，设有五种禁戒，儒家典籍中强调的仁、义、礼、智、信，都与之相符。仁，是不杀戮的禁戒；义，是不偷盗的禁戒；礼，是不奸邪的禁戒；智，是不酗酒的禁戒；信，是不乱说谎话的禁戒。至于像狩猎、战争、宴饮、刑罚之类的，这些都是人类的本性，不可以全数除去，只能稍加节制罢了，让其不至于失去分寸。推崇周公、孔子而背离了佛教教义，这是多么糊涂啊。

【原文】

俗之谤者，大抵有五：其一，以世界外事及神化无方为迂诞也[①]；其二，以吉凶祸福或未报应为欺诳也；其三，以僧尼行业多不精纯为奸慝也；其四，以糜费金宝减耗课役为损国也[②]；其五，以纵有因缘如报善恶[③]，安能辛苦今日之甲，利益后世之乙乎？为异人也。今并释之于下云。

【注释】

①迂诞：迂阔荒诞，不合常理。

②课役：国家规定的所应征收的赋税。

③因缘：佛教用语，业报的原因、条件等。

【译文】

世人对佛教的诽谤，大抵分为五种：其一，认为佛教中所讲的世界之外的事情以及神灵变化无常的言论是比较迂阔荒诞的；其二，因为世间吉凶祸福之事没有得到相应的报应，便认为佛教中所讲述的因果报应是欺骗众生的；其三，因为僧尼之中也有一些不清白的人，所以认为佛门就是奸佞邪恶之地；其四，因为寺院耗费金钱财宝而僧尼又不服役、不交税，便认为佛教损害了国家的利益；其五，即便是有因缘报应，又如何能让今天辛苦劳作的甲，来为后世的乙谋取利益呢？这不是同一个人啊。现在我将对上述种种一一作出解释。

【原文】

释一曰：夫遥大之物，宁可度量？今人所知，莫若天地。天为积气，地为积块，日为阳精，月为阴精，星为万物之精，儒家所安也。星有坠落，乃为石矣；精若是石，不得有光，性又质重，何所系属？一星之径，大者百里[①]，一宿首尾[②]，相去数万；百里之物，数万相连，阔狭从斜，常不盈缩。又星与日月，形色同尔，但以大小为其等差；然而日月又当石也？石既牢密，乌兔焉容[③]？石在气中，岂能独运？日月星辰，若皆是气，气体轻浮，当与天合，往来环转，不得错违，其间迟疾，理宜一等；何故日月五星二十八宿[④]，各有度数，移动不均？宁当气坠，忽变为石？地既滓浊，法应沉厚，凿土得泉，乃浮水上；积水之下，复有何物？江河百谷，从何处生？东流到海，何为不溢？归塘尾闾[⑤]，渫何所到[⑥]？沃焦之石，何气所然？潮汐去还，谁所节度？天汉悬指[⑦]，那不散落？水性就下，何故上腾？天地初开，便有星宿；九州未划[⑧]，列国未分，翦疆区野[⑨]，若为躔次[⑩]？封建已来[⑪]，谁所制割？国有增减，星无进退，灾祥祸福，就中不差；乾象之大，列星之伙，何为分野[⑫]，止系中国？昴为旄头[⑬]，匈奴之次；西胡、东越[⑭]，雕题、交阯[⑮]，独弃之乎？以此而求，迄无了者，岂得以人事寻常，抑必宇宙外也？

【注释】

①一星之径，大者百里：卢文弨曰："徐历《长历》：'大星径百里，中星五十，小星三十，北斗七星间相去九千里，皆在日月下。'"

②宿：星宿。我国古时将某些星的结合体称之为宿。

③乌兔：古时神话中说日中有乌，月中有兔。《春秋元命苞》记载："阳数起于一，成于三，故日中有三足乌。月两设以蟾蜍与兔者，阴阳双居，明阳之制阴，阴之制阳。"

④五星：水、木、金、火、土五大行星。

⑤归塘：归墟。相传是海中的无底之谷，是众水的汇聚之处。《列子·汤问》："渤海之东，不知几亿万里，有大壑焉，实惟无底之谷，其

下无底，名曰归墟。”

⑥渫（xiè）：泄露。

⑦天汉：天河。

⑧九州：相传为我国中原上古行政区划。《尚书·禹贡》记载为冀、兖、青、徐、扬、荆、豫、梁、雍九州。

⑨区野：分野。指的是和星次相对应的地域。

⑩躔（chán）次：日月星辰在运行轨道上的位次。

⑪封建：封邦建国。古时帝王将爵位和土地分封给亲戚或者是有功之臣，他们在各自的封土上建立邦国。

⑫分野：王利器的《集解》中引用了毛奇龄的话：“分野即是分星。‘分野’二字，出自《周语》‘岁之所在，则我有周之分野’语。虽分星、分野两有其名，而皆不得其所分之法。大抵古人封国，上应天象。在天有十二辰，在地有十二州。上下相应，各有分属；则在天名分星，在地名分野，其实一也。”

⑬昴（mǎo）：二十八星宿之一。

⑭西胡、东越：西胡，古时对葱岭内外西域各族的统称；东越，古族名，古时越人的一支，相传是越王勾践的后裔。

⑮雕题、交阯：雕题，指的是古时候南方雕额纹身的部落；交阯，古地名，在五岭以南。

【译文】

解释第一种指责：极其遥远极其广大的事物，难道是可以测量的吗？现在人们所知晓的事物，没有比天和地更大更遥远的了。各种云气积聚成天，各种土块积聚为地，太阳为阳气的精华，月亮为阴气的精华，星星则是万物的精华，这是深受儒家影响的观点。星星有时会坠落，坠落在地就变成了石头；精气如若也是石头，那么就不会发出光芒，性质也会比较重，又是什么力量能够让它悬挂在天上呢？一颗星星的直径，大约有一百里，星宿首尾之间，则相距几万里；直径百里的事物，相距几万里而连接在一起，它们的宽阔狭小、排列纵横都具有常态的特征，不会有盈缩的变化。又因为星星和太阳、月亮之间，形状、颜色都非常相似，只是有大小的分别罢了；然而能够将太阳、月亮当作是石头吗？石头很是牢固紧密，那日中的三足乌和月中的兔子又如何生存于其中呢？石头浮在气体中，又岂能独自运行呢？日月星辰，如若都是气体，那么气体轻浮，就应该和天合而为一，往来的旋转运行，都不会相互交错，它们之间的运行速度，也理应一致；又为何太阳、月亮、金木水火土五星、二十八星宿，各有各的位置，运行的速度也大不相同呢？难道是气体下坠，忽然之间才变成石头的吗？大地既然承载了无数实物，按理是比较沉重的，可是深挖土地就能够得到泉水，这也就是说大地是漂浮在水面上的；积水之下，又会有什么事物呢？长江黄河以及众多河流，又是从什么地方发源的呢？向东流入大海，海水又为何不溢出来呢？海水在归塘、尾闾处泄水，这些水又泄到了什么地方？如果说沃焦之石烧掉了泄出来的海水，那么又是什么样的气体能够燃烧石头呢？潮汐的去来，又是谁来掌控的呢？悬挂在空中的天河，又为何不会掉下来呢？水的本质就是自高而低流淌，又为何会上升到天上呢？天地初开时，便已经有了星宿；那个时候还没有划分九州

地域，还没有分封诸侯列国，这些星宿划分疆界，又是谁为它们在轨道上安排的位次？诸侯分封建国以来，又是谁来掌管这些事情呢？国家有增有减，星辰的位置却没有发生任何的改变，灾祸祥福依然发生，没有任何的偏差；天象之大，星辰之多，又为何以星辰运行位置来划分诸侯列国的方法，只发生在中原呢？昴星被称之为旄头，它对应的是匈奴地区；西胡、东越、雕题、交阯这些地方，却被丢弃不管了吗？诸如这一类的事情，探索起来是没有尽头了，又岂能以平常的人事，来判断宇宙之外的茫茫天地呢？

【原文】

凡人之信，唯耳与目；耳目之外，咸致疑焉。儒家说天，自有数义：或浑或盖[①]，乍宣乍安[②]。斗极所周，管维所属[③]，若所亲见，不容不同；若所测量，宁足依据？何故信凡人之臆说，迷大圣之妙旨，而欲必无恒沙世界、微尘数劫也[④]？而邹衍亦有九州之谈[⑤]。山中人不信有鱼大如木，海上人不信有木大如鱼；汉武不信弦胶[⑥]，魏文不信火布[⑦]；胡人见锦，不信有虫食树吐丝所成；昔在江南，不信有千人毡帐，及来河北，不信有二万斛船：皆实验也。

【注释】

①浑，盖：浑，浑天说，古时的一种宇宙论，认为天的形状浑圆，好像一颗弹丸；盖，盖天说，这个学说刚开始认为天的形状好比一把张开的伞，大地好比棋盘的形状；后来又变成天的形状像斗笠，大地像覆着的盘。

②宣，安：宣，宣夜说，认为宇宙是由无形的气体构成的，而天则没有形质，日月星辰都漂浮在虚空之中；安，《安天论》，是汉代会稽虞喜根据宣夜说写成的。

③管维：斗枢。

④恒沙，微尘：恒沙，数量极多，不可估量；微尘，极其细微的物质。

⑤邹衍：战国时期齐国人，阴阳家的代表人物。

⑥弦胶：续弦胶。相传，西海中有凤麟洲，仙家将凤喙以及麟角合煎作胶，为续弦胶。

⑦火布：火浣布。

【译文】

普通人相信的，只是耳朵听到的和眼睛看到的；耳闻眼见之外，都会招致他们的怀疑。儒家对于天的看法，一共有几种：有的是浑天说，有的是盖天说，有的是宣夜说，有的是《安天论》。北斗星围绕北极星运转，是以斗枢为转轴的，如若这些都可以亲眼所见，那么就不会出现这么多不同的看法；如若这些说法都是推测度量，哪一种说法才能够作为凭据呢？又为何相信普通人的假想猜测，而怀疑释迦牟尼的精妙旨意呢？又为何不相信真的有如恒河中的沙子那般多的世界，微小的尘土也会经历数次的劫难呢？并且邹衍也认同中国之外还有九州的说法。住在山里的人不相信有像树木那样大的鱼，位于海边的人也不相信有鱼那般大的树木；汉武帝不相信续弦胶的存在，魏文帝也不相信有火浣布的存在；胡人看见了锦，不相信这是由吃桑叶的蚕虫吐丝而成的；昔日我在江南的时候，也不相信会有容括千人的毡帐，等到了黄河以北的地区，发现这里的人不相信有可容纳二万斛的大船：上述所说的事情都是得到真实验证过的。

【原文】

世有祝师及诸幻术[①]，犹能履火蹈刃，种瓜移井，倏忽之间，十变五化[②]。人力所为，尚能如此；何况神通感应，不可思量，千里宝幢[③]，百由旬座[④]，化成净土[⑤]，踊出妙塔乎[⑥]？

【注释】

①祝师：祭祀时，能够祝告鬼神的巫师。

②犹能履火蹈刃，种瓜移井，倏忽之间，十变五化：《列子·周穆王篇》、张衡《西京赋》《搜神记》《汉书·张衡传》等都记载了很多的幻

术。《抱朴子·对俗》："变形易貌，吞刀吐火。"又说："瓜果结实于须臾，鱼龙瀺灂于盘盂。"这些幻术在秦汉魏晋南北朝时期都很盛行。

③宝幢：经幢。刻有佛号或者是经咒的石柱。

④由旬：古印度计程单位。一由旬，古时有八十里、六十里、四十里等说法。

⑤净土：佛教用语，代指庄严洁净。

⑥踊出妙塔：《妙法莲花经见宝塔品》第十一云："尔时，佛前有七宝塔，高五百由旬，纵广二百五十由旬，从地涌出，住在空中，种种宝物而庄校之。"

【译文】

世间有巫师以及知晓各种幻术的人，能够从火焰中穿过、在刀刃上行走，能够使刚种下的瓜果立即成熟，可以移动井口，在突然之间，能够有千万种变化。人力所能做到的，尚且可以这样，更何况是神通感应的力量，那就无可估量了，高达千里的经幢，宽达几千里的莲花宝座，庄严洁净的极乐世界，以及从地上涌出来的宝塔，这些不都是瞬间能够办到的事情吗？

【原文】

释二曰：夫信谤之征，有如影响①；耳闻目见，其事已多，或乃精诚不深，业缘未感②，时傥差阑③，终当获报耳。善恶之行，祸福所归。九流百氏④，皆同此论，岂独释典为虚妄乎？项橐、颜回之短折⑤，伯夷、原宪之冻馁⑥，盗跖、庄蹻之福寿⑦，齐景、桓魋之富强⑧，若引之先业，冀以后生，更为通耳。如以行善而偶钟祸报，为恶而傥值福征，便生怨尤，即为欺诡⑨；则亦尧、舜之云虚，周、孔之不实也，又欲安所依信而立身乎？

【注释】

①影响：影子和回声。《尚书·大禹谟》："惠迪吉，从逆凶，惟影响。"

②业缘：佛教用语，认为苦乐都是业力而起，所以称为“业缘”。

③差阑：较晚。

④九流：战国时期的九个学术流派：儒家，道家，法家，名家，墨家，纵横家，阴阳家，杂家，农家。

⑤项橐（tuó）：春秋时期神童。《战国策·秦策》：“甘罗曰：‘项橐生七岁而为孔子师。’”

⑥原宪：春秋时期人，孔子的弟子。

⑦盗跖：春秋时期柳下惠的弟弟为大盗，人们称其为“盗跖”。《史记·伯夷列传》：“盗跖日杀不辜，肝人之肉，暴戾恣睢，聚党数千人横行天下，竟以寿终。”

⑧齐景、桓魋（tuí）：齐景，齐景公；桓魋，春秋时期宋司马向魋，因为他是宋桓公的后人，所以又称为“桓魋”。

⑨欺诡：欺诈。

【译文】

对于第二个质疑的解释：我相信你们所指责的因果报应之说，这就好比影子伴着形体、回声伴着声音一样；耳闻目见，这类的事情已经很多了，有些没有应验，或许是因为当事人的精诚还不够深厚，业缘无法发生感应，报应来得比较晚罢了，但最终还是会来的。行为的善恶，决定了福祸的到来。九流百家，都认同这样的观点，难道唯独佛教典籍是骗人的吗？项橐、颜回寿命较短，伯夷、原宪忍饥挨冻，盗跖、庄蹻得以善终，齐景、桓魋富贵强大，如果将他们现在所得的看作是他们的前代功绩或者是恶行，并报应在了他们后辈人身上，这样道理就可以讲得通了。如若一个人行善事却偶然蒙受了祸患，一个人行恶事却意外得到了福祉，这样一来就心生怨恨，将因果报应看作是欺诈之语；这就好比斥责尧、舜的事迹都是虚假的，周公、孔子的事迹都是不实的，如若这样又该以怎样的信念来立身处世呢？

【原文】

释三曰："开辟已来[①]，不善人多而善人少，何由悉责其精洁乎[②]？见有名僧高行，弃而不说；若睹凡僧流俗，便生非毁。且学者之不勤，岂教者之为过？俗僧之学经律，何异士人之学《诗》《礼》？以《诗》《礼》之教，格朝廷之人[③]，略无全行者；以经律之禁，格出家之辈，而独责无犯哉？且阙行之臣[④]，犹求禄位；毁禁之侣，何惭供养乎？其于戒行，自当有犯。一披法服[⑤]，已堕僧数，岁中所计，斋讲诵持[⑥]。比诸白衣[⑦]，犹不啻山海也。"

【注释】

①开辟：开天辟地。古时有盘古开天辟地的神话传说。

②精洁：精粹纯洁。

③格：度量。

④阙行：道德修养上有过失。

⑤法服：僧人、道人所穿的法衣。

⑥斋讲：宣讲佛法的集会。

⑦白衣：世俗之人。

【译文】

对于第三点质疑的解释："开天辟地以来，不善良的人多而善良的人少，这又怎能要求僧尼都是清白之身呢？看到了名僧一些高尚的道德行为，人们放置一旁不言语；而看到了凡俗僧尼道德败坏的事情，人们便开始指责非议。更何况求学的人不勤奋，难道是教学之人的过错吗？世俗僧尼学习经、律，和世人学习《诗经》《礼记》有什么不同呢？以《诗经》《礼记》中的标准，来度量朝中之臣，几乎就没有合格的人；以经、律的禁戒来衡量出家人，岂能唯独要求他们不犯一点过错呢？更何况道德上有过错的大臣，依然享受着俸禄和官位；触犯禁戒的僧尼，又何必羞于接受供养呢？对于那些规定了的戒律，人们都难以避免犯错。一旦穿上了法衣，便加入了僧尼的队伍，一年之中所做的事情，就是吃斋念佛。和那些世俗之人相比，在德行高低上，就不只是高山和深海的差别了。”

【原文】

释四曰：内教多途，出家自是其一法耳。若能诚孝在心，仁惠为本，须达、流水[①]，不必剃落须发；岂令罄井田而起塔庙，穷编户以为僧尼也[②]？皆由为政不能节之，遂使非法之寺，妨民稼穑，无业之僧，空国赋算，非大觉之本旨也[③]。抑又论之：求道者，身计也；惜费者，国谋也。身计国谋，不可两遂。诚臣徇主而弃亲，孝子安家而忘国，各有行也。儒有不屈王侯高尚其事，隐有让王辞相避世山林；安可计其赋役，以为罪人？若能偕化黔首[④]，悉入道场[⑤]，如妙乐之世[⑥]，穰佉之国[⑦]，则有自然稻米，无尽宝藏，安求田蚕之利乎[⑧]？

【注释】

①须达、流水：须达，又称“须达多”，古印度时期的富商，是释迦牟尼的施主之一，号称给孤独，后来皈依佛门；流水，流水长者。

②编户：编入户籍的，需要向国家缴纳赋税的百姓。

③大觉：佛教用语，代指佛教。

④黔首：古时将平民称为黔首。

⑤道场：做佛事的地方。

⑥妙乐：古时西印度的国名。

⑦禳佉（ráng qū）：印度神话中的国王名，也就是转轮王。

⑧田蚕：泛指农桑。

【译文】

对第四点质疑的解释：佛教修行的途径有很多种，出家只是其中的一种方法。如若存有诚孝之心，能够以仁慈施惠为立身根本，像须达、流水这两位长者一样，那就不需要剃发出家；又岂能让田地全部都变成塔庙，让百姓都出家为僧尼呢？这些都是因为执政者无法更好地节制佛事，才让那些不遵守法纪的寺庙，妨碍了百姓的农事，那些没有德行的僧人，白白享受着国家的赋税，这些都不是佛教的原本旨意。不过我还要强调一下：信奉佛教，这只是个人的事情；珍惜费用，这是国家的谋略。个人计划和国家的谋略，无法两全。忠诚的大臣服侍君主而放弃了赡养双亲的责任，孝顺的儿子安定家庭而忽略了对国家的责任，这只是各人有各人的行为准则罢了。儒家中有不屈服王侯将相而以高尚操行立身的人，隐士中有推辞相位而隐居山林的人；这样又如何计算他们的赋税徭役，并将他们看作是逃避赋税徭役的罪人呢？如若能够感化所有的百姓，让他们全部遁入佛门，前往极乐世界、禳佉之国，这样就会有自然生长的稻米，有无穷无尽的宝藏，哪还用再追求种田养蚕的利益呢？

【原文】

释五曰：形体虽死，精神犹存。人生在世，望于后身似不相属[①]；及其殁后[②]，则与前身似犹老少朝夕耳。世有魂神，示现梦想[③]，或降童妾，或感妻孥，求索饮食，征须福祐[④]，亦为不少矣。今人贫贱疾苦，莫不怨尤前世不修功业。以此而论，安可不为之作地乎[⑤]？夫有子孙，自是天地间一苍生耳，何预身事？而乃爱护，遗其基址[⑥]。况于己之神爽[⑦]，顿欲弃之哉？凡夫蒙蔽，不见未来，故言彼生与今非一体耳；若有天眼[⑧]，鉴其念念随灭，生生不断，岂可不怖畏邪[⑨]？又君子处世，贵能克己复礼[⑩]，济时益物。治家者欲一家之庆，治国者欲一国之良，仆妾臣民，与身竟何亲也，而为勤苦修德乎？亦是尧、舜、周、孔虚失愉乐耳。一人修道，济度几许苍生？免脱几身罪累？幸熟思之！汝曹若观俗计，树立门户，不弃妻子，未能出家；但当兼修戒行，留心诵读，以为来世津梁。人生难得，无虚过也。

【注释】

①后身：佛教认为，人死后会转世轮回，故有前身后身之说。

②殁（mò）：死。

③示现梦想：灵魂出现在生者的梦里，即托梦。

④福祐：保佑。

⑤作地：留有余地。

⑥基址：建筑物的地基，指事业的基础。

⑦神爽：神魂和心神。

⑧天眼：佛教五眼之一，也是天趣之眼，可以透视六道、远近、前后、上下、内外以及未来等。

⑨怖畏：恐惧。

⑩克己复礼：自我约束，使自己的行为举止合乎礼仪。出自《论语·颜渊》："颜渊问仁。子曰：'克己复礼为仁。一日克己复礼，天下归仁焉。为仁由己，而由人乎哉？'颜渊曰：'请问其目。'子曰：'非礼勿

视，非礼勿听，非礼勿言，非礼勿动。’颜渊曰：‘回虽不敏，请事斯语矣！’”

【译文】

对于第五点质疑的解释：人的形体虽然死了，但是精神却依然存在。人生在世，想想自己的后身，似乎是一件不相干的事；等到人死之后，才发现前身后身的关系，犹如老少、朝夕的关系一般。世间有些死者的灵魂，会出现在生者的梦中，或者出现在僮仆、侍妾的梦中，或者出现妻子、儿女的梦中，有的向他们索要食物，有的向他们祈求福佑，这样的事情并不少。而如今生活贫苦低贱的人，没有不埋怨前世没有修好德行的。从这一点来看，前身又怎能不为后身留有余地呢？至于人的子孙，也只是天地间的一个平凡人而已，跟我们自身又有什么关系？但即便这样，我们也会对他们加以爱护，给他们留下基业。又何况是自己的灵魂，难道要对它们弃之不顾吗？凡夫俗子蒙蔽无知，没有办法预知未来，所以他们经常说来生和此生并不是一体的；如若人们有洞察万物的天趣之眼，就能够亲自鉴证心念随生随灭，生生死死不断轮回，难道他们不会恐惧吗？再说君子处世，最可贵的便是克己复礼，济时益物。治家的人想要一家人都安定幸福，治国的人想要一个国家发达兴旺。仆人、妾侍、大臣、百姓，和我们自身又有什么关系，却需要我们为之操劳辛苦、勤修德行？这也和尧帝、舜帝、周公、孔子一样，为了他人的幸福而牺牲了自己的快乐。一个人修道，能够超度多少个人？又能够免去多少人的罪责？这个问题一定要好好思虑。你们如若顾及到在俗世的生计，要树立门户，无法舍弃妻儿，无法出家为僧；但一定要记住修养德行、遵守戒律，留意诵读经书，以此争取来世的幸福。人生宝贵，不要虚度啊。

【原文】

儒家君子，尚离庖厨，见其生不忍其死，闻其声不食其肉[①]。高柴、折像[②]，未知内教，皆能不杀，此乃仁者自然用心。含生之徒[③]，莫不爱命；去杀之事，必勉行之。好杀之人，临死报验，子孙殃祸，其数甚多，

不能悉录耳，且示数条于末。

【注释】

①儒家君子，尚离庖厨，见其生不忍其死，闻其声不食其肉：《孟子·梁惠王上》："君子之于禽兽也，见其生，不忍见其死；闻其声，不忍食其肉。是以君子远庖厨也。"庖厨，厨房。

②高柴、折像：高柴，春秋时期人，孔子的弟子，《孔子家语·弟子行》："自见孔子，出入于户，未尝越礼；往来过之，足不履影；启蛰不杀，方长不折；执亲之丧，未尝见齿。是高柴之行也。"折像，东汉时期人，字伯式，《后汉书·方术列传》："像幼有仁心，不杀昆虫，不折萌芽。"

③含生：所有的生命。

【译文】

儒家君子，尚且要远离厨房，看到活的东西而不忍心杀掉它们，听到它们被杀时的声音而不忍心食用它们的肉。高柴、折像这两个人，虽然不知道佛教的教义，但却都不杀生，这是仁者天生的本性。所有的生灵，没有不爱惜自身生命的；对于杀生的事情，应尽力避开。那些喜好杀生的人，临死前会遭到报应，子孙也都跟着遭殃，这样的例子有很多，不能一一叙述了，姑且在末尾处稍加列举几个。

【原文】

梁世有人，常以鸡卵白和沐[①]，云使发光，每沐辄二三十枚。临死，发中但闻啾啾数千鸡雏声。

【注释】

①鸡卵：鸡蛋。

【译文】

梁朝有一个人，经常使用鸡蛋白洗头发，说这样可以让头发有光泽，每洗一次头发需要用掉二三十枚鸡蛋。临死前，他听到头发里传出几千只小鸡"啾啾"叫的声音。

【原文】

江陵刘氏，以卖鳝羹为业①。后生一儿头是鳝，自颈以下，方为人耳。

【注释】

①鳝：形状像蛇，生活在水中的泥洞里。

【译文】

江陵地区有一个姓刘的人，以卖鳝鱼羹为生。后来生了一个小孩，头部长得像鳝鱼，从颈部之下，才像是人类。

【原文】

王克为永嘉郡守①，有人饷羊②，集宾欲宴。而羊绳解，来投一客，先跪两拜，便入衣中。此客竟不言之，固无救请。须臾，宰羊为羹，先行至客。一脔入口，便下皮内，周行遍体③，痛楚号叫，方复说之。遂作羊鸣而死。

【注释】

①王克：南朝梁人，官拜尚书仆射。

②饷：赠送。

③周行：循环运行。

【译文】

王克任职永嘉郡守时，有人赠给他一只羊，于是他便摆设筵席、邀请了众多宾客。这只羊挣开了绳子，来到一个宾客的面前，先是朝他跪下拜了两拜，后来便钻进这个宾客的衣服里。这位宾客竟然没有说到这件事情，也没有为了这只羊而向主人求情。不一会儿，这只羊便被宰杀并做成了肉汤，先行送到了这位宾客的面前。这个人刚吃了一口，便感觉这块肉窜进自己的皮肉内，在体内循环运行，痛得他哀号哭喊，这才说到了刚才的事情。最后这个人发出一声羊鸣后就死了。

【原文】

梁孝元在江州时，有人为望蔡县令，经刘敬躬乱[①]，县廨被焚[②]，寄寺而住。民将牛酒作礼，县令以牛系刹柱[③]，屏除形象，铺设床坐，于堂上接宾。未杀之顷，牛解，径来至阶而拜，县令大笑，命左右宰之。饮啖醉饱，便卧檐下。稍醒而觉体痒，爬搔隐疹[④]，因尔成癞，十许年死。

【注释】

①刘敬躬乱：梁武帝大同八年，刘敬躬起兵造反。

②廨（xiè）：官舍。

③刹柱：佛教用语，指寺庙前的幡竿。

④隐疹：皮肤上起的小疙瘩。

【译文】

梁孝元帝在江州的时候，有个人在望蔡县做县令，经历了刘敬躬之乱，县衙被焚烧殆尽，只能借住在一家寺庙里。百姓以牛和酒当作礼物送给他，他将牛系在寺庙前的幡竿上，搬出佛像，铺设好自己的床位坐席，便在佛堂上招待起客人来。牛将要被宰杀的时候，突然挣脱了绳子，径直来到台阶前给县令下跪，县令见此情景大笑不止，但最后还是让左右的人将牛宰杀了。县令酒足饭饱之后，便卧在檐下休息。睡醒之后，县令感到体内发痒，抓挠后身上又起了小疙瘩，县令也因此生了恶疮，十几年后就去世了。

【原文】

杨思达为西阳郡守[①]，值侯景乱，时复旱俭，饥民盗田中麦。思达遣一部曲守视[②]，所得盗者，辄截手腕，凡戮十余人。部曲后生一男，自然无手。

【注释】

①西阳：郡名，今湖北黄冈东。

②部曲：部属。

【译文】

杨思达任职西阳郡守时，恰逢侯景之乱，又赶上旱灾，饥饿的百姓只能去偷窃官府田地里的麦子。杨思达派遣一个部属在田边守卫监视，抓住偷麦子的人，就将他们的手腕砍掉，这样总共砍了十多个人。这个部属后来生了一个儿子，生下来就没有手。

【原文】

齐有一奉朝请[①]，家甚豪侈，非手杀牛，啖之不美。年三十许，病笃[②]，大见牛来，举体如被刀刺，叫呼而终。

【注释】

①奉朝请：官名。古时候，诸侯春季朝见天子时称为朝，秋季朝见天子时称为请，统称为春朝秋请。汉朝时期，对于隐退的大臣、外戚，大多都会以奉朝请的名义，让他们参与朝会。南朝宋之后，便以奉朝请来安顿闲散的官员。

②病笃：病势加重。

【译文】

齐朝有一个奉朝请，家里很是奢华，不亲自杀牛，就觉得吃起来不美味。他三十多岁的时候，得了重病，看见一大群牛朝着他跑过来，只觉全身如刀割一般疼痛难忍，最后呼叫一声死去。

【原文】

江陵高伟，随吾入齐，凡数年，向幽州淀中捕鱼[①]。后病，每见群鱼啮之而死。

【注释】

①幽州淀：王利器《集解》："北方亭水之地，皆谓之淀。此幽州淀，疑即今赵北口地。"

【译文】

江陵人高伟，和我一起来到齐国，这几年来，一直在幽州的湖中捕鱼。后来得了病，经常看到一群鱼过来咬他，最终因此而死。

【原文】

世有痴人，不识仁义，不知富贵并由天命。为子娶妇，恨其生资不足[①]，倚作舅姑之尊[②]，蛇虺其性，毒口加诬，不识忌讳，骂辱妇之父母，却成教妇不孝己身，不顾他恨。但怜己之子女，不爱己之儿妇。如此之人，阴纪其过[③]，鬼夺其算[④]。慎不可与为邻，何况交结乎？避之哉！

【注释】

①生资：嫁妆。

②舅姑：公婆。

③阴：阴曹地府。

④算：寿命。

【译文】

世间有一些痴傻之人，不懂得仁义，不懂得富贵由天命的道理。为儿子娶媳妇，只埋怨女方的嫁妆不多，倚仗着自身公婆的身份，暴露出如毒蛇般的秉性，对儿媳百般辱骂诬陷，一点都不知道忌讳，有时甚至会辱骂儿媳的父母，最终却教会了儿媳不孝顺公婆，也不顾及她心中的怨恨。只知道疼爱自己的子女，却不懂得爱护自己的儿媳。这一类的人，阴曹地府都会将他们的罪过记录下来，恶鬼也会夺去他们的寿命。你们一定要慎重，和他们做邻居都不可以，更何况是结交呢？一定要懂得躲避啊！

卷六

书证篇

【题解】

书证篇，主要是对文字、经史、训诂、文章的专论，内容丰富，学术价值很高。颜之推对于文字的态度比较开明，在他看来，文字本身是可以随着时代的变化而变化的，所以他主张从正和随俗相结合。在进行学术专论时，可以参考正本《说文解字》；而对于世俗文章，则可以采用通行字体。颜之推创作书证篇的目的，便是要告诫子孙，读书面要广，研究学问要精深，要养成三思而后定的习惯，不可草率对待文章书目。

【原文】

《诗》云："参差荇菜[①]。"《尔雅》云："荇，接余也。"字或为"莕"。先儒解释皆云："水草，圆叶细茎，随水浅深。今是水悉有之，黄花似莼，江南俗亦呼为‘猪莼’，或呼为‘荇菜’。”刘芳具有注释。而河北俗人多不识之，博士皆以参差者是苋菜[2]，呼“人苋”为“人荇”[3]，亦可笑之甚。

【注释】

①荇（xìng）菜：一种浅水性植物。

②苋菜：草本植物。

③人苋：《本草图经》：“苋有六种：有人苋，赤苋，白苋，紫苋，马苋，五色苋。入药者人、白二苋，其实一也，但人苋小而白苋大耳。”

【译文】

《诗经》上说：“参差荇菜。”《尔雅》记载：“荇，是接余。”有时会将这个字写成“莕”。以前的学者都解释说：“荇是水草的一种，叶子圆茎细，随着水流而深浅沉浮。而今只要是有水的地方都长有荇菜，开黄花的像莼菜，江南地区的人们也将其称为‘猪莼’，有些人也称之为‘荇菜’。”刘芳对此有着比较详细的注释。而黄河以北地区的人大多都不认识荇菜，一些有学识的人也将荇菜称为“苋菜”，将“人苋”称为“人荇”，这真是太可笑了。

【原文】

《诗》云：“谁谓荼苦[1]？”《尔雅》《毛诗传》并以荼，苦菜也。又《礼》云：“苦菜秀[2]。”案：《易统通卦验玄图》曰[3]：“苦菜生于寒秋，更冬历春，得夏乃成。”今中原苦菜则如此也。一名游冬[4]，叶似苦苣而细，摘断有白汁，花黄似菊。江南别有苦菜，叶似酸浆[5]，其花或紫或白，子大如珠，熟时或赤或黑，此菜可以释劳[6]。案：郭璞注《尔雅》[7]，此乃“蘵，黄蒢”也[8]。今河北谓之“龙葵”[9]。梁世讲《礼》者，以此当苦菜；既无宿根[10]，至春子方生耳，亦大误也。又高诱注《吕氏春秋》曰[11]：“荣而不实曰英[12]。”苦菜当言英，益知非龙葵也。

【注释】

①荼：苦菜。出自《诗经·邶风·谷风》：“谁谓荼苦，其甘如荠。”

②苦菜秀：出自《礼记·月令》："孟夏之月，苦菜秀。"秀，植物开花。

③《易统通卦验玄图》：《隋书·经籍志》记载《易通统卦验玄图》一卷，编撰人不详。应为此书。

④游冬：《广雅·释草》："游冬，苦菜也。"

⑤酸浆：草名。《尔雅·释草》："今酸浆草，江东呼曰苦葴。"

⑥释劳：消除疲劳。

⑦郭璞：晋代人，好经术。

⑧蘵（zhī），黄蒢（chú）：蘵，草名，也就是龙葵；黄蒢，草名，叶子好像酸浆，花瓣较小而且白，花心为黄色。

⑨龙葵：草本植物，夏秋开白花，结浆果。

⑩宿根：二年生或者是多年生的草本植物的根，这些植物的根茎枯萎之后，能够继续生存，第二年春天再重新发芽，所以称之为宿根。

⑪高诱：汉末时期人，曾经注解过《吕氏春秋》。

⑫英：植物只开花不结果。

【译文】

《诗经》上说："谁谓荼苦?"《尔雅》《毛诗传》中都将荼认作是苦菜。此外，《礼记》中记载："苦菜秀。"根据考证：《易统通卦验玄图》记载："苦菜生于寒秋时节，经过了冬天和春天，到了夏季才算长成。"而今中原地区的苦菜也是这样的。苦菜还有另一个名字叫"游冬"，叶子和苦苣比较相似但要比苦苣细，茎部折断后会有白色的汁水流出，开黄花，好像菊花一样。江南地区还有另一种苦菜，叶子好似酸浆，花朵是紫色或者是白色，果实像珠子一般大，成熟之后是红色或是黑色，这种菜吃了可以消除疲劳。根据考证：郭璞注解的《尔雅》，认为这才是"蘵"，也就是"黄蒢"。而今黄河以北地区的人将其称为"龙葵"。梁朝时期讲解《礼记》的人，将其当作苦菜；但这种植物既没有可以留存的宿根，又是到春天才生根发芽，将其认作苦菜真是一大错误啊。另外高

诱在注解《吕氏春秋》时说："植物开花而不结果称为'英'。"所以苦菜应该称为"英"，更说明它并不是龙葵。

【原文】

《诗》云："有杕之杜[①]。"江南本并"木"傍施"大"[②]，《传》曰："杕，独貌也。"徐仙民音徒计反[③]。《说文》曰："杕，树貌也。"在"木"部。《韵集》音"次第"之"第"[④]，而河北本皆为"夷狄"之"狄"[⑤]，读亦如字[⑥]，此大误也。

【注释】

①杕（dì）：树木孤独挺立的样子。

②本：书籍的版本。

③徐仙民：晋代人徐邈。

④《韵集》：《隋书·经籍志》记载："《韵集》六卷，晋安复令吕静撰。"

⑤河北本：指的是黄河以北地区流行的《诗经》版本。

⑥如字：一个字有两个或者两个以上的读音，依本音读叫"如字"。

【译文】

《诗经》中记载："有杕之杜。"江南地区流行的版本中，"杕"都是"木"字旁加一个"大"字，《毛诗传》中记载："杕，独貌也。"徐邈注音为徒计反。《说文解字》中记载："杕，树貌也。"字在"木"部。《韵集》中注音为"次第"的"第"，而黄河以北流行的《诗经》版本中，都注音为"夷狄"的"狄"，读音也和"狄"字的本音相同，这是一个大错误了。

【原文】

《诗》云："駉駉牡马[①]。"江南书皆作"牝牡"之"牡"[②]，河北本悉为"放牧"之"牧"。邺下博士见难云："《駉颂》既美僖公牧于坰野之事[③]，何限騲骘乎[④]？"余答曰："案：《毛传》云：'駉駉，良马腹干肥

张也[5]。’其下又云：‘诸侯六闲四种[6]：有良马，戎马，田马，驽马。’若作放牧之意，通于牝牡，则不容限在良马独得駉駉之称。良马，天子以驾玉辂[7]，诸侯以充朝聘郊祀[8]，必无騲也。《周礼·圉人职》：‘良马，匹一人[9]。驽马，丽一人[10]。’圉人所养[11]，亦非騲也；颂人举其强骏者言之，于义为得也。《易》曰：‘良马逐逐[12]。’《左传》云：‘以其良马二。’亦精骏之称，非通语也。今以《诗传》良马，通于牧騲，恐失毛生之意[13]，且不见刘芳《义证》乎[14]？”

【注释】

①駉駉牡（jiōng jiōng mǔ）马：駉駉，马匹肥壮的样子；牡马，公马。

②牝（pìn）牡：鸟兽的雌性和雄性。

③僖公，坰（jiōng）：僖公，鲁僖公；坰，郊外。

④騲骘（cǎo zhì）：騲，母马；骘，公马。

⑤干：人、动植物躯体的主干。

⑥六闲：闲，马厩。《周礼·夏官·校人》：“天子十有二闲，马六种；邦国六闲，马四种；家四闲，马二种。”

⑦玉辂（lù）：古时帝王所乘坐的马车。

⑧朝聘：古时候诸侯亲自或者是派遣使臣定期朝见天子。

⑨匹一人：每一匹良马都由一个人负责。

⑩丽一人：一个人饲养两匹驽马。丽，偶，成对。

⑪圉（yǔ）人：养马的人。

⑫逐逐：快速奔跑的样子。

⑬毛生：毛公，曾为《诗经》作传。

⑭《义证》：刘芳撰写的《毛诗笺音义证》。

【译文】

《诗经》上说："駉駉牡马。"江南地区的书籍都写作"牝牡"的"牡"，黄河以北地区则都写为"放牧"的"牧"。邺城的学士对此责难道："《駉颂》既然是赞颂鲁僖公在郊外放牧的事情，又为何要局限公马、母马呢？"我回答说："根据考证：《毛诗传》中记载：'駉駉，表示良马躯体肥壮的意思。'接下来又说：'周朝诸侯有六个马厩，四种马：有良马，有战马，有专门打猎的马，有劣马。'如若解释成放牧的意思，那么公马、母马便都包括了，而无法限定只有良马才能够得到'駉駉'的美称。良马，是给天子驾车的，诸侯也会用它来参加朝见天子、郊外祭祀等，由此看来它指的一定不是母马。《周礼·圉人职》记载：'良马，每一匹需要一个人负责饲养。劣马，每两匹需要一个人饲养。'牧马人所养的马，也不是母马；作颂的人以良马的强壮来赞誉鲁僖公，从意义上来说是可以的。《易》中说：'良马快速奔跑。'《左传》中记载：'以其良马二。'说的也是良马肥壮俊美，这并不是对所有马的通用语。而今人认为《毛诗传》中的良马，指的是公马和母马，这恐怕违背了毛公的本意，难道没有看过刘芳编撰的《义证》吗？"

【原文】

《月令》云①："荔挺出。"郑玄注云②："荔挺，马薤也③。"《说文》云："荔，似蒲而小，根可为刷。"《广雅》云④："马薤，荔也。"《通俗文》亦云马蔺⑤。《易统通卦验玄图》云："荔挺不出，则国多火灾。"蔡邕《月令章句》云："荔似挺。"高诱注《吕氏春秋》云："荔草挺出也。”然则《月令注》荔挺为草名，误矣。河北平泽率生之[⑥]。江东颇有此物，人或种于阶庭，但呼为“旱蒲”，故不识马薤。讲《礼》者乃以为马苋；马苋堪食，亦名“豚耳”，俗名“马齿”。江陵尝有一僧，面形上广下狭；刘缓幼子民誉[⑦]，年始数岁，俊晤善体物[⑧]，见此僧云：“面似马苋。”其伯父绍因呼为“荔挺法师”。绍亲讲《礼》名儒，尚误如此。

【注释】

①《月令》:《礼记》篇名。

②郑玄：字康成，东汉著名的学者。

③马薤（xiè）：植物名。

④《广雅》：古时的一部字典，三国时期张揖所撰，共一万八千一百五十字。

⑤《通俗文》：解释经史用字的字典，汉代服虔所撰，原书一卷，已经失传。

⑥平泽：平湖，沼泽。

⑦刘缓：刘绍的弟弟。

⑧俊晤：聪颖卓异。

【译文】

《月令》中记载：“荔挺出。”郑玄为此解释说：“荔挺，就是马薤。”《说文解字》中记载：“荔，形状和蒲草相似但又比蒲草小，根部可以用来做刷子。”《广雅》中记载：“马薤，就是荔。”《通俗文》中也将其称之为马蔺。《易统通卦验玄图》记载：“如若荔草不发芽的话，国家就会多火灾。”蔡邕《月令章句》中记载：“荔似挺。”高诱注解的《吕氏春秋》中说：“荔草直立生长。”那么郑玄《月令注》中将“荔挺”看作一种草名，这是错误的。黄河以北地区的沼泽内四处都生长着这种植物。江东地区也有很多这样的植物，有人把它种在阶前的庭院中，但他们称其为“旱蒲”，所以不认识马薤。讲解《礼记》的人则认为它是马苋；马苋能够食用，也称为“豚耳”，俗称“马齿”。江陵地区曾经有一个僧人，脸形上宽下窄；刘缓的小儿子刘民誉，刚有几岁，聪颖卓异，善于对事物进行描绘，他看到了这位僧人说："长得像马齿苋。"他的伯父刘绍因此将这个僧人称为"荔挺法师"。刘绍自己就是讲解《礼记》的有名学士，尚且还会有如此的误解。

【原文】

《诗》云："将其来施施[①]。"《毛传》云："施施，难进之意。"郑《笺》云："施施，舒行貌也。"《韩诗》亦重为"施施"[②]。河北《毛诗》皆云"施施"。江南旧本，悉单为"施"，俗遂是之，恐为少误。

【注释】

①施施：徐行的样子。《诗经·王风·丘中有麻》："彼留子嗟，将其来施施。"

②重为："施"字叠用。

【译文】

《诗经》中说："将其来施施。"《毛诗传》中说："施施，是难以前行的意思。"郑玄的《毛诗传笺》说："施施，是缓慢前行的样子。"《韩诗》中也叠用了"施施"两个字。黄河以北地区流传的《毛诗传》版本中都说"施施"。江南地区旧时的版本，则都只有一个"施"字，世人都认为这个才是对的，恐怕还是有些错误的。

【原文】

《诗》云："有渰萋萋，兴云祁祁[①]。"《毛传》云："渰，阴云貌。萋萋，云行貌。祁祁，徐貌也。"《笺》云："古者，阴阳和，风雨时，其来祁祁然，不暴疾也。"案：渰已是阴云，何劳复云"兴云祁祁"耶？"云"当为"雨"，俗写误耳。班固《灵台》诗云："三光宣精[②]，五行布序[③]，习习祥风，祁祁甘雨。"此其证也。

【注释】

①渰萋萋（yǎn qī qī），祁祁：出自《诗经·小雅·大田》："有渰萋

萋，兴云祁祁。”渰，阴云；萋萋，云朵弥漫；祁祁，舒缓。

②三光：日、月、星。

③五行：金、木、水、火、土。

【译文】

《诗经》中说：“有渰萋萋，兴云祁祁。”《毛诗传》中说：“渰，阴云的样子。萋萋，云朵运行的模样。祁祁，缓慢的样子。”《毛诗传笺》说：“古时候，阴阳调和，风雨适时，来时会非常舒缓，不会过于迅猛。”根据考证：“渰”就是阴云的意思，又为何再重复说“兴云祁祁”呢？“云”应该是“雨”，是普通人写错了。班固的《灵台》诗中说：“三光宣精，五行布序，习习祥风，祁祁甘雨。”这便是对上述说法的例证。

【原文】

《礼》云：“定犹豫，决嫌疑①。”《离骚》曰：“心犹豫而狐疑。”先儒未有释者。案：《尸子》曰②：“五尺犬为犹。”《说文》云：“陇西谓犬子为犹③。”吾以为人将犬行，犬好豫在人前④，待人不得，又来迎候，如此往还，至于终日，斯乃“豫”之所以为未定也，故称“犹豫”。或以《尔雅》曰：“犹如麂⑤，善登木。”犹，兽名也，既闻人声，乃豫缘木⑥，如此上下，故称“犹豫”。狐之为兽，又多猜疑，故听河冰无流水声，然后敢渡[7]。今俗云：“狐疑，虎卜[8]。”则其义也。

【注释】

①定犹豫，决嫌疑：判断嫌疑，决定犹豫。《礼记·曲礼上》：“卜筮者，先圣之所以使民决嫌疑，定犹与也。”

②《尸子》：《汉书·艺文志》：“《尸子》二十篇。名佼，鲁国人，秦相商君师之。鞅死，佼逃入蜀。”

③犬子：幼犬。

④豫：事先。

⑤麂（jǐ）：一种小型的鹿，雄鹿长有长牙和短脚，腿比较细但却有力量，善于跳跃。

⑥缘木：爬树。

⑦狐之为兽，又多猜疑，故听河冰无流水声，然后敢渡：《水经注·河水》注引《述征记》曰：“盟津……比淮、济为阔，寒则冰厚数丈，冰始合，车马不敢过，要须狐行，云此物善听，冰下无水乃过，人见狐行，方渡。”

⑧虎卜：卜筮的一种。

【译文】

《礼记》中说：“定犹豫，决嫌疑。”《离骚》中说：“心犹豫而狐疑。”之前的学者对此并没有解释。根据考证：《尸子》中说：“五尺犬为犹。”《说文解字》中又说：“陇西谓犬子为犹。”我认为人带着狗走路的时候，狗好像事先都会走在人的前面，如若等不到人，才会又回来迎接，如此来来回回，一整天都是这个样子，这也是“豫”字之所以解释为迟疑不决的缘由，所以称为“犹豫”。或者以《尔雅》中所说：“犹如麂，善登木。”犹，是野兽的名字，它听到人的声音后，会提前爬到树上，如此上上下下，游移不定，所以称为“犹豫”。狐狸这种野兽，很是多疑，所以它要听到冰河下面没有流水的声音时，才敢过河。而今的俗语说："狐疑，虎卜。"说的就是这个道理。

【原文】

《左传》曰："齐侯痎[1]，遂痁[2]。"《说文》云："痎，二日一发之疟[3]。痁，有热疟也。"案：齐侯之病，本是间日一发，渐加重乎故，为诸侯忧也。今北方犹呼"痎疟"，音"皆"。而世间传本多以"痎"为"疥"，杜征南亦无解释[4]，徐仙民音"介"，俗儒就为通云："病疥，令人恶寒，变而成疟。"此臆说也。疥癣小疾，何足可论，宁有患疥转作疟乎？

【注释】

①痎（jiē）：隔天发作的疟疾。

②痁（shān）：带有发热症状的疟病。

③疟（nüè）：急性传染病的一种。

④杜征南：杜预。征南大将军。

【译文】

《左传》中说："齐侯得了痎病，后来又转成痁病。"《说文解字》里说："痎，是两天一发作的疟疾。痁，是伴有发热症状的疟病。"根据考证：齐侯的病，原本是隔一日发作一次，后来又渐渐加重，让各诸侯很是忧虑。而今北方人依然将这种病称为"痎疟"，读音为"皆"。而世间流传的大多数版本都认为"痎"为"疥"，杜征南对此并没有任何的解释，徐仙民将"痎"注音为"介"，一般的学者便将其理解为："得了疥病，让人畏寒，最后又转为疟疾。"这是主观的臆想。疥癣是一种很小的疾病，不足以讨论，又哪会有生了疥癣这种皮肤病又转化为疟疾的呢？

【原文】

《尚书》曰："惟影响。"《周礼》云："土圭测影[1]，影朝影夕。"《孟子》曰："图影失形。"《庄子》云："罔两问影[2]。"如此等字，皆当为"光景"之"景"。凡阴景者[3]，因光而生，故即谓为"景"。《淮南子》呼为“景柱”[4]，《广雅》云：“晷柱挂景[5]。”并是也。至晋世葛洪《字苑》[6]，傍始加“彡”[7]，音于景反。而世间辄改治《尚书》《周礼》《庄》《孟》从葛洪字，甚为失矣。

【注释】

①土圭：古时用来测量日影、正四时和测量土地的器具。

②罔两：影子边缘的淡淡的阴影。

③阴景：阴影。

④景柱：影柱。

⑤晷柱：晷表，日晷上用来测量日影的标杆。

⑥葛洪《字苑》：葛洪，东晋人，信仰佛教；《字苑》，《要用字苑》的简称。

⑦彡（shān）：部首的一种。

【译文】

《尚书》中说：“惟影响。”《周礼》中说：“土圭测影，影朝影夕。”《孟子》中说：“图影失形。”《庄子》中说：“罔两问影。”像这里面的“影”字，都应该写成“光景”的“景”字。凡是阴影，都是因为光的原因而产生的，所以才称为“景”。《淮南子》中称“景柱”，《广雅》中说：“晷柱挂景。”都是这样说的。到了晋代葛洪编撰的《字苑》中，才给“景”字旁边加了“彡”，注音为于景反。而世间一些人随意地将《尚书》《周礼》《庄子》《孟子》等书中的“景”字跟随葛洪而改为“影”字，这是很大的错误了。

【原文】

太公《六韬》[1]，有天陈、地陈、人陈、云鸟之陈[2]。《论语》曰：“卫灵公问陈于孔子。”《左传》：“为鱼丽之陈[3]。”俗本多作“阜”傍车乘之“车”。案诸陈队，并作“陈、郑”之“陈”。夫行陈之义，取于陈列耳，此六书为假借也[4]。《苍》《雅》及近世字书，皆无别字，唯王羲之《小学章》[5]，独“阜”傍作“车”。纵复俗行，不宜追改《六韬》

《论语》《左传》也。

【注释】

①《六韬》：古时候的兵书。有《文韬》《武韬》《龙韬》《虎韬》《豹韬》《犬韬》六卷。

②陈：行列，战斗队形。

③鱼丽：古时战阵名。

④假借：六书的一种，本无其字而依声托事。

⑤《小学章》：古代字书。《隋书·经籍志》记载："小学篇一卷，晋下邳内史王义撰。"

【译文】

姜太公《六韬》中，有天陈、地陈、人陈、云鸟之陈。《论语》中说："卫灵公问陈于孔子。"《左传》中说："为鱼丽之陈。"通俗的版本多把"陈"字写成"阜"字旁加一个"车乘"的"车"字（即"阵"）。根据考证，表示队列、战列的"陈"字，都写成"陈、郑"的"陈"字。行陈之义，从陈列中取义，将"陈"写为"阵"，这是六书中的假借法。《苍颉篇》《尔雅》以及近代的字书中，"陈"都没有写成其他的字，只有王羲之的《小学章》中，把"陈"字写成"阜"字旁加一个"车"。即使这样的写法在世上很流行，但也不应该再去改《六韬》《论语》《左传》中的"陈"字。

【原文】

《诗》云："黄鸟于飞，集于灌木。"《传》云："灌木，丛木也。"此乃《尔雅》之文，故李巡注曰[①]："木丛生曰灌。"《尔雅》末章又云："木族生为灌。"族亦丛聚也。所以江南《诗》古本皆为"丛聚"之"丛"，而古"丛"字似"冣"字[②]，近世儒生，因改为"冣"，解云："木之最高长者。"案：众家《尔雅》及解《诗》无言此者，唯周续之《毛诗注》[③]，音为徂会反，刘昌宗《诗注》[④]，音为在公反，又祖会反：皆为穿凿，失《尔雅》训也。

【注释】

①李巡：东汉汝南人。

②冣（zuì）：通"最"。

③周续之：字道祖，雁门广武人。

④刘昌宗：晋朝人。

【译文】

《诗经》上说："黄鸟于飞，集于灌木。"《毛诗传》中说："灌木，丛木也。"这些都是《尔雅》里面的话，所以李巡注解的《尔雅》中说："木丛生曰灌。"《尔雅》末章又说："木族生为灌。"族也是丛聚的意思。所以江南地区流传的《诗经》古本都会写成"丛聚"的"丛"字，而古时候的"丛"字很像"冣"字，近代的学者因此将"丛"字改为"冣"字，并解释说："木之最高长者。"根据考证：诸家的《尔雅》和《诗经》的注解版本，并没有提及这些，只有周续之的《毛诗注》把这个字注音为徂会反，刘昌宗的《诗注》，将这个字注音为在公反，后又改为祖会反：这些都是牵强附会的注解，完全偏离了《尔雅》的解释。

【原文】

"也"是语已及助句之辞[①]，文籍备有之矣。河北经传，悉略此字。其间字有不可得无者。至如"伯也执殳"[②]，"于旅也语"[③]，"回也屡空”，“风，风也，教也”，及《诗传》云“不戢，戢也；不傩，傩也”[4]，“不多，多也”[5]。如斯之类，傥削此文[6]，颇成废阙[7]。《诗》言：“青青子衿[8]。”《传》曰：“青衿，青领也，学子之服。”按：古者斜领下连于衿，故谓领为衿。孙炎、郭璞注《尔雅》，曹大家注《列女传》[9]，并云：“衿，交领也。”邺下《诗》本，既无“也”字，群儒因谬说云：“青衿、青领，是衣两处之名，皆以青为饰。”用释“青青”二字，其失大矣。又有俗学，闻经、传中时须“也”字，辄以意加之，每不得所，益成可笑。

【注释】

①语已：语尾。

②殳（shū）：古时兵器的一种，以竹或木头制成，顶端有圆形的金属。

③旅：次序。

④不戢（jí），戢也；不傩（nuó），傩也：《诗·小雅·桑扈》：“不戢不傩，受福不那。”不戢，不约束，放纵；傩，难。

⑤不多，多也：“不”为语气助词，《毛诗传》中“矢诗不多”。

⑥傥：假如。

⑦废阙：缺漏。

⑧衿：古时衣服的交领。

⑨曹大家（gū）：汉代人班昭。班彪之女，班固、班超的妹妹。

【译文】

“也”字是放在句末和句中的语气助词，文章典籍中到处都可以看到这个字。黄河以北地区流传的经、传版本，都把这个字省略了。但其中一些“也”字是不可以没有的。比如“伯也执殳”，“于旅也语”，“回也屡空”，“风，风也，教也”，以及《毛诗传》中说“不戢，戢也；不傩，傩也”，“不多，多也”。等诸如此类的话，如若删掉了“也”字，便成了有缺漏的句子了。《诗经》中说：“青青子衿。”《毛诗传》中解释为：“青衿，青领也，学子之服。”据考证，古时候领子斜下来连着衣襟，所以便把领子称为"衿"。孙炎、郭璞注解的《尔雅》，曹大家注解的《列女传》，都说："衿，交领也。"邺下的《诗经》版本，就没有"也"字，很多学士故而很荒谬地说："青衿、青领，是衣两处之名，皆以青为饰。"以此来解释"青青"两个字，这是很大的错误。又有一些世俗的学士，听说经、传中常常用到"也"字，便根据个人意愿随意添加，最后却是不得其所，更为可笑。

【原文】

《易》有蜀才注①，江南学士，遂不知是何人。王俭《四部目录》②，不言姓名，题云："王弼后人③。"谢炅、夏侯该④，并读数千卷书，皆疑是谯周⑤；而《李蜀书》，一名《汉之书》，云："姓范名长生，自称蜀才。"南方以晋家渡江后⑥，北间传记，皆名为伪书，不贵省读⑦，故不见也。

【注释】

①蜀才：东晋时期成汉范贤的自称。

②王俭《四部目录》：王俭，字仲宝；《四部目录》，分甲乙丙丁四部，共一万五千七百零四卷。

③王弼：三国时期魏人。

④谢炅、夏侯该：二人皆为南朝梁人。

⑤谯（qiáo）周：字允南，三国时期蜀国人。

⑥晋家渡江：西晋灭亡后，在王导等人的帮助下，司马睿南渡长江，在建康建立了东晋政权。

⑦省读：阅读。

【译文】

《易经》有署名蜀才的注译版本，江南地区的学者，竟然都不了解蜀才是什么人。王俭的《四部目录》中不说他的姓名，只题名为："王弼后人。"谢炅、夏侯该二人，都阅读过几千卷的书籍，都怀疑"蜀才"指的是"谯周"；而《李蜀书》，又名《汉之书》，说："姓范，名长生，自称

为蜀才。”南方从晋朝渡江以来，把来自北方的经传书籍都称为伪书，并不会认真去阅读，所以没有看到过这一段的记载。

【原文】

《礼·王制》云：“裸股肱。”郑注云：“谓揎衣出其臂胫①。”今书皆作“擐甲”之“擐”②。国子博士萧该云③：“‘擐’当作‘揎’，音‘宣’，‘擐’是穿著之名，非出臂之义。”案《字林》④，萧读是，徐爰音“患”⑤，非也。

【注释】

①揎（xuān）：捋起衣服。

②擐（huàn）甲：穿上铠甲。

③萧该：南朝梁鄱阳王恢之孙，性情笃学。

④《字林》：《隋书·经籍志》：“《字林》七卷，晋弦令吕忱撰。”

⑤徐爰：南朝宋开阳人。

【译文】

《礼记·王制》中说：“裸

股肱。”郑玄的注释说：“谓揎衣出其臂胫。”而今书中都写成“擐甲”的“擐”。国子博士萧该说：“‘擐’应该为‘揎’，读音为‘宣’，‘擐’是穿着的意思，并不是将手臂露出来的意思。”据《字林》来看，萧该的那种读法是正确的，徐爰注音为“患”，这是不对的。

【原文】

《汉书》：“田肎贺上[①]。”江南本皆作“宵”字。沛国刘显[②]，博览经籍，偏精班《汉》[③]，梁代谓之“《汉》圣”。显子臻[④]，不坠家业。读班史，呼为田肎。梁元帝尝问之，答曰：“此无义可求，但臣家旧本，以雌黄改‘宵’为‘肎’。”元帝无以难之。吾至江北，见本为“肎”。

【注释】

①肎（kěn）：“肯”的古字。

②刘显：字嗣芳，沛国相人。

③班《汉》：班固和其所著的《汉书》。

④臻：刘臻。刘显的儿子。

【译文】

《汉书》中说：“田肎贺上。”江南地区的版本都将“肎”写为“宵”字。沛国人刘显，一生博览群书，尤为精通班固的《汉书》，梁朝人将其称为“《汉》圣”。刘显的儿子刘臻，继承了这份家业。他在阅读班固的《汉书》时，读为“田肎”音。梁元帝曾经问他原因，他回答说：“这并没有什么值得探究的，我家里有旧时的版本，用雌黄将‘宵’改为了‘肎’字。”梁元帝无言以对。我到了江北地区之后，才知道这个字原本就写作“肎”。

【原文】

《汉书·王莽传》云：“紫色蛙声，余分闰位[①]。”盖谓非玄黄之色[②]，不中律吕之音也[③]。近有学士，名问甚高[④]，遂云：“王莽非直鸢髆虎视，而复紫色蛙声。”亦为误矣。

【注释】

①闰位：帝位不正统。

②玄黄：黑色和黄色。玄为天色，黄为地色。

③律吕：古时校正乐律所用的器具。喻为准则、标准。

④名问：名闻。

【译文】

《汉书·王莽传》中说："紫色蛙声，余分闰位。"意思就是说紫色并不是玄黄正色，蛙声也不符合声律的标准（暗指王莽篡位一事）。近来有一位学士，声名很高，竟然说："王莽不仅有鸢鸟那样高耸的双肩，有老虎那般犀利的眼睛，肤色为紫色，声音如蛙声。"这也是错误的。

【原文】

简"策"字，"竹"下施"朿"，末代隶书，似杞、宋之"宋"[①]，亦有"竹"下遂为"夹"者；犹如"刺"字之傍应为"朿"，今亦作"夹"。徐仙民《春秋》《礼音》，遂以"筴"为正字[②]，以"策"为音，殊为颠倒。《史记》又作"悉"字，误而为"述"，作"妬"字[③]，误而为"姤"[④]，裴、徐、邹皆以"悉"字音"述"[⑤]，以"妬"字音"姤"。既尔，则亦可以"亥"为"豕"字音[⑥]，以"帝"为"虎"字音乎[⑦]？

【注释】

①杞、宋：古时候的国名。

②正字：字形或者是拼音符合标准的字。

③妬（dù）：同"妒"。

④姤（gòu）：《易》的卦名。六十四卦之一。

⑤裴、徐、邹：裴骃、徐广、邹诞生，皆为南朝宋人。

⑥以"亥"为"豕"字音：《孔子家语·七十二弟子解》："卜商，卫人。无以尚之。尝返卫，见读史志者云：'晋师伐秦，三豕渡河。'子夏曰：'非也，"己亥耳"。'读史志者问诸晋史，果曰：'己亥。'于是卫以子夏为圣。"

⑦以“帝”为“虎”字音：《抱朴子·遐览》：“谚曰，书三写，鱼成鲁，帝成虎，此之谓也。”

【译文】

简策的“策”字，是“竹”下加“朿”，秦朝末期的隶书中，这个字的字形类似于杞、宋的“宋”字，也有将这个字写成“竹”下加“夹”的；好比“刺”字的偏旁应该是“朿”，而今将其偏旁写为“夹”。徐仙民注解的《春秋左氏传音》《礼记音》，便是将“筴”当作正字，把“策”当作读音，这真是本末颠倒。《史记》中又把“悉”字，错写成“述”字，写“妬”字，错写成“姤”字，裴骃、徐广、邹诞生都把“悉”注音为“述”，将“妬”字音注解为“姤”。既然这样，难道也可以用“亥”字为“豕”字注音，用“帝”字为“虎”字注音吗？

【原文】

张揖云[①]：“虙[②]，今伏羲氏也[③]。”孟康《汉书·古文注》亦云[④]：“虙，今伏。”而皇甫谧云[⑤]：“伏羲或谓之宓羲。”按诸经史纬候[⑥]，遂无“宓羲”之号。“虙”字从“虍”[⑦]，“宓”字从“宀”[⑧]，下俱为“必”，末世传写，遂误以“虙”为“宓”，而《帝王世纪》因误更立名耳。何以验之？孔子弟子虙子贱为单父宰[⑨]，即虙羲之后，俗字亦为“宓”，或复加“山”。今兖州永昌郡城，旧单父地也，东门有子贱碑，汉世所立，乃曰：“济南伏生[⑩]，即子贱之后。”是知“虙”之与“伏”，古来通字，误以为“宓”，较可知矣。

【注释】

①张揖：字稚让，清河人。

②虙（fú）：通“伏”，姓氏。

③伏羲：相传为三皇之一。

④孟康：字公休，三国时期魏安平人。

⑤皇甫谧：字士安，西晋人，擅长诗赋。

⑥纬候：纬书与《尚书中候》的合称。

⑦虍（hū）：一种部首，意为虎皮上的花纹。

⑧宀（mián）：一种部首，意为房屋。

⑨虙子贱：孔子的学生宓不齐，字子贱。

⑩伏生：汉时济南人。

【译文】

张揖说："虙，就是现在说的伏羲氏。"孟康的《汉书·古文注》中也说："虙，是现在的伏姓。"而皇甫谧说："伏羲也可以称为宓羲。"根据考证，各种古书经史的记载中，都没有"宓羲"的说法。"虙"字从"虍"部，"宓"字从"宀"部，下半部分都是一个"必"字，后世传抄的时候，错把"虙"写成了"宓"，而在《帝王世纪》中更是因此错给伏羲另立了一个姓氏。从什么方面来验证这些呢？孔子的弟子虙子贱曾经做过单父的地方官，是虙羲的后人，而这个姓氏的俗体字也写作"宓"，或者是再加上一个"山"字。而今的兖州永昌郡城，就是旧时候的单父地区，郡城的东门还有一个子贱碑，是

汉朝时期立的，上面写道："济南伏生，即子贱之后。"由此可以知道"虙"字和"伏"字，自古就是可以通用的，将伏羲的"伏"字误认为"宓"，其中缘由就很清楚了。

【原文】

《太史公记》曰①："宁为鸡口，无为牛後②。"此是删《战国策》耳。案：延笃《战国策音义》曰③："尸，鸡中之主。從，牛子。"然则，"口"当为"尸"，"後"当为"從"，俗写误也。

【注释】

①《太史公记》：《史记》。

②宁为鸡口，无为牛後：出自《史记·苏秦列传》，张守节《正义》曰："鸡口虽小犹进食，牛後虽大，乃出粪也。"

③延笃：字叔坚，南阳人，曾跟从马融受业。

【译文】

《太史公记》中说："宁为鸡口，无为牛後。"这是从《战国策》一书中删减得来的。根据考证：延笃的《战国策音义》中说："尸，鸡中之主。從，牛子。"这样说来，《太史公记》中的"口"字应该写为"尸"字，"後"字应该为"從"字，一般人都将它们写错了。

【原文】

应劭《风俗通》云①："《太史公记》：'高渐离变名易姓②，为人庸保③，匿作于宋子④，久之作苦，闻其家堂上有客击筑，伎痒⑤，不能无出言。'"案：伎痒者，怀其伎而腹痒也。是以潘岳《射雉赋》亦云："徒心烦而伎痒。"今《史记》并作"徘徊"，或作"彷徨不能无出言"，是为俗传写误耳。

【注释】

①应劭（shào）：字仲远，汉代汝南南顿人，曾为太山太守。

②高渐离：战国时期燕国人，擅长击筑（乐器的一种）。

③庸保：受雇担当杂役的人。

④宋子：县名，今河北钜鹿。

⑤伎痒：人们各有所长，遇到合适的机会就想要表现，如痒难耐。

【译文】

应劭的《风俗通》中说："《太史公记》中记载：'高渐离更名改姓，受雇于人，在宋子县隐姓埋名，时间久了他感觉很是辛苦，听说主人家的堂上有人在击筑，一时伎痒，无法控制自己一言不发。'"根据考证：伎痒，就是无法展示自己的某种技能而心痒难耐。所以潘岳的《射雉赋》中也说："徒心烦而伎痒。"而今《史记》中却将"伎痒"二字写成"徘徊"，或者是写作"彷徨不能无出言"，这是误传误写的缘故。

【原文】

太史公论英布曰[①]："祸之兴自爱姬，生于妒媢，以至灭国[②]。"又《汉书·外戚传》亦云："成结宠妾妒媢之诛[③]。"此二"媢"并当作"媢"，媢亦妒也，义见《礼记》《三苍》。且《五宗世家》亦云："常山宪王后妒媢[④]。"王充《论衡》云："妒夫媢妇生，则忿怒斗讼。"益知"媢"是"妒"之别名。原英布之诛为意贲赫耳，不得言"媚"。

【注释】

①英布：秦末汉初的诸侯王，今安徽六安人。

②祸之兴自爱姬，生于妒媢，以至灭国：彭越、韩信被杀后，英布私下里集结兵马，想要造反，后被汉高祖刘邦击败，英布被杀。据史书记载："布所幸姬疾，请就医。医家和中大夫贲赫对门，姬数如医家，贲赫自以为侍中，乃厚馈遗，从姬饮医家。姬侍王，从容语次，誉赫长者也……具说状。王疑其与乱……欲捕赫，赫言变事，乘传诣长安……言布谋反有端……（布）遂族赫家，发兵反。"

③成结宠妾妒媢之诛：赵飞燕是汉成帝的皇后，她和她的妹妹赵合德专宠后宫十余年，但却没有产下一男半女。汉成帝去世后，司隶解光

上奏说赵飞燕杀掉了后宫所有产下的皇子，但是汉哀帝并没有多加追究。汉平帝即位后，赵飞燕被贬为庶人，自杀而终。

④常山宪王：刘舜，汉景帝的儿子，立为常山王，谥号“宪”。

【译文】

太史公司马迁曾经评论英布说：“灾祸的兴起是因为他的爱妾，妒媚之心就是其中根源，最后致使邦国灭亡。”另外《汉书·外戚传》中也说：“宠妾妒媚招来杀身之祸。”这两个地方的“媚”字都应该写成“媢”字，媢便是嫉妒的意思，对它的解释可以参考《礼记》《三苍》等书。《五宗世家》中也说：“常山宪王的王后是个妒媢之人。”王充的《论衡》中也说：“妒夫媢妇出现后，就会因恼怒而产生斗争诉讼。”由此可以知道“媢”就是“妒”的别称。推究英布被杀的原因是他猜忌贲赫，所以不能称“媚”。

【原文】

《史记·始皇本纪》：“二十八年，丞相隗林、丞相王绾等[①]，议于海上[②]。”诸本皆作“山林”之“林”。开皇二年五月[③]，长安民掘得秦时铁称权[④]，旁有铜涂镌铭二所[⑤]。其一所曰：“廿六年，皇帝尽并兼天下诸侯，黔首大安，立号为皇帝，乃诏丞相状、绾，法度量则不壹嫌疑者，皆明壹之。”凡四十字。其一所曰：“元年，制诏丞相斯、去疾，法度量，尽始皇帝为之，皆有刻辞焉。今袭号而刻辞不称始皇帝，其于久远也，如后嗣为之者，不称成功盛德，刻此诏□左，使毋疑。”凡五十八字，一字磨灭，见有五十七字，了了分明。其书兼为古隶。余被敕写读之，与内史令李德林对，见此称权，今在官库；其“丞相状”字，乃为“状貌”之“状”，“爿”旁作“犬”；则知俗作“隗林”，非也，当为“隗状”耳。

【注释】

①隗（wěi）林：秦朝丞相。

②海上：东海之滨。

③开皇：隋文帝的年号。

④铁称权：铁制的秤锤。

⑤铜涂镌铭：陈直曰："当为以铜片嵌置在铁质之上，其制造手法，与甘肃庆阳所出铁权形式相同。"

【译文】

《史记·始皇本纪》中记载："二十八年，丞相隗林、丞相王绾等人，在东海之滨议事。"各个版本都把隗林的"林"字写成"山林"的"林"字。开皇二年五月，长安的百姓挖到了秦朝时期的铁秤锤，旁边还带有两块刻着铭文的铜板。其中一块写道："廿六年，皇帝尽并兼天下诸侯，黔首大安，立号为皇帝，乃诏丞相状、绾，法度量则不壹嫌疑者，皆明壹之。"原文中一共有四十个字。另一块铜板中写道："元年，制诏丞相斯、去疾，法度量，尽始皇帝为之，皆有刻辞焉。今袭号而刻辞不称始皇帝，其于久远也，如后嗣为之者，不称成功盛德，刻此诏□左，使毋疑。"原文总共有五十八个字，有一个字已经被磨掉了，看到的只有五十七个字，很是清楚明了。这些字体都是用秦汉时期的隶书写成的。我被委任来抄写描摹这些文字，并和内史令李德林一起校对，所以看到过这块铁秤锤，它现在被收藏在官库内；铭文中"丞相状"的"状"字，便是"状貌"的"状"字，是"爿"字旁加一个"犬"字；由此可见我们一般所写的"隗林"，是不正确的，应该是"隗状"。

【原文】

《汉书》云："中外禔福[①]。"字当从"示"。禔，安也，音"匙匕"之"匙"，义见《苍》《雅》《方言》[②]。河北学士皆云如此。而江南书本，多误从"手"[③]，属文者对耦[④]，并为"提挈"之意[⑤]，恐为误也。

【注释】

①禔（zhī）福：安宁幸福之意。

②《方言》：语言以及训诂书。

③从：归属。

④对耦（ǒu）：对偶。

⑤提挈（qiè）：提携。

【译文】

《汉书》中说："中外禔福。""禔"字应该是"示"部。禔，安宁的意思，读音为"匙匕"的"匙"，关于字的意思可以参考《三苍》《尔雅》《方言》。黄河以北地区的学者都是这样认为的。而江南地区的版本，大多都误写为"手"部，写文章的人作对偶句式的时候，都会把它写为"提挈"的意思，这恐怕是错误的。

【原文】

或问："《汉书注》：'为元后父名禁[①]，故禁中为省中。'何故以'省'代'禁'？"答曰："案：《周礼·宫正》：'掌王宫之戒令糺禁。'郑注云：'糺[②]，犹割也，察也。'李登云[③]：'省，察也。'张揖云：'省，今省詧也[④]。'然则小井、所领二反，并得训'察'。其处既常有禁卫省察，故以'省'代'禁'。詧，古察字也。"

【注释】

①元后：汉元帝的皇后。

②糺（jiū）："纠"，督察。

③李登：三国时期的魏国人，著有我国最早的韵书《声类》。

④詧（chá）："察"的古字。

【译文】

有人问："《汉书注》中记载：'因为汉元帝皇后的父亲名为禁，所以改禁中为省中。'用'省'代替'禁'又是因何缘故呢?"我回答说："根据考证：《周礼·宫正》中记载：'掌王宫之戒令糺禁。'郑玄注解说：'糺，犹割也，察也。'李登说：'省，察也。'张揖说：'省，今省詧也。'这样说'省'字的读法为小井反或者是所领反，都是察看的意思。那个地方既然经常会有禁卫省察，所以才用'省'字代替了'禁'字。詧，就是古时候的'察'字。"

【原文】

《汉明帝纪》[①]："为四姓小侯立学[②]。"按：桓帝加元服[③]，又赐四姓及梁、邓小侯帛，是知皆外戚也。明帝时[④]，外戚有樊氏、郭氏、阴氏、马氏为四姓。谓之小侯者，或以年小获封，故须立学耳。或以侍祠猥朝[⑤]，侯非列侯[⑥]，故曰小侯。《礼》云："庶方小侯。"则其义也。

【注释】

①《汉明帝纪》:《后汉书·明帝纪》。

②四姓：四个名门贵族姓氏的合称。指樊、郭、阴、马四姓。

③桓帝：汉桓帝刘志。

④明帝：汉明帝刘庄。

⑤侍祠：侍祠侯。

⑥列侯：爵位名。

【译文】

《汉明帝纪》记载："为四姓小侯立学。"根据考证：汉桓帝行冠礼时，曾经赐给四姓以及梁、邓小侯帛，由此可以知道这些都是外戚。汉明帝时期，外戚有樊氏、郭氏、阴氏、马氏四姓。之所以称其为小侯，可能是因为他们年纪很小的时候就获得了封赏，所以才需要为他们建立学舍。也可能是因为他们只是侍祠侯、猥朝侯，爵位并没有位列上等，所以称为小侯。《礼记》中说："荒远地区的小侯。"说的就是这个意思。

【原文】

《后汉书》云："鹳雀衔三鳝鱼。"多假借为"鳣鲔"之"鳣"①；俗之学士，因谓之为"鳣鱼"。案：魏武《四时食制》："鳣鱼大如五斗奁②，长一丈。"郭璞注《尔雅》："鳣长二三丈。"安有鹳雀能胜一者，况三乎？鳣又纯灰色，无文章也③。鳝鱼长者不过三尺，大者不过三指，黄地黑文；故都讲云："蛇鳝，卿大夫服之象也。"《续汉书》及《搜神记》亦说此事④，皆作"鳝"字。孙卿云："鱼鳖鳅鳣。"及《韩非》《说苑》皆曰："鳣似蛇，蚕似蠋⑤。"并作"鳣"字。假"鳣"为"鳝"，其来久矣。

【注释】

①鳣鲔（zhān wěi）：鳣，鲟鳇（huáng）鱼；鲔，鲟鱼和鳇鱼的古称。

②奁（lián）：盛物的器具，特指盒子、匣子一类。

③文章：错杂的色彩或者是花纹。

④《续汉书》：晋朝司马彪编撰。

⑤蠋（zhú）：鳞翅目昆虫的幼虫。

【译文】

《后汉书》中记载："鹳雀衔三鳝鱼。""鳝"多数情况下都假借为"鳣鲔"的"鳣"；世间的学者，便认为《后汉书》中所讲的是"鳣鱼"。根据考证：魏武的《四时食制》中记载："鳣鱼大如五斗奁，长一丈。"郭璞注解的《尔雅》中记载："鳣长二三丈。"哪里有能叼住这么一条大鱼的鹳鸟，更何况是三条呢？鳣鱼是纯灰色的，而且身上没有花纹。鳝鱼长的也不会超过三尺，最大的也没有三指宽，黄色的鱼身、黑色的花纹，所以《后汉书》中都说："蛇鳝，卿大夫服之象也。"《续汉书》以及《搜神记》中也说到过这件事情，都写为"鳝"字。荀子说："鱼鳖鳅鳣。"《韩非子》《说苑》中都说："鳣看上去像蛇，蚕看上去像蠋。"都写为"鳣"字。假借"鳣"为"鳝"，这样的用法由来已久。

【原文】

《后汉书》："酷吏樊晔为天水郡守[①]，凉州为歌之曰：'宁见乳虎穴[②]，不入冀府寺。'"而江南书本"穴"皆误作"六"，学士因循，迷而不寤。夫虎豹穴居，事之较者[③]。所以班超云："不探虎穴，安得虎子？"宁当论其六七耶？

【注释】

①酷吏樊晔：酷吏，滥用刑罚，残虐百姓的官吏；樊晔，字仲华，史上有名的酷吏，今河南人。

②乳虎：正处于哺乳期的老虎。

③较：明显。

【译文】

《后汉书》中记载："酷吏樊晔做天水郡守时，凉州地区的百姓为他编了一首歌谣：'宁见乳虎穴，不入冀府寺。'"而江南地区流传的版本中，将"穴"字都误写为“六”字，这种错误被一些学士沿袭下来，被迷惑却没有察觉。虎豹是穴居动物，这是很显然的事情。所以班超说：“不探虎穴，安得虎子？”哪会指的是乳虎是六个还是七个呢？

【原文】

《后汉书·杨由传》云[①]：“风吹削肺[②]。”此是削札牍之柿耳[③]。古者，书误则削之，故《左传》云“削而投之”是也。或即谓“札”为“削”，王褒《童约》曰：“书削代牍。”苏竟书云[④]：“昔以摩研编削之才。”皆其证也。《诗》云：“伐木浒浒[⑤]。”《毛传》云：“浒浒，柿貌也。”史家假借为“肝肺”字，俗本因是悉作“脯腊”之“脯”[⑥]，或为“反哺”之“哺”。学士因解云：“削哺，是屏障之名[⑦]。”既无证据，亦为妄矣！此是风角占候耳[⑧]。《风角书》曰：“庶人风者，拂地扬尘转削。”若是屏障，何由可转也？

【注释】

①杨由：字哀侯，成都人。

②削肺：削札牍时的碎片。

③札牍：札和牍都是古时书写使用的小木片。

④苏竟：字伯况，东汉人。

⑤浒浒：伐木声。

⑥脯腊：干肉。

⑦屏障：屏风，这里指的是阻挡之物。

⑧风角占候：听由四方八面传来的风声，辨其五音，再结合星象，由此定其预兆，以说灾异的占验。

【译文】

《后汉书·杨由传》中记载：“风吹削肺。”“肺”在这里的意思是削札牍时落下的碎片。古时候，书写错误时便会用刀将错字削掉，所以《左传》中说“削而投之”，说的便是这个了。有人认为“札”字就是“削”字，王褒的《童约》中说：“书削代牍。”苏竟也这样写道：“昔以摩研编削之才。”都是对“札”字就是“削”字的证明。《诗经》上说：“伐木浒浒。”《毛诗传》中写：“浒浒，柹貌也。”史学家们将“柹”字假借为“肝肺”的“肺”字，世上流传的一些版本中便都写成了“脯腊”的“脯”字，或者是“反哺”的“哺”字。有些学士因此解释说：“削哺，是屏障之名。”这句话既没有根据，也是一种妄言。实际上这里讲的只是古时候的占卜方法罢了。《风角书》中说：“庶人风者，拂地扬尘转削。”如若“削哺”是屏障的意思，那么又是如何被吹动的呢？

【原文】

《三辅决录》云：“前队大夫范仲公[1]，盐豉蒜果共一筒。”“果”当作“魏颗”之“颗”[2]。北土通呼物一凷[3]，改为一颗，“蒜颗”是俗间常语耳。故陈思王《鹞雀赋》曰：“头如果蒜，目似擘椒[4]。”又《道经》云：“合口诵经声琐琐[5]，眼中泪出珠子碨[6]。”其字虽异，其音与义颇同。江南但呼为“蒜符”，不知谓为“颗”。学士相承，读为“裹结”之“裹”，言盐与蒜共一苞裹，内筒中耳。《正史削繁音义》又音“蒜颗”为苦戈反，皆失也。

【注释】

①前队（suì）：南阳。

②魏颗：春秋时期晋国大臣。

③凷（kuài）：通“块”。

④擘（bò）：分开。

⑤琐琐（suǒ suǒ）：形容声音细碎。

⑥碨（kē）：同“颗”，颗粒。

【译文】

《三辅决录》中说：“南阳郡太守范仲公，盐豉蒜果共一筒。”“果”字当作“魏颗”的“颗”字。北方地区的人们大多将“一块”的东西，称为“一颗”，“蒜颗”是百姓的常用语。所以陈思王曹植在其《鹞雀赋》中写道："头如果蒜，目似擘椒。"另外《道经》上也说："合口诵经声璅璅，眼中泪出珠子碟。"虽然字形不一样，但是几者的读音和意思却大都相同。江南地区只称呼"蒜符"，不知道要称为"蒜颗"。学士们相继沿袭，又读为"裹结"的"裹"字，并称是将盐与蒜放在同一个包裹内，再放入竹筒里。《正史削繁音义》把"蒜颗"的"颗"字注音为苦戈反，这些都是错误的。

【原文】

有人访吾曰："《魏志》蒋济上书云'弊攰之民'[①]，是何字也？"余应之曰："意为攰即是瞡倦之瞡耳[②]。张揖、吕忱并云[③]：'支傍作刀剑之刀，亦是剞字[④]。'不知蒋氏自造'支'傍作'筋力'之'力'，或借'剞'字，终当音九伪反。"

【注释】

①蒋济，攰（guì）：蒋济，字子通，三国时期魏国人；攰，困疲。

②瞡（guì）：疲倦到了极点。

③吕忱：晋朝文学家。

④剞（jī）：刻镂的刀具。

【译文】

有人询问我说："《魏志》中蒋济上书说'弊攰之民'的'攰'字，是什么字呢？"我回应说："'攰'字或许就是'瞡倦'的'瞡'字。张揖、吕忱都说：'支旁边加一个刀剑的刀字，就是剞字。'不知道蒋氏是自己创造了'支'旁加个'筋力'的'力'字所构成的'攰'，还是假借了'剞'字，不过这个字最终都应该读为九伪反。"

【原文】

《晋中兴书》[①]："太山羊曼，常颓纵任侠，饮酒诞节[②]，兖州号为'䶩伯'[③]。"此字皆无音训。梁孝元帝常谓吾曰："由来不识。唯张简宪见教[④]，呼为'嚃羹'之'嚃'[⑤]。自尔便遵承之，亦不知所出。"简宪是湘州刺史张缵谥也，江南号为硕学。案：法盛世代殊近，当是耆老相传[6]；俗间又有“黭黭”语，盖无所不施，无所不容之意也。顾野王《玉篇》误为黑傍“沓”[7]。顾虽博物，犹出简宪、孝元之下，而二人皆云重边。吾所见数本，并无作“黑”者。“重沓”是多饶积厚之意，从“黑”更无义旨。

【注释】

①《晋中兴书》：南朝宋何法盛编撰。

②诞节：放纵不羁。

③黭（tà）伯：放纵豁达之人，此处特指羊曼。

④张简宪：张缵。

⑤嚺（tà）羹：吃羹的时候不咀嚼，连着菜一起吞下。

⑥耆老：老年人。

⑦顾野王：南朝陈人。

【译文】

《晋中兴书》中说："泰山人羊曼，为人疏慢放纵，喝酒也不拘礼节，兖州人都称他为'䶗伯'。"文中对"䶗"字既没有注音也没有注释。梁孝元帝曾经对我说："我一直不认识这个字。唯独张简宪曾经教过我这个字的读音，读为'嘿羹'的'嘿'字。从这之后我便一直使用这个读音，但却不知道这个读音到底是哪里来的。"张简宪就是湘州刺史张缵的谥号，江南地区的人们又将他称为大学问家。根据考证：《晋中兴书》的作者何法盛生活的年代和当时的年代比较接近，一些事情应该是老年人传下来的；世间又有"䶗䶗"这个词语，大概是无所不施、无所不容的意思。顾野王的《玉篇》中错将这个字写为"黑"字旁加一个"沓"字。顾野王虽然是个博学多才之人，但其学问尚且还在张简宪、梁孝元帝之下，而这两个人都认为这个字应该是"重"字旁。我所看到的几个版本中，也没有看到"黑"字旁的。"重沓"是丰饶积厚的意思，要是"黑"字旁反倒是没有什么意义了。

【原文】

《古乐府》歌词，先述三子，次及三妇，妇是对舅姑之称。其末章云："丈人且安坐，调弦未遽央①。"古者，子妇供事舅姑，旦夕在侧，与儿女无异，故有此言。"丈人"亦长老之目，今世俗犹呼其祖考为先亡丈人。又疑"丈"当作"大"，北间风俗，妇呼舅为"大人公"。"丈"之与"大"，易为误耳。近代文士，颇作《三妇诗》，乃为匹嫡并耦己之群妻之意②，又加郑、卫之辞，大雅君子，何其谬乎？

【注释】

①丈人且安坐，调弦未遽央：为《乐府·清词曲·相逢行》中的最后两句。遽，匆忙之意。

②匹嫡：缔结婚姻。

【译文】

《古乐府》的歌词中，先是介绍了三个儿子，随后又介绍了三个儿媳妇，妇是相对公婆而言的称呼。其最后的两句说："丈人且安坐，调弦未遽央。"古时候，儿媳妇服侍公婆，早晚都在身边，和儿女没有什么两样，所以才会有这句歌词。"丈人"也是老年人的尊称，而今世间的普通人依然将他们离世的祖父称为"先亡丈人"。又有人怀疑"丈"字应该写作"大"字，北方地区的风俗，儿媳妇称呼公公为"大人公"。"丈"字和"大"字，很容易误写。近代的学士，写了很多的《三妇诗》，但写的都是缔结婚姻的妻子和自己小妾相处的事情，其中不乏淫词艳曲、靡靡之音，大雅君子，又如何荒谬到这般程度？

【原文】

《古乐府》歌百里奚词曰[①]："百里奚，五羊皮。忆别时，烹伏雌，吹扊扅；今日富贵忘我为[②]！""吹"当作"炊煮"之"炊"。案：蔡邕《月令章句》曰："键，关牡也，所以止扉，或谓之剡移。"然则当时贫困，并以门牡木作薪炊耳。《声类》作"扊"，又或作"扂"[③]。

【注释】

①百里奚：春秋时期的贤相。原本是虞国大夫，虞国被晋国灭掉，百里奚被俘后，成为秦穆公夫人的陪嫁之臣。秦穆公听说他是个贤才，于是便任用他为相。

②百里奚，五羊皮。忆别时，烹伏雌，吹扊扅（yǎn yí）；今日富贵忘我为：《乐府解题》引《风俗通》：百里奚为秦相后，延宾饮宴作乐。席间，府中所雇的一洗衣妇说自己知乐。百里奚便呼之上堂。洗衣妇当场援琴抚弦而歌三章。百里奚听罢，方知此洗衣妇是自己过去的妻子，乃重新结为夫妻。

③扂（diàn）：门闩。

【译文】

《古乐府》中吟诵百里奚的歌词说："百里奚，五羊皮。忆别时，烹伏雌，吹扊扅；今日富贵忘我为！""吹"应该是"炊煮"的"炊"字。根据考证：蔡邕的《月令章句》中："键，关牡也，所以止扉，或谓之剡

移。”这里说的是百里奚那时异常贫困，甚至将门闩当柴烧。《声类》中将这个字写成“扊”，又或者是写成“扂”。

【原文】

《通俗文》，世间题云“河南服虔字子慎造”①。虔既是汉人，其《叙》乃引苏林、张揖；苏、张皆是魏人。且郑玄以前，全不解反语，《通俗》反音，甚会近俗。阮孝绪又云“李虔所造”②。河北此书，家藏一本，遂无作李虔者。《晋中经簿》及《七志》，并无其目，竟不得知谁制。然其文义允惬③，实是高才。殷仲堪《常用字训》④，亦引服虔《俗说》，今复无此书，未知即是《通俗文》，为当有异？近代或更有服虔乎？不能明也。

【注释】

①服虔：字子慎。初名重，又名只，东汉人。

②阮孝绪：字士宋，南朝梁人。

③允惬：妥帖。

④殷仲堪：东晋人。

【译文】

《通俗文》这本书，世间之人都将其题为“河南服虔字子慎造”。服虔是汉朝人，但《通俗文》在《叙》部分却引用了苏林、张揖等人的言论；而苏林、张揖二人都是三国时期魏人。更何况郑玄之前的人，全然都不了解反切，《通俗文》中出现的反切注音，和近代人的注音习惯倒是颇为相近。阮孝绪又说“李虔所造”。在黄河以北流传的这本书，我家里就收藏了一本，但却没有题为李虔所撰的字眼。《晋中经簿》以及《七志》中，也没有关于这本书的条目，竟然不知道到底是谁编撰了这本书。然而这本书的文义却非常妥帖，作者实在是一个有大才之人。殷仲堪的《常用字训》，也引用了服虔所著的《俗说》，不过现在已经没有这本书了，不知道是不是《通俗文》，或者是另外一本书？或许是还有另一个名为服虔的人？这些都无从知晓了。

【原文】

或问："《山海经》[1]，夏禹及益所记，而有长沙、零陵、桂阳、诸暨，如此郡县不少，以为何也?"答曰："史之阙文，为日久矣；加复秦人灭学[2]，董卓焚书[3]，典籍错乱，非止于此。譬犹《本草》神农所述，而有豫章、朱崖、赵国、常山、奉高、真定、临淄、冯翊等郡县名，出诸药物；《尔雅》周公所作，而云'张仲孝友'[4]；仲尼修《春秋》，而《经》书孔丘卒；《世本》左丘明所书，而有燕王喜、汉高祖；《汲冢琐语》[5]，乃载秦望碑[6]；《苍颉篇》李斯所造，而云'汉兼天下，海内并厕，豨黥韩覆[7]，畔讨灭残'；《列仙传》刘向所造，而《赞》云'七十四人出佛经'；《列女传》亦向所造，其子歆又作《颂》[8]，终于赵悼后[9]，而传有更始韩夫人、明德马后及梁夫人嫕[10]：皆由后人所羼，非本文也。"

【注释】

①《山海经》：古时地理著作，共有十八篇。

②秦人灭学：指的是秦始皇焚书坑儒的事件。

③董卓焚书：指的是董卓叛乱时，焚烧经典的事情。

④张仲：西周宣王时期的人，在周公之后约百余年。

⑤《汲冢琐语》：西晋太康年间，汲郡人偷盗了魏襄王的墓，得到了几十车书籍，其中就有十一篇《琐语》，主要记述的是战国时期各个国家的卜筮相书。

⑥秦望碑：秦始皇东游秦望山时所立下的碑。

⑦豨（xī）：汉人陈豨。

⑧歆：刘歆，西汉经学家。

⑨赵悼后：战国时期，赵悼襄王赵偃的后人。

⑩更始韩夫人、明德马后及梁夫人嫕（yì）：更始韩夫人，汉更始帝刘玄的宠姬韩夫人；明德马后，东汉时期汉光武帝刘秀的皇后；梁夫人嫕，汉和帝的姨妹梁嫕。

【译文】

有人问："《山海经》，是由夏禹和伯益所记述的，但书中却有长沙、零陵、桂阳、诸暨等秦汉时期所设立的郡县，书中诸如此类的郡县名实属不少，这又是为什么呢？"我回答说："史书上会有缺漏的文章，自古以来便是这样；再加上秦始皇焚书坑儒，董卓焚烧经典，致使典籍错乱，其中的错误并不止这些。比如《本草》一书为上古时期的神农所著，可里面却有豫章、朱崖、赵国、常山、奉高、真定、临淄、冯翊等汉朝时才出现的郡县名，还有它们盛产的各类药物；《尔雅》为周公所作，书中却出现了'张仲孝友'的话；孔子修订了《春秋》，可《春秋左氏传》经文中却讲述了孔子去世时的事情；《世本》是春秋史学家左丘明所著，书中却记载了燕王喜和汉高祖刘邦的事情；《汲冢琐语》是战国时期的书籍，里面却记载有秦望碑；《苍颉篇》为秦朝人李斯所编撰，而里面却出现了'汉兼天下，海内并厕，豨黥韩覆，畔讨灭残'的事情；《列仙传》是刘向编撰的，而其中的《赞》一篇却说到了'七十四人出佛经'的事；《列女传》也是刘向所编撰，他的儿子刘歆编撰了《列女传颂》，内容范围止于战国的赵悼后，而里面却有更始韩夫人、明德马皇后及梁夫人嫕的故事：这些内容都是由后世人编写上去的，并不是本来的版本。”

【原文】

或问曰：“《东宫旧事》何以呼‘鸱尾’为‘祠尾’[①]？”答曰：“张敞者，吴人，不甚稽古[②]，随宜记注，逐乡俗讹谬[③]，造作书字耳。吴人呼‘祠祀’为‘鸱祀’，故以‘祠’代‘鸱’字；呼‘绀’为‘禁’[④]，故以‘系’傍作‘禁’代‘绀’字；呼‘盏’为竹简反，故以‘木’傍作‘展’代‘盏’字；呼‘镬’字为‘霍’字[⑤]，故以‘金’傍作‘霍’代‘镬’字；又‘金’傍作‘患’为‘镮’字[⑥]，‘木’傍作‘鬼’为‘魁’字，‘火’傍作‘庶’为‘炙’字，‘既’下作‘毛’为‘髻’字；金花则‘金’傍作‘华’，窗扇则‘木’傍作‘扇’：诸如此类，专辄不少[⑦]。”

【注释】

①《东宫旧事》：汉代张敞所编撰。

②稽古：考察古事。

③讹谬：错谬，这里指文字、训读方面的。

④绀（gàn）：天青色。

⑤镬（huò）：无足鼎。

⑥镮（huán）：环。

⑦专辄：专断。

【译文】

有人问：“《东宫旧事》中为何将‘鸱尾’称为‘祠尾’呢？”我回答说：“《东宫旧事》的作者张敞，是吴郡人，不看重古事的考察，随意记注史实，跟着世俗的讹传误说，伪造文字而已。吴郡人将‘祠祀’称为‘鸱祀’，所以张敞便用‘祠’代替‘鸱’字；将‘绀’字读为‘禁’字，所以以‘系’字部旁边加个‘禁’字来代替‘绀’字；称呼‘盏’为竹简反，所以以‘木’字部加上‘展’代替‘盏’字；把‘镬’字读为‘霍’字，所以以‘金’字部加上‘霍’代替‘镬’字；

又以‘金’字部旁边加上‘患’造‘镮’字，‘木’字部加上‘鬼’作‘魁’字，‘火’字部加上‘庶’作‘炙’字，‘既’字下面加上‘毛’当成‘髻’字；金花便用‘金’字部旁边加上‘华’字，窗扇则用‘木’字旁加上‘扇’字：诸如这一类的文字，他独自伪造了不少。”

【原文】

又问：“《东宫旧事》‘六色罽缌’[①]，是何等物[②]？当作何音?”答曰：“案：《说文》云：‘莙[③]，牛藻也，读若“威”。’《音隐》：‘坞瑰反。’即陆机所谓‘聚藻，叶如蓬’者也[④]。又郭璞注《三苍》亦云：‘蕴，藻之类也，细叶蓬茸生。’然今水中有此物，一节长数寸，细茸如丝，圆绕可爱，长者二三十节，犹呼为‘莙’。又寸断五色丝，横着线股间绳之，以象莙草，用以饰物，即名为‘莙’；于时当绁六色罽，作此莙以饰绲带[⑤]，张敞因造‘糸’旁‘畏’耳，宜作‘隈’。”

【注释】

①六色罽（jì）：六色，泛指色彩丰富；罽，毡类的毛织品。

②何等：汉魏六朝时期的常用语，相当于现在的“什么”。

③莙（jūn）：水藻的名字。

④蓬：杂乱松散的样子。

⑤绲（gǔn）带：编织成的束带。

【译文】

又有人问：“《东宫旧事》中的‘六色罽缌’，是什么东西呢？又应该读成什么呢?”我回答说：“根据考证：《说文解字》中记载：‘莙，便是牛藻，读音和“威”字相同。’《音隐》中注音为：‘坞瑰反。’也就是陆机所说的‘聚藻，叶如蓬’那种植物。此外郭璞注解的《三苍》也说：‘蕴，是藻类的一种，叶子比较细，茸毛松散。’现在水里也有这种植物，一节有几寸长，细细的茸毛好比丝线一般，圆绕可爱，长的有二三十节，依然称呼为‘莙’。此外，将五色丝剪成一寸长，横着放在几股线之间，并以线系住，做成莙草的样子，用来当作装饰品，便称为

‘著’；那个时候是用六色罽来捆绑好，以此来装饰绲带，张敞也因此造出‘糸’字旁加个‘畏’字的字，其实应该是‘隈’字。”

【原文】

柏人城东北有一孤山①，古书无载者。唯阚骃《十三州志》以为舜纳于大麓②，即谓此山，其上今犹有尧祠焉；世俗或呼为“宣务山”，或呼为“虚无山”，莫知所出。赵郡士族有李穆叔、季节兄弟、李普济③，亦为学问，并不能定乡邑此山。余尝为赵州佐，共太原王邵读柏人城西门内碑。碑是汉桓帝时柏人县民为县令徐整所立，铭曰：“山有巏嵍④，王乔所仙⑤。”方知此“巏嵍”山也。“巏”字遂无所出。“嵍”字依诸字书，即“旄丘”之“旄”也；“旄”字，《字林》一音亡付反，今依附俗名，当音“权务”耳。入邺，为魏收说之，收大嘉叹。值其为《赵州庄严寺碑铭》，因云“权务之精”，即用此也。

【注释】

①柏人城：古地名，今河北唐山西北方向。

②阚骃（kàn yīn）：字玄阴，北魏人。

③李穆叔：李公绪。

④巏嵍（quán wù）：尧山，今河北隆尧西。

⑤王乔：传说中的仙人王子乔。

【译文】

柏人城的东北方向有一座孤山，古书上对它并没有记载。只有阚骃的《十三州志》记载尧帝曾经在大麓这个地方接纳舜帝，大麓指的就是这座山，如今这座山上还保存着尧帝的祠堂；世间有人将其称为“宣务山”，有的称为“虚无山”，但却都不知道这些称呼是从何处来的。赵郡的士族李穆叔、李季节兄弟俩和李普济，也都是些有学问的人，但都无法断定家乡这座山的名字。我曾经任赵州佐，和太原人王邵一起研读过柏人城西门处的碑文。石碑是汉桓帝时期柏人县的百姓为县令徐整而立的，铭文中说：“山有巏嵍，王乔所仙。”这才知道这座山的名字为巏嵍山。“巏”的出处并没有找到。“嵍”字的出处则根据各类字书的记载，也就是“旄丘”的“旄”字；“旄”字，《字林》中将其注音为亡付反，而今依照世俗的称呼，应该读“权务”音。我来到邺都之后，对魏收说起了这件事情，他对此大为嘉叹。正好赶上他写《赵州庄严寺碑铭》，所以写道“权务之精”，这句话便是从我说的这个典故中来的。

【原文】

或问：“一夜何故五更？更何所训？”答曰：“汉、魏以来，谓为甲夜、乙夜、丙夜、丁夜、戊夜，又云‘鼓’，一鼓、二鼓、三鼓、四鼓、五鼓，亦云一更、二更、三更、四更、五更，皆以五为节。《西都赋》亦云：‘卫以严更之署[①]。’所以尔者，假令正月建寅[②]，斗柄夕则指寅[③]，晓则指午矣；自寅至午，凡历五辰[④]。冬夏之月，虽复长短参差，然辰间辽阔，盈不过六，缩不至四，进退常在五者之间。更，历也，经也，故曰五更尔。”

【注释】

①严更之署：督行更鼓的郎署。

②建寅：古时以北斗星斗柄的运转来计算月份，斗柄指向十二辰中的寅就是夏历的正月。《淮南子·天文训》："天一元始，正月建寅。"

③斗柄：指的是北斗的第五到第七星，也就是衡、开泰、摇光。

④五辰：五个时辰。

【译文】

有的人问："一夜为何要划分为五更呢？更又是什么意思呢？"我回答说："汉、魏以来，一夜又分为甲夜、乙夜、丙夜、丁夜、戊夜；又称为'鼓'，一鼓、二鼓、三鼓、四鼓、五鼓；也称为一更、二更、三更、四更、五更，都是以五为节数的。《西都赋》中也说：'卫以严更之署。'之所以使用这种分法，是假令正月建寅，北斗星的斗柄在傍晚时分会指向寅星，早晨的时候便指向午星；从寅星到午星，一共要历经五个时辰。冬天和夏天，虽然所历经的时间长短参差不齐，但时辰间的长短差别，最长不会超过六个时辰，最短也不会少于四个时辰，进退只是在五个时辰之间。更，便是历、经的意思，所以称之为五更。"

【原文】

《尔雅》云："术，山蓟也[①]。"郭璞注云："今术似蓟而生山中。"案：术叶其体似蓟，近世文士，遂读"蓟"为"筋肉"之"筋"，以耦"地骨"用之[②]，恐失其义。

【注释】

①山蓟（jì）：术的别称。

②地骨：枸杞的别称。

【译文】

《尔雅》中记载："术，就是山蓟。"郭璞的注解中也说："术和蓟草相似，生长在山里。"根据考证：术叶的形状和蓟草有些相似，而近代的学者，便将"蓟"读成"筋肉"的"筋"字，以此想要和"地骨"对偶，恐怕这已失去它的本义吧。

【原文】

或问："俗名'傀儡子'为'郭秃'[①]，有故实乎[②]？"答曰："《风俗通》云：'诸郭皆讳秃。'当是前代人有姓郭而病秃者，滑稽戏调，故后人为其象，呼为'郭秃'，犹《文康》象庾亮耳。"

【注释】

①傀儡子：傀儡戏。

②故实：典故。

【译文】

有人问："俗称'傀儡子'为'郭秃'，这里面有什么典故吗？"我回答说："《风俗通》中记载：'各个郭姓的人都避讳秃字。'应该是前代郭姓人中有得了秃病的人，言行滑稽、爱开玩笑，所以后人便根据他的样子制作了一个木偶，称为'郭秃'，就好比《文康》模仿了庾亮一样。"

【原文】

或问曰："何故名'治狱参军'为'长流'乎？"答曰："《帝王世纪》云：'帝少昊崩[①]，其神降于长流之山，于祀主秋。'案：《周礼·秋官》，司寇主刑罚、长流之职，汉、魏捕贼掾耳。晋、宋以来，始为参军，上属司寇，故取秋帝所居为嘉名焉[②]。"

【注释】

①少昊：相传中古时期东夷的首领，号金天氏。

②嘉名：美名。

【译文】

有人问："为何将'治狱参军'称为'长流'呢？"我回答说："《帝王世纪》中记载：'少昊帝死了之后，他的神灵降临在长流山上，主管秋祀的活动。'根据考证：《周礼·秋官》中记载，司寇主管刑罚、长流的职责，相当于汉、魏时期的捕贼掾。晋代、宋代以来，才开始设置参军一职，隶属于司寇，所以取秋帝少昊居住的地名作为它的美称。"

【原文】

客有难主人曰[①]："今之经典，子皆谓非，《说文》所言，子皆云是，然则许慎胜孔子乎？"主人拊掌大笑[②]，应之曰："今之经典，皆孔子手迹耶？"客曰："今之《说文》，皆许慎手迹乎？"答曰："许慎检以六文[③]，贯以部分[④]，使不得误，误则觉之。孔子存其义而不论其文也。先儒尚得改文从意，何况书写流传耶？必如《左传》'止戈'为'武'，'反正'为'乏'，'皿虫'为'蛊'，'亥'有'二首六身'之类，后人自不得辄改也，安敢以《说文》校其是非哉？且余亦不专以《说文》为是也，其有援引经传，与今乖者，未之敢从。又相如《封禅书》曰：'导一茎六穗于庖，牺双觡共抵之兽[⑤]。'此'导'训'择'，光武诏云'非徒有豫养导择之劳'，是也。而《说文》云：'导是禾名。'引《封禅书》为证；无妨自当有禾名蕖，非相如所用也。'禾一茎六穗于庖'，岂成文乎？纵使相如天才鄙拙，强为此语，则下句当云‘麟双胳共抵之兽’，不得云‘牺’也。吾尝笑许纯儒[6]，不达文章之体，如此之流，不足凭信，大抵服其为书，隐括有条例，剖析穷根源，郑玄注书，往往引以为证；若不信其说，则冥冥不知一点一画，有何意焉。”

【注释】

①主人：颜之推的自称。

②拊（fǔ）掌：拍手鼓掌。

③六文：六书，即象形、指事、会意、形声、转注、假借。

④贯以部分：按照部首分类。

⑤觡（gé）：骨角。

⑥纯儒：纯粹的儒者。

【译文】

有一个客人责难我说：“如今的经典中的文字，你都说是错误的，《说文解字》中对文字的解释，你都说是正确的，这样来说，难道许慎要比孔子高明吗？”我拍手大笑，回答道：“如今的经典，难道都是孔子的手迹吗？”客人说：“而今的《说文解字》，难道都是许慎的手迹吗？”我回答说：“许慎根据六书来分析字形字义，根据部首将文字分类，让文字的形、音、义都不会出现错误，即便出现了错误也能够立刻察觉。孔子校订经书只推崇它的大概文意而不推究文字。以前的学士尚且还得改动文字来顺从文章的意思，更何况是这些经过多次抄写流传的呢？一定要像《左传》中‘止戈’为‘武’，‘反正’为‘乏’，‘皿虫’为‘蛊’，‘亥’有‘二首六身’之类明确指出字体结构的情况，后人自然无法擅自更改了，又岂敢以《说文解字》来校正这种说法的对错呢？况且我也并不认为《说文解字》中所讲的就都是正确的，书中引用的经典原文，如若与现在有背离的，我也不敢盲目跟从。比如司马相如的《封禅书》中记载：‘导一茎六穗于庖，牺双觡共抵之兽。’这里的‘导’就是‘择’的意思，光武帝的诏书中说‘非徒有豫养导择之劳’，其中的

‘导’也是这样的情况。而《说文解字》中记载：‘导是禾名。’还引用了《封禅书》论证；也许真的有一种禾名为䆃，但却不是司马相如《封禅书》中所用的‘导’字。‘禾一茎六穗于庖’，岂能讲得通？即便司马相如天生鄙陋，勉强写出这样的句子，那么下一句应该是‘麟双胳共抵之兽’，而不会作‘牺双觡共抵之兽’了。我曾经取笑许慎是一个纯粹的学者，不知晓文章的体裁和风格，像这样的例子，都不足以作为凭证。我大抵还是比较相信许慎的《说文解字》，文字的审订可以有条例可依，能够剖析字的形体来探求字的本义，郑玄注解经书，常常使用《说文解字》来论证；如若不相信许慎的学说，那么就会懵懵懂懂而不知道字体的结构形体，即使饱读经典又有什么意义呢。”

【原文】

世间小学者，不通古今，必依小篆，是正书记[①]；凡《尔雅》《三苍》《说文》，岂能悉得苍颉本指哉[②]？亦是随代损益，互有同异。西晋已往字书，何可全非？但令体例成就，不为专辄耳。考校是非，特须消息。至如“仲尼居”，三字之中，两字非体，《三苍》“尼”旁益“丘”，《说文》“尸”下施“几”：如此之类，何由可从？古无二字，又多假借，以“中”为“仲”，以“说”为“悦”，以“召”为“邵”，以“閒”为“闲”：如此之徒，亦不劳改。自有讹谬，过成鄙俗，“乱”旁为“舌”，“揖”下无“耳”，“鼋”“鼍”从“龟”，“奋”“夺”从“雚”[③]，“席”中加“带”，“恶”上安“西”，“鼓”外设“皮”，“鑿”头生“毁”，“离”则配“禹”，“壑”乃施“豁”，“巫”混“经”旁，“皋”分“泽”片，“猎”化为“獦”[④]，“寵”变成“竉”[⑤]，“業”左益“片”，“靈”底着“器”，“率”字自有“律”音，强改为别；“单”字自有“善”音，辄析成异：如此之类，不可不治。吾昔初看《说文》，蚩薄世字，从正则惧人不识，随俗则意嫌其非，略是不得下笔也。所见渐广，更知通变，救前之执，将欲半焉。若文章著述，犹择微相影响者行之[⑥]，官曹文书，世间尺牍，幸不违俗也。

【注释】

①是正：订正。

②本指：本意。

③雚（guàn）：水鸟名。

④獵（liè）：打猎。

⑤竉（lǒng）：孔穴。

⑥微相影响：稍微近似。

【译文】

世间研究文字的学者，不知晓古今文字的演变过程，便一定会依据小篆，来校订书本里的文字；但《尔雅》《三苍》《说文》等书，又岂能尽得苍颉造字的本意呢？这些字书也会随着时代的发展而有所增减，相互之间有同也有异。西晋之前的字书，又怎可全部否定呢？只要体例能够自成体系，而不是擅自发挥就可以了。考订文字的是非，一定要仔细斟酌。至于"仲尼居"，三个字之中，便有两个字是不符合正体的，《三苍》中"尼"字旁边还多了一个"丘"字，《说文解字》中"尸"字下边加了一个"几"字：诸如此类的例子，又如何能够盲目跟从呢？古时候并不存在一个字有两种字形的情况，而又多假借的情况，以"中"假借为"仲"，以"说"假借为"悦"字，以"召"字假借为"邵"字，以"閒"假借为"闲"字：像这样的情况，也不用多加修改。当然其中也有一些荒谬错误的文字，时间长了便成了鄙陋的习俗，像将"乱"字的偏旁写成了"舌"，"揖"字的下面没有了"耳"，"鼋""鼍"二字写成了"龟"字旁，"奋""夺"二字写成了"雚"字旁，"席"字中多加了一个"带"字，"恶"字上面放了一个"西"字，"鼓"字外面加了一个"皮"字，"鑿"字上面写成了"毁"字，"离"字旁边配了一个"禹"字，"壑"字旁边又加了一个"豁"字，"巫"字的部首经常和"经"字的部首相混，"皋"字写成了"泽"字的半边，"猎"字写成了"獵"字，"寵"字写成了"竉"字，"業"字的左边添加了"片"字，

“靈”下面又加了“器”字，“率”字原本就有“律”的读音，却偏偏勉强改成别的字；“单”原本就有“善”的读音，也偏偏被擅自分析成其他的读音：诸如此类的情况，不可以不修改。昔日我刚开始读《说文解字》的时候，对于这些通俗的文字很是鄙薄，依据正体的写法又担心别人不认识，跟随世俗的写法自己又厌恶写错字，不使用这些字又无法下笔。随着见识的增多，才明白了适时变通的道理，纠正之前的偏执态度，打算从正体和随俗二者之间折衷。如若编撰文章，便选择和《说文解字》稍微近似的字体来运用，如若是写官府文书，以及和世人的来往书信，就可以不用违背通俗字体的习惯了。

【原文】

案：弥亙字从二间舟[①]，《诗》云：“亙之秬秠”是也[②]。今之隶书，转“舟”为“日”；而何法盛《中兴书》乃以“舟”在“二”间为舟“航”字，谬也。《春秋说》以“人十四心”为“德”，《诗说》以“二在天下”为“酉”，《汉书》以“货泉”为“白水真人”[③]，《新论》以“金昆”为“银”，《国志》以“天上有口”为“吴”[④]，《晋书》以“黄头小人”为“恭”[⑤]，《宋书》以“召刀”为“邵”，《参同契》以“人负告”为“造”：如此之例，盖数术谬语，假借依附，杂以戏笑耳。如犹转“贡”字为“项”，以“叱”为“七”，安可用此定文字音读乎？潘、陆诸子《离合诗》《赋》《栻卜》《破字经》，及鲍照《谜字》，皆取会流俗，不足以形声论之也。

【注释】

①亙（gèn）：假借为“亘”字。

②秬秠（jù pī）：秬为黑黍的大名；秠为黑黍中一稃二米者。

③白水真人：汉朝钱币“货泉”的别名。

④《国志》：晋代陈寿所著的《三国志》。

⑤黄头小人：隐语。《宋书·五行志二》：“王恭在京口，民间忽云：‘黄头小人欲作贼，阿公在城下，指缚得。’又云：‘黄头小人欲作乱，赖得金刀作蕃扞。’‘黄’字上，‘恭’字头也。‘小人’，‘恭’字下也。”

【译文】

根据考证：“弥亙”的“亙”字从属于“二”字中加一个“舟”字，《诗经》中说“亙之秬秠”的“亙”便是这个字了。而今的隶书，将“二”字中间的“舟”字更改为“日”字；而何法盛所著的《晋中兴书》中竟然认为“舟”字加在“二”字中间组成了“航”字，这可真是荒谬啊。《春秋说》以“人十四心”当作“德”字，《诗说》以“二在天下”为“酉”，《汉书》将“货泉”称为“白水真人”，《新论》中以“金昆”暗指“银”，《三国志》中以“天上有口”代指“吴”，《晋书》中以“黄头小人”代指“恭”，《宋书》中以“召刀”代指“邵”，《参同契》中以“人负告”代指“造”：诸如此类的例子，都是术数荒谬的说法，假借别的字来依附自己的意思，而且掺杂着戏谑玩笑罢了。就犹如将“贡”字写成“项”字，把“叱”字当成“七”字，又怎可依据这样的说法来确定文字的读音呢？潘岳、陆机等人所著的《离合诗》《赋》《栻卜》《破字经》以及鲍照的《谜字》，都是趋于社会世俗的作品，不足以使用形声造字的方法来加以评价。

【原文】

河间邢芳语吾云[①]：“《贾谊传》云：‘日中必熭[②]。’注：‘熭，暴也。’曾见人解云：‘此是暴疾之意，正言日中不须臾，卒然便昃耳[③]。’此释为当乎？”吾谓邢曰：“此语本出太公《六韬》，案字书，古者‘暴晒’字与‘暴疾’字相似[④]，唯下少异，后人专辄加傍‘日’耳。言日中时，必须暴晒，不尔者，失其时也。晋灼已有详释[⑤]。”芳笑服而退。

【注释】

①河间：地名，今河北献县东南。

②熭（wèi）：晒干。

③昃（zè）：日西斜。

④暴（bào）：同“暴”。

⑤晋灼：河南人，晋朝尚书郎。

【译文】

河间人邢芳对我说：“《贾谊传》记载：‘日中必熭。’注解说：‘熭，就是暴的意思。’我曾经见过别人这样解释说：‘这是迅猛的意思，正所谓太阳位于正中的时间并不长，很快就要西斜了。’这种解释恰当吗？”我对邢芳说：“这句话本出于姜太公的《六韬》，根据字书考证，古时候‘暴晒’的‘暴’字和‘暴疾’的‘暴’字，字形非常相似，只有下半部分有些不同罢了，后人便擅作主张在‘暴’字旁添加了‘日’字。这句话的意思是太阳位于正中的时候，一定要把物品放在阳光下暴晒，如若不这样做，就会失去合适的时间。晋灼对此已经有比较详尽的解释了。”邢芳心悦诚服地回去了。

卷七

音辞篇

【题解】

音辞篇主要讲的是有关语言和音韵方面的内容。颜之推注意到因地域不同而带来的语言上的差异，注意到因时代不同而造成的古今声韵的变迁。所以他要求子女不能受地域的限制，要养成正确发音的习惯，这样才能够避免可能出现的错误。

【原文】

夫九州之人，言语不同，生民已来[①]，固常然矣。自《春秋》标齐言之传[②]，《离骚》目楚词之经，此盖其较明之初也。后有扬雄著《方言》，其言大备[③]。然皆考名物之同异[④]，不显声读之是非也。逮郑玄注“六经”，高诱解《吕览》《淮南》，许慎造《说文》，刘熹制《释名》[⑤]，始有譬况假借以证音字耳[⑥]。而古语与今殊别，其间轻重清浊，犹未可晓；加以内言外言、急言徐言、读若之类[⑦]，益使人疑。孙叔言创《尔雅音义》[⑧]，是汉末人独知反语。至于魏世，此事大行[⑨]。高贵乡公不解反语[⑩]，以为怪异。自兹厥后，音韵锋出，各有土风，递相非笑，指马之谕[⑪]，未知孰是。共以帝王都邑，参校方俗，考核古今，为之折衷。榷而量之，独金陵与洛下耳。

【注释】

①生民：人。《孟子·公孙丑上》：“自有生民以来，未有孔子也。”

②齐言：齐地的方言。

③备：完备，齐备。

④名物：事物的名称和特征。

⑤刘熹：刘熙。

⑥譬况：古时的一种注音方法。

⑦内言外言、急言徐言、读若：内言外言，古时注家譬况字音用语；急言，汉代注家譬况字音用语；徐言，缓言；读若，古时注音、释义的用语。

⑧孙叔言：汉末孙炎，字叔言。

⑨大行：普遍流行。

⑩高贵乡公：曹髦，魏文帝曹丕的孙子。

⑪指马：战国时期，名家公孙龙提出了“物莫非指，而指非指”“白马非马”等命题，以探讨名与实的关系。

【译文】

九州内的百姓，言语不同，自人类诞生以来，就是这个样子。自从《春秋》开始有了标注齐地方言的版本，《离骚》也被看作是楚地语词的经典，这时候古人或许便开始知晓各地方言的差异了。后来又有扬雄所著的《方言》，关于各地方言的论述算是比较完备了。然而这些内容都是考究事物名称的异同，并不能显出读音的对错。直到郑玄注解“六经”，高诱注解《吕览》《淮南》，许慎著《说文解字》，刘熹著《释名》等，才开始使用譬况、假借的方法为相同音或者是相似音的字注音。只是古时候的读音和现在的读音有些不同，其中语音的轻重、清浊，还犹未可知晓；再加上注音时的内言外言、急言徐言、读若之类的说法，更加让人产生疑惑。孙叔言著有《尔雅音义》，他是汉末时期唯一一个知晓反切注音法的人。到了曹魏时期，这样的注音方法才普遍流行起来。高贵乡公曹髦不理解反切的方法，被当时的人看作是一件很怪异的事情。自此之后，关于音韵的书籍纷纷而出，各自记录的是不同地区的方言，相互嘲笑，并展开了激烈的争辩，不知道到底谁是正确的。后来便都是用帝王都城所在地区的语音，和各地方的方言俗语进行参考比较，考察古今的读音，选出折中的方法。经过反复商榷考量之后，只有金陵地区的发音和洛阳地区的发音能够分别代表南北地区的发音标准。

【原文】

南方水土和柔，其音清举而切诣[①]，失在浮浅，其辞多鄙俗；北方山川深厚，其音沉浊而鈋钝[②]，得其质直，其辞多古语。然冠冕君子，南方为优；闾里小人，北方为愈。易服而与之谈，南方士庶，数言可辩；隔垣而听其语，北方朝野[③]，终日难分。而南染吴越，北杂夷虏，皆有深弊，不可具论。

【注释】

①清举：声音悠扬清脆。

②鈋（é）钝：浑厚。

③朝野：朝廷和民间。此指官员与普通百姓。

【译文】

南方水土柔和，语音悠扬清脆而且发音比较急切，不好的地方在于发音过于浮浅，言辞大都鄙陋；北方山川深厚，语音沉着而浑厚，长处便是平实质朴，言辞中也有很多古语。不过就士大夫的言辞水准来说，南方较好一些；就市井百姓的言语水准来说，北方较优一些。如若让士大夫和平民交换衣服而交谈，南方的士大夫和百姓，交谈几句就可以分辨出他们真正的等级地位；隔墙听人谈话，如若是北方的士大夫和百姓，那么即便是听上一天也很难分辨出来。只是南方地区的方言受到吴语、越语的影响，北方语言则受到蛮夷语言的影响，都有很大的弊端，此处就不具体论述了。

【原文】

其谬失轻微者，则南人以“钱”为“涎”，以“石”为“射”，以“贱”为“羡”，以“是”为“舐”；北人以“庶”为“戍”，以“如”为“儒”，以“紫”为“姊”，以“洽”为“狎”。如此之例，两失甚多。至邺已来，唯见崔子约、崔瞻叔侄，李祖仁、李蔚兄弟，颇事言词，少为切正。李季节著《音韵决疑》[①]，时有错失；阳休之造《切韵》[②]，殊为疏野。吾家儿女，虽在孩稚，便渐督正之；一言讹替[③]，以为己罪矣。云为品物，未考书记者，不敢辄名，汝曹所知也。

【注释】

①李季节：南北朝时期，北齐李概，字季节，官拜太子舍人。

②阳休之：南北朝人，字子烈。

③讹替：差误。

【译文】

有些错误是发音太轻微，比如南方人将“钱”读作“涎”，将“石”读作“射”，将“贱”读作“羡”，将“是”读作“舐”；北方人则将“庶”读作“戍”，将“如”读作“儒”，将“紫”读作“姊”，将“洽”读作“狎”。诸如此类的例子，南北方都错得很多。我到邺城之后，只知道崔子约、崔瞻叔侄二人，李祖仁、李蔚兄弟二人，对言词方面略有些研究，可以稍微切磋补正一下。李季节所著的《音韵决疑》，也时常会有错误的地方；阳休之所著的《切韵》，非常粗略草率。我们家的子女，虽然还在童稚时代，已开始逐渐督促纠正他们的发音；如若他们有一个字出现了差误，我都会认为是自己的罪过。所有的物品，如若没有经过书籍考证记录，我便不敢随意称呼，这是你们知道的事情。

【原文】

古今言语，时俗不同；著述之人，楚、夏各异[①]。《苍颉训诂》，反“稗”为“逋卖”，反“娃”为“於乖”；《战国策》音“刎”为“免”，《穆天子传》音“谏”为“间”；《说文》音“戛”为“棘”，读“皿”为“猛”；《字林》音“看”为“口甘反”，音“伸”为“辛”；《韵集》以成、仍、宏、登合成两韵，为、奇、益、石分作四章；李登《声类》以“系”音“羿”，刘昌宗《周官音》读“乘”若“承”；此例甚广，必须考校。前世反语，又多不切，徐仙民《毛诗音》反“骤”为“在遘”，《左传音》切“椽”为“徒缘”，不可依信，亦为众矣。今之学士，语亦不正；古独何人，必应随其讹僻乎[②]？《通俗文》曰：“入室求曰搜。”反为“兄侯”。然则“兄”当音“所荣反”。今北俗通行此音，亦古语之不可用者。玙璠[③]，鲁人宝玉，当音“余烦”，江南皆音“藩屏”之“藩”。“岐”山当音为“奇”，江南皆呼为“神祇”之“祇”。江陵陷没，此音被于关中，不知二者何所承案[④]。以吾浅学，未之前闻也。

【注释】

①夏：中原国家。

②讹僻：讹误。

③玙璠（yú fán）：美玉。

④承：依从。

【译文】

古今言语，因为时俗的不同而有所不同；著述的人，南楚、北夏地区也各不相同。《苍颉训诂》中，“稗”的注音为“逋卖反”，“娃”的注音是“於乖反”；《战国策》中将“刎”读作“免”，《穆天子传》中将“谏”读作“间”；《说文解字》中将“戛”读作“棘”，将“皿”读作“猛”；《字林》一书中“看”的注音为“口甘反”，“伸”的注音为“辛”；《韵集》中把成、仍、宏、登合为两个韵，又将为、奇、益、石分作四个韵部；李登《声类》中用“系”给“羿”注音，刘昌宗《周官音》中将“乘”读作“承”；这样的例子有很多，一定要多加考证校对才行。先前的反切注音，还有很多不妥帖的，徐仙民《毛诗音》中把“骤”注音为“在遘反”，《左传音》中将“椽”的读音注为“徒缘切”，类似这样不可信从的例子，也是有很多的。而今的学士，也有注音不正确的；古时候的人难道都是聪慧绝顶的人，后世人一定要沿袭他们的讹误吗?《通俗文》中说：“入室求曰搜。”“搜”字被注音为“兄侯反”。如若这样“兄”字的注音应该是“所荣反”。而今北方地区却流行这种读音，这也是古时言语中不可以沿用的。玙璠，是鲁国人的宝玉，应该读作“余烦”，江南地区的人都将“璠”读作“藩屏”的“藩”字。“岐山”的“岐”字应该注音为“奇”，江南地区的人却都读作“神祇”的“祇”字。江陵陷落之后，这两种读音开始在关中地区流行开来，不知道这两种读音的依据是什么。以我这般浅薄的学识，倒是从未听说过。

【原文】

北人之音，多以“举”“莒”为“矩”；唯李季节云：“齐桓公与管仲于台上谋伐莒，东郭牙望见桓公口开而不闭，故知所言者莒也。然则莒、矩必不同呼。”此为知音矣[①]。

【注释】

①知音：知晓音韵的人。

【译文】

北方人的读音，大多将“举”“莒”读作“矩”；只有李季节说：“齐桓公和管仲在台上商讨讨伐莒国的事情，东郭牙从远处看到齐桓公的嘴巴只张开却不合上，因而知道他们谈话的内容是莒国。由此可见莒、矩二字的读音肯定是不相同的。”这是一个知晓音韵的人。

【原文】

夫物体自有精粗，精粗谓之好恶[①]；人心有所去取，去取谓之好恶[②]。此音见于葛洪、徐邈。而河北学士读《尚书》云好生恶杀[③]。是为一论物体，一就人情，殊不通矣。

【注释】

①好恶（hǎo è）：好坏。

②好恶（hào wù）：喜好和嫌恶。

③好生恶杀：爱惜生灵，厌恶杀戮。

【译文】

物体本身有精良、粗劣之分，精良、粗劣也就是好坏；人心对于事物也有舍弃和保留之别，舍弃或者保留便是我们所指的喜好和嫌恶。后一种“好恶”的读音可以在葛洪、徐邈的著作中找到。而黄河以北地区的学士在读《尚书》的时候将“好（hào）生恶（wù）杀”读成了“好（hǎo）生恶（è）杀”。这两种读法，一个是为了评价物体本身的，一个则是表示个人喜好的，将此二者混为一谈是说不通的。

【原文】

“甫”者，男子之美称，古书多假借为“父”字；北人遂无一人呼为“甫”者，亦所未喻[①]。唯管仲、范增之号，须依字读耳。

【注释】

①喻：知晓明白。

【译文】

“甫”是古时男子的美称，古书上多假借为“父”字；北方地区竟然没有一个人将“父”字读为“甫”音的，这是因为他们不明白二者的通假关系。只有管仲的号“仲父”、范增的号“亚父”中的“父”字，是依照本字的读音来读的。

【原文】

案：诸字书，焉者鸟名，或云语词，皆音“于愆反”。自葛洪《要用字苑》分焉字音训：若训“何”训“安”，当音“于愆反”，“于焉逍遥”“于焉嘉客”“焉用佞”“焉得仁”之类是也[①]；若送句及助词，当音“矣愆反”，“故称龙焉”“故称血焉”“有民人焉”“有社稷焉”“托始焉尔”“晋、郑焉依”之类是也[②]。江南至今行此分别，昭然易晓；而河北混同一音，虽依古读，不可行于今也。

【注释】

①焉用佞，焉得仁：语出《论语·公冶长》：“或曰：‘雍也仁而不佞。’子曰：‘焉用佞？御人以口给，屡憎于人。不知其仁，焉用佞？’”“子张问曰：‘令尹子文三仕为令尹，无喜色；三已之，无愠色。旧令尹之政，必以告新令尹。何如？’子曰：‘忠矣。’曰：‘仁矣乎？’曰：‘未知，焉得仁？’‘崔子弑齐君，陈文子有马十乘，弃而违之。至于他邦，则曰：“犹吾大夫崔子也。”违之，何如？’子曰：‘清矣。’曰：‘仁矣乎？’曰：‘未知，焉得仁。’”

②故称龙焉，故称血焉，有民人焉，有社稷焉，托始焉尔：故称龙焉，故称血焉，出自《周易·坤卦·文言》：“阴疑于阳必战，为其嫌于无阳也，故称‘龙’焉。犹未离其类也，故称‘血’焉。”有民人焉，有社稷焉，出自《论语·先进》：“子路使子羔为费宰。子曰：‘贼夫人之子。’子路曰：‘有民人焉，有社稷焉，何必读书，然后为学。’子曰：

‘是故恶夫佞者。’”托始焉尔，出自《春秋公羊传》：“前此则曷为始乎此？托始焉尔。曷为托始焉尔？《春秋》之始也。”

【译文】

根据考证：各部字书都将“焉”看作是鸟名，或者是语气助词，都注音为“于愆反”。自葛洪所著的《要用字苑》才开始分辨“焉”字的读音和字义：如若解释成“何”“安”，那么“焉”字的读音应该为“于愆反”，“于焉逍遥”“于焉嘉客”“焉用佞”“焉得仁”之类的句子就是这样；如若“焉”字只是用作语气助词，那么读音就应该为“矣愆反”，“故称龙焉”“故称血焉”“有民人焉”“有社稷焉”“托始焉尔”“晋、郑焉依”一类的句子就是如此。江南地区的人们到现在还沿用这种不同读音的用法，字的意思通俗易懂；而黄河以北地区的人们却将这两种读音混为一谈，虽然依照古时候的读法，但却无法适用于现在了。

【原文】

“邪”者，未定之词。《左传》曰：“不知天之弃鲁邪？抑鲁君有罪于鬼神邪①？”《庄子》云：“天邪？地邪？”《汉书》云：“是邪？非邪②？”之类是也。而北人即呼为“也”，亦为误矣。难者曰：“《系辞》云：‘乾坤，《易》之门户邪？’此又为未定辞乎？”答曰：“何为不尔，上先标问，下方列德以折之耳③。”

【注释】

①不知天之弃鲁邪？抑鲁君有罪于鬼神邪：出自《左传·昭公二十六年》：“不知天之弃鲁邪？抑鲁君有罪于鬼神邪？故及此也。”

②是邪？非邪：出自《汉书·外戚传》：“上愈益相思悲感，为作诗曰：‘是邪？非邪？立而望之，偏何姗姗其来迟！’”

③折：裁决。

【译文】

“邪”，属于疑问词。《左传》中记载：“不知天之弃鲁邪？抑鲁君有罪于鬼神邪？”《庄子》中记载：“天邪？地邪？”《汉书》中记载：“是邪？非邪？”诸如此类的句子便是。而北方地区的人将“邪”字读作“也”，这是一种错误的读法。有人责难我说：“《系辞》中记载：‘乾坤,《易》之门户邪?’这里面的‘邪’难道也是疑问词吗?”我回答说：“为什么不是呢，前面是提出问题，后面才列举乾坤之德加以裁断说明啊。”

【原文】

江南学士读《左传》，口相传述，自为凡例[①]，军自败曰“败”，打破人军曰“败”。诸记传未见“补败反”，徐仙民读《左传》，唯一处有此音，又不言自败、败人之别，此为穿凿耳。

【注释】

①凡例：体制，章法。

【译文】

江南地区的学士读《左传》，是依靠口授相互传述的，自己制定了关于读音的一套体例章法，军队自败称为“败”，打败敌人的军队也称为“败”。各种记载和版本中都没有看到过“补败反”的读法，徐仙民读《左传》时，只在一个地方标注了这个音，也没有说出自败和败人的分别，这就有些牵强附会了。

【原文】

古人云：“膏粱难整[①]。”以其为骄奢自足，不能克励也。吾见王侯外戚，语多不正，亦由内染贱保傅[②]，外无良师友故耳。

梁世有一侯，尝对元帝饮谑，自陈“痴钝”，乃成“飔段”[③]。元帝答之云："飔异凉风，段非干木。"谓"郢州"为"永州"。元帝启报简文，简文云："庚辰吴入，遂成司隶。"如此之类，举口皆然。元帝手教诸子侍读[④]，以此为诫。

【注释】

①膏粱：富贵人家以及他们的后嗣。

②保傅：古时候教导太子等贵族子弟的官名。

③飔（sī）：凉风。

④侍读：古代的官名。

【译文】

古人说："高官贵族家的子弟很少有品行端正的。"这是因为他们过着骄横奢侈的生活、无法刻苦自励的缘故。我曾经见过很多外戚王侯，语音大都说不标准，这也是由于他们沾染了宫内低贱保傅的影响，在外又没有良师益友的原因。

梁朝时期有个王侯，曾经和梁元帝一起饮酒戏谑，自称"痴钝"，却将这两个字读为"飔段"。梁元帝回答说："你的这个'飔'字并不是凉风的意思，'段'也不是段干木的意思。"这个人还将"郢州"读为"永州"。梁元帝将这件事情告诉给了简文帝，简文帝说："庚辰吴入，遂成司隶。"诸如此类发音不准的例子，那些王侯贵族一张口全都是这样。梁元帝亲自教导各皇子读书，并以此为训诫。

【原文】

河北切"攻"字为"古琮"，与"工""公""功"三字不同，殊为僻也。比世有人名暹[①]，自称为"纤"；名琨，自称为"衮"；名洸，自称为"汪"；名𦝼，自称为"獡"。非唯音韵舛错[②]，亦使其儿孙避讳纷纭矣。

【注释】

①暹（xiān）：太阳升起。

②舛错：差错。

【译文】

黄河以北地区的人将“攻”字注音为“古琮切”，和“工”“公”“功”三个字的读音不同，这是极为错误的。近代有一个人名为“暹”，自称为“纤”；有一个人名为“琨”，自称为“衮”；有一个人名为“洸”，自称为“汪”；有一个人名为“约”，自称为“獡”。这并不仅仅是音韵的差错，也让后代子孙在避讳上变得复杂纷乱了。

杂艺篇

【题解】

杂艺篇囊括众多，包括书法、射箭、医学、算术、音乐等众多技艺。关于技艺，颜之推主张可以兼通几门，却不可专精一门，以免受到拖累。比如，他主张书法要“微须留意”，但又要求子女“慎勿以书自命”；主张音乐要“愔愔雅致”，又要求子女“不可令有称誉，见役勋贵”；主张算术为“六艺要事”，却告诫子女“不可以专业”等。

【原文】

真草书迹[①]，微须留意。江南谚云：“尺牍书疏，千里面目也。”承晋宋余俗，相与事之[②]，故无顿狼狈者。吾幼承门业，加性爱重，所见法书亦多，而玩习功夫颇至，遂不能佳者，良由无分故也[③]。然而此艺不须过精。夫巧者劳而智者忧，常为人所役使，更觉为累。韦仲将遗戒[④]，深有以也。

【注释】

①真草：书体名。真书（楷书）和草书。

②相与：一同。

③无分：没有天分。

④韦仲将：曹魏时期的书法家。

【译文】

楷书、草书等书法，需要稍微加以留意。江南地区有一句谚语说："一封短短的书信，便是你给千里之外的人所看的面目。"而今的人沿袭了东晋、刘宋以来的风气，都会用功练习书法，所以并没有狼狈窘迫的时候。我自幼继承家传的学业，再加上自己也喜好书法，所看到的书法字帖也比较多，而且在临摹上所下的工夫也比较多，最后竟然还是没有办法达到上好的境界，这是因为没有天分的缘故。不过书法这门技艺不需要过于精深。所谓巧者劳而智者忧，如若因此而常被别人役使，那么精深的书法便是一种负累。曹魏时期书法家韦仲将留给子孙的临终遗言是"不要学书法"，我自认为是很有道理的。

【原文】

王逸少风流才士①，萧散名人②，举世唯知其书，翻以能自蔽也。萧子云每叹曰③："吾著《齐书》，勒成一典，文章弘义，自谓可观，唯以笔迹得名，亦异事也。"王褒地胄清华，才学优敏，后虽入关，亦被礼遇。犹以书工，崎岖碑碣之间④，辛苦笔砚之役，尝悔恨曰："假使吾不知书，可不至今日邪?"以此观之，慎勿以书自命。虽然，厮猥之人⑤，以能书拔擢者多矣⑥。故道不同不相为谋也。

【注释】

①王逸少：王羲之，字逸少。

②萧散：潇洒。

③萧子云：南北朝时期的文人。

④碑碣：古时人们将方形的刻石称为碑，将圆形的刻石称为碣。

⑤厮猥：地位卑微。

⑥拔擢：选拔提升。

【译文】

王羲之是一个风流才子，也是潇洒不羁的名士，世人都知道王羲之精妙的书法，反倒忽略了他其他方面的才华。萧子云经常感叹说："我所著的《齐书》，已经编成了一整套制度，文章大义，自认为是值得一看的，到头来却只因为书中抄写笔迹精妙而得名，这也是很怪异的事情。"王褒出身高贵，才华横溢，虽然后来到了北周，依然受到了应有的礼遇。但因为擅长书法，而被困顿在碑碣之间，辛辛苦苦地帮别人写字撰文，他曾经悔恨地说："如若我不知晓书法，应该不会到今天这个地步吧？"以此来看，万不可因书法精妙而自命不凡。虽然这样说，那些地位卑贱的人，能够因为书法精妙而被提拔的有很多。所以说道不同不相为谋啊。

【原文】

梁氏秘阁散逸以来[①]，吾见二王真草多矣[②]，家中尝得十卷，方知陶隐居、阮交州、萧祭酒诸书[③]，莫不得羲之之体，故是书之渊源。萧晚节所变，乃右军年少时法也。

【注释】

①秘阁：皇宫中收藏图书秘籍的地方。

②二王：王羲之和王献之。

③陶隐居、阮交州、萧祭酒：陶隐居，陶弘景，南朝著名的隐士；阮交州，阮研，字文几；萧祭酒，萧子云。

【译文】

梁朝时期的秘阁图书散失之后，我曾经见过很多王羲之、王献之的楷书、草书真迹，家里也曾经收藏过十卷，看了这些作品，才知道陶隐居、阮交州、萧祭酒等人的书法，都学习了王羲之的字体布局，所以王羲之的字是他们书法的渊源。萧子云晚年时期的书法笔迹有所变化，也是因为学习了王羲之年轻时的书法。

【原文】

晋、宋以来，多能书者。故其时俗，递相染尚，所有部帙[①]，楷正可观，不无俗字，非为大损。至梁天监之间，斯风未变。大同之末，讹替滋生。萧子云改易字体，邵陵王颇行伪字[②]，朝野翕然，以为楷式，画虎不成，多所伤败。至为一字，唯见数点，或妄斟酌，逐便转移。尔后坟籍，略不可看。北朝丧乱之余，书迹鄙陋，加以专辄造字，猥拙甚于江南。乃以“百”“念”为“憂”，“言”“反”为“變”，“不”“用”为“罷”，“追”“来”为“歸”，“更”“生”为“甦”，“先”“人”为“老”，如此非一，遍满经传。唯有姚元标工于楷隶，留心小学，后生师之者众，洎于齐末，秘书缮写[③]，贤于往日多矣。

【注释】

①部帙：书籍。

②邵陵王：梁武帝第六子萧纶。

③缮写：编录。

【译文】

晋、宋以来，有很多善于书法的人，所以一时间形成了风气，相互沾染影响，所有的书籍，抄写得都端庄美观值得一看，即便偶尔出现一个俗体字，却也无伤大雅。到了梁武帝天监年间，这种风气依然没有改变。到了大同末年的时候，开始大量滋生异体错讹的字。萧子云开始改变字形，邵陵王也经常使用一些不规范的字，朝野内外都一致模仿，将他们当作书法的楷模，但最终画虎不成反类犬，带来了很大的伤败。以致一个字被简化成了几个点，有的甚至是妄加斟酌，随便改变字形和偏旁的位置。自此之后的书籍，几乎都没有办法观看了。北朝历经丧乱之后，书写的字体更加鄙陋难看，再加上那些擅自编造的字体，比江南地区的状况还要猥拙，甚至有将“百”“念”二字组合成“憂”的，有将“言”“反”二字组合成“變”的，有把“不”“用”二字组合成“罷”的，将“追”“来”二字组合成“歸”的，有将“更”“生”二字组合成“甦”的，有将“先”“人”二字组合成“老”的，像这样的情况并非少数，在经书中随处可见。只有姚元标精通楷书、隶书，一心研究文字训诂的学问，后来拜他为师的年轻人有很多，到了北齐末年，秘阁书籍的编录，就要比之前好很多了。

【原文】

江南闾里间有《画书赋》，乃陶隐居弟子杜道士所为。其人未甚识字，轻为轨则①，托名贵师，世俗传信，后生颇为所误也。

【注释】

①轨则：规则。

【译文】

江南地区流传着《画书赋》一书，是陶隐居的弟子杜道士所著。这个人基本上不怎么识字，却很草率地为字体制定了规则，并假借名师的名义，世人也是以讹传讹、信以为真，后世的年轻子弟颇受他的误导。

【原文】

画绘之工，亦为妙矣。自古名士，多或能之。吾家尝有梁元帝手画蝉雀白团扇及马图，亦难及也。武烈太子偏能写真，坐上宾客，随宜点染，即成数人，以问童孺，皆知姓名矣。萧贲、刘孝先、刘灵[①]，并文学已外，复佳此法。玩阅古今，特可宝爱。若官未通显，每被公私使令，亦为猥役。吴县顾士端出身湘东王国侍郎，后为镇南府刑狱参军，有子曰庭，西朝中书舍人，父子并有琴、书之艺，尤妙丹青，常被元帝所使，每怀羞恨。彭城刘岳，橐之子也，仕为骠骑府管记、平氏县令，才学快士，而画绝伦。后随武陵王入蜀，下牢之败[②]，遂为陆护军画支江寺壁[③]，与诸工巧杂处[④]。向使三贤都不晓画，直运素业，岂见此耻乎？

【注释】

①萧贲（bì）：字文奂，南齐竟陵王萧子良的孙子。

②下牢：地名，下牢关，今湖北宜昌西北方向。

③陆护军：陆法和。

④工巧：工匠。

【译文】

精通绘画的技艺，也是一件很巧妙的事情。自古名士，大都是擅长绘画的。我家曾经有梁元帝亲手画的蝉雀白团扇以及马图，他的画工是常人难以企及的。武烈太子萧方等人比较擅长画人物肖像，堂上的宾客，他只需随意地点染几笔，就能够画出这些人的模样，拿着这幅画去问小孩子，小孩子都能够一一说出画中人物的姓名。萧贲、刘孝先、刘灵，除了精通文学之外，也比较擅长绘画。赏玩阅读古今的字画，确实是让人极为珍爱啊。如若作画之人的官职还没有达到显贵的地步，那么就会因为绘画这项技能而被公家或个人役使，作画也就变成了一种低贱的差役。吴县顾士端曾是湘东王国的侍郎，后来官拜镇南府刑狱参军，他有一个儿子名为顾庭，是梁元帝时期的中书舍人，父子二人都精通琴艺和书法，尤擅丹青，经常被梁元帝役使，二人因此感到羞恨。彭城的刘岳，是刘橐的儿子，曾任职骠骑府管记、平氏县令，是个才识渊博之人，尤为擅长绘画。后来他跟着武陵王前往蜀地，下牢关战役失败后，他便为陆护军画支江寺壁画，并和工匠们杂处在一起。如若这三位贤士不懂绘画，一心致力于清高儒雅的事业，又怎会遭受这般的耻辱呢？

【原文】

弧矢之利[①]，以威天下，先王所以观德择贤，亦济身之急务也。江南谓世之常射，以为“兵射”，冠冕儒生，多不习此。别有“博射”[②]，弱弓长箭，施于准的，揖让升降，以行礼焉，防御寇难，了无所益，乱离之后，此术遂亡。河北文士，率晓“兵射”，非直葛洪一箭，已解追兵，三九宴集，常縻荣赐。虽然，要轻禽，截狡兽，不愿汝辈为之。

【注释】

①弧矢：弓箭。

②博射：古时的一种游戏性的习射方式。

【译文】

弓箭的锋利，能够威慑天下，所以古时的帝王以射箭来选贤任能，而射箭也是自我保全的紧要技艺。江南地区的人们将世间常见的习射，称为“兵射”，出身士族的读书人，大多都不愿意修习此道。另外还有“博射”，弓力比较弱而箭身比较长，设有箭靶，宾主相见时会揖让进退，以此来表示双方之间的礼节，这种习射对于防御敌寇，没有丝毫益处，自战乱之后，这种“博射”的方式也就没有了。黄河以北地区的学士，大都知道“兵射”，不仅能像葛洪的箭那样射杀追兵，而且也能在三公九卿的宴会上以射箭夺得赏赐。尽管这样，用射箭去拦截飞禽、猎杀狡兽的事，我是不愿意让你们去做的。

【原文】

卜筮者，圣人之业也；但近世无复佳师，多不能中。古者，卜以决疑，今人生疑于卜，何者？守道信谋，欲行一事，卜得恶卦，反令恜恜[①]，此之谓乎！且十中六七，以为上手，粗知大意，又不委曲。凡射奇偶，自然半收，何足赖也。世传云：“解阴阳者，为鬼所嫉，坎壈贫穷[②]，多不称泰。”吾观近古以来，尤精妙者，唯京房、管辂、郭璞耳，皆无官位，多或罹灾，此言令人益信。倘值世网严密，强负此名，便有诖误[③]，亦祸源也。及星文风气，率不劳为之。吾尝学《六壬式》[④]，亦值世间好匠，聚得《龙首》《金匮》《玉軨变》《玉历》十许种书[⑤]，讨求无验，寻亦悔罢。凡阴阳之术，与天地俱生，其吉凶德刑，不可不信；但去圣既远，世传术书，皆出流俗，言辞鄙浅，验少妄多。至如反支不行，竟以遇害；归忌寄宿[⑥]，不免凶终：拘而多忌，亦无益也。

【注释】

①恜恜（chì chì）：忧惧不安。

②坎壈（lǎn）：困顿不得志。

③诖（guà）误：连累，贻误。

④六壬式：古时占卜方法之一，依据阴阳五行学说来占卜吉凶。

⑤《龙首》《金匮》《玉軨变》《玉历》：古时占卜类的书籍。

⑥归忌：在阴阳学中，有一些日子不适合在家，称为归忌。

【译文】

卜筮，是圣人的事；但近代以来并没有出现过比较高明的巫师，所以占卜的事情大都不能应验。古时候，占卜是为了解除疑惑，而现在的人反倒因为占卜而产生疑惑，这是为什么呢？遵守道义而且相信谋略的人，想要进行一件事情，却因为占卜得到了不好的卦象，反而让他忧惧不安，这就是占卜生疑的意思吧！况且现在的人占卜十次中了六七次，便认为是占卜中的高手了，事实上只略微知道一些占卜的意思，并不能算是精通。只要是猜奇偶的数，自然会有一半的成功率，这样的结果又如何值得依赖呢。世人传说："精通阴阳的人，会被鬼神嫉恨，一生贫困不得志，大都不会太平。"我看近世以来，特别精通占卜的人，只有京房、管辂、郭璞而已，他们都没有官位，大都多灾多难，所以上述这句话更加令人信服了。假如正逢世间法制严密，勉强背上占卜的名声，一定会受此拖累的，这也是灾祸的源头。至于星文风气，就更不要去研究了。我曾经学习过《六壬式》，也曾碰到过世间占卜的高手，收集了《龙首》《金匮》《玉軨变》《玉历》等关于占卜的十几种书，探究一番后发现书中所写的并没有应验，之后便因后悔而作罢了。但凡阴阳之术，和天地共生，也昭显吉凶德行，是不可以不相信的；只是如今的时代和圣人的时代相去甚远，世间所流传的占卜书籍，也大都是俗人所编撰，言辞粗鄙浅陋，应验的少而虚妄的多。至于像反干支日不宜远行，有人却反因此遭到迫害；至于归忌之日要寄居在外，却也有人没能免于一死：因为拘泥于此类的说法而多了很多忌讳，这也是没什么好处的。

【原文】

算术亦是六艺要事。自古儒士论天道，定律历者，皆学通之。然可以兼明，不可以专业。江南此学殊少，唯范阳祖暅精之[①]，位至南康太守。河北多晓此术。

【注释】

①祖暅（xuǎn）：祖暅之，祖冲之的儿子。

【译文】

算术也是六艺中的要事。自古以来学士们谈论天道，推算律历，都需要精通算术才可以。不过要和别的科目一起学习，不可以专攻算术。江南地区知晓算术的人很少，只有范阳人祖暅之比较精通，他官拜南康太守。黄河以北地区的人大都精通算术这门学问。

【原文】

医方之事，取妙极难，不劝汝曹以自命也。微解药性，小小和合①，居家得以救急，亦为胜事。皇甫谧、殷仲堪则其人也。

【注释】

①小小：稍微。

【译文】

医学方面的事情，要想达到精妙的地步是很难的，所以我不鼓励你们以懂得医术而自居。稍微了解一下药性，稍微知道一些配药的知识，能够在家中救急，也是一件很好的事了，皇甫谧、殷仲堪便是这样的人。

【原文】

《礼》曰："君子无故不彻琴瑟[1]。"古来名士，多所爱好。洎于梁初，衣冠子孙，不知琴者，号有所阙。大同以末，斯风顿尽。然而此乐愔愔雅致，有深味哉！今世曲解[2]，虽变于古，犹足以畅神情也。唯不可令有称誉，见役勋贵，处之下坐，以取残杯冷炙之辱。戴安道犹遭之[3]，况尔曹乎！

【注释】

①无故不彻琴瑟：出自《礼记·曲礼下》："大夫无故不彻县，士无故不彻琴瑟。"彻，撤除。

②曲解：古乐府一节称为一解，后泛指乐曲。

③戴安道：晋代人戴逵。

【译文】

《礼记》中记载："君子无故不会撤除琴瑟。"古时以来的名士，大多都有弹琴的爱好。到了梁朝初期，如若贵族子弟不懂得弹琴的技艺，就要被别人看作有缺陷。大同末年，这种风气已经消失了。不过这种乐曲和悦安舒，确实让人回味无穷啊！而今世间的乐曲，虽然相对于古时候来说有些改变，但听了之后依然会让人感到心旷神怡。只是不能以擅长弹琴自居，否则会被达官贵人所役使，坐在宴席下面，得到残杯冷炙的屈辱。戴安道尚且遭受过这样的事情，更何况是你们呢？

【原文】

《家语》曰："君子不博，为其兼行恶道故也。"《论语》云："不有博弈者乎？为之，犹贤乎已。"然则圣人不用博弈为教，但以学者不可常精，有时疲倦，则傥为之，犹胜饱食昏睡，兀然端坐耳[1]。至如吴太子以为无益，命韦昭论之[2]；王肃、葛洪、陶侃之徒[3]，不许目观手执，此并勤笃之志也。能尔为佳。古为大博则六箸，小博则二焭[4]，今无晓者。比世所行，一焭十二棋，数术浅短，不足可玩。围棋有手谈、坐隐之目[5]，颇为雅戏；但令人耽愦，废丧实多，不可常也。

【注释】

①兀然：无知的样子。

②韦昭：韦曜。

③王肃、葛洪、陶侃：王肃，魏人，著名学者；葛洪，晋朝人，著有《抱朴子》；陶侃，东晋人，官拜大司马。

④煢（qióng）：骰子。

⑤手谈、坐隐：下围棋的别称。

【译文】

《孔子家语》中记载："君子不能参与博戏，是因为博戏能够让人走向歧途的缘故。"《论语》中记载："不是有博戏、下棋的游戏吗？做一些这个，也比什么都不做要好。"然而圣人并不以博戏来教导学生，只不过认为求学者不可能一直专心于学习，有时候学习疲倦了，偶尔玩上一会儿，要比吃饱就睡，或者是无聊地坐着要好很多。如果像吴太子那般将博弈看作是无益的事情，并且命韦昭写文论述这件事；王肃、葛洪、陶侃的子弟，都不可以围观参与，这都是勤奋专注的标志。能够做到自然是很好的。古时候大规模的博弈便使用六根筷子，小规模的博弈则使用两个骰子，而今的人却都不知道这些了。近代流行的博弈游戏，使用的是一个骰子十二个棋子，套路粗浅乏味，不值得玩赏。围棋也有手谈、坐隐的别称，算是一种比较高雅的博弈游戏；不过会让人沉迷其中，从而荒废很多其他的事情，所以不可以经常玩。

【原文】

投壶之礼[①]，近世愈精。古者，实以小豆，为其矢之跃也。今则唯欲其骁[②]，益多益喜，乃有倚竿、带剑、狼壶、豹尾、龙首之名[③]。其尤妙者，有莲花骁。汝南周璝，弘正之子，会稽贺徽，贺革之子，并能一箭四十余骁。贺又尝为小障，置壶其外，隔障投之，无所失也。至邺以来，亦见广宁、兰陵诸王[④]，有此校具[⑤]，举国遂无投得一骁者。弹棋亦近世雅戏，消愁释愦，时可为之。

【注释】

①投壶：古时宴会的一种礼制，也是一种娱乐。

②骁：古时的投壶游戏，箭从壶中跳出，用手按住再投，屡投屡跃，箭不坠地，称为“骁”。

③倚竿、带剑、狼壶、豹尾、龙首：都是投壶游戏的招数。

④广宁、兰陵：都是北齐文襄皇帝高澄的儿子。

⑤校具：装饰的物品。

【译文】

投壶的礼仪，到了近代愈发精妙。古时候，壶里面会放满小豆子，是为了防止箭矢从壶中出来。而今的人们却想让壶中的箭矢出来，而且次数越多越开心，于是便出现了倚竿、带剑、狼壶、豹尾、龙首等投壶的招数。其中尤为精妙的，便是莲花骁。汝南人周璝，是周弘正的儿子，会稽人贺徽，是贺革的儿子，这两个人都能够用一支箭连续投射四十多次。贺徽曾经设置了一个小屏风，将壶放在屏风的外面，隔着屏风投壶，从没有失手的时候。自从我来到邺城后，也见到广宁、兰陵等各王，都有投壶的器具，但是全国上下竟然都没有能够投得一骁的人。弹棋也是近代出现的一种高雅的游戏，可以消愁解闷，偶尔可以赏玩一番。

终制篇

【题解】

终制篇， 指的是送终的礼制， 也称得上是颜之推晚年时的遗嘱。在他的一生中， 几经坎坷， 屡遭离乱， 骨肉分离， 未能将父母灵柩带回故土。怀着这种愧疚的心情，他叮嘱自己的子女：死后不得厚葬，不垒坟，不立碑，不许亲友祭奠，不可过度悲伤而耽误了大事。

【原文】

死者，人之常分[①]，不可免也。吾年十九，值梁家丧乱[②]，其间与白刃为伍者[③]，亦常数辈，幸承余福，得至于今。古人云："五十不为夭。"吾已六十余，故心坦然，不以残年为念。先有风气之疾[④]，常疑奄然[⑤]，聊书素怀，以为汝诫。

【注释】

①常分：命中注定的事情。

②梁家丧乱：指的是梁武帝死于侯景之乱这件事。

③与白刃为伍：身逢乱世，出入刀光剑影之中。

④风气：湿病的一种。

⑤奄然：将要死了。

【译文】

死，是命中注定的事情，不可以避免。我十九岁的时候，正逢侯景之乱，其间曾出入刀光剑影之中，这种情况发生了很多次，幸好承蒙祖先的福荫，得以活到现在。古人说："活到五十岁的人就不算是短命了。"我已经六十多岁了，所以能够坦然地面对死亡，不会因为所剩时光甚少而心有挂怀。我之前得过风气病，经常怀疑自己就要死了，所以便将自己平日的想法记录下来，以此作为对你们的告诫。

【原文】

先君先夫人皆未还建邺旧山[①]，旅葬江陵东郭。承圣末，已启求扬都[②]，欲营迁厝[③]，蒙诏赐银百两，已于扬州小郊北地烧砖。便值本朝沦没[④]，流离如此。数十年间，绝于还望。今虽混一，家道罄穷[⑤]，何由办此奉营资费？且扬都污毁，无复孑遗，还被下湿，未为得计。自咎自责，贯心刻髓。计吾兄弟，不当仕进；但以门衰，骨肉单弱，五服之内，傍无一人，播越他乡，无复资荫；使汝等沉沦厮役，以为先世之耻；故靦冒人间[⑥]，不敢坠失[⑦]。兼以北方政教严切，全无隐退者故也。

【注释】

①旧山：旧茔。

②扬都：南朝首都建业。

③迁厝（cuò）：迁葬。

④本朝：古时候，人们称自己曾经任职的王朝为本朝。此指梁朝。

⑤罄穷：精光。

⑥靦（miǎn）冒：厚颜冒昧。

⑦坠失：失去。

【译文】

我的亡父亡母的灵柩都还没有迁回建邺祖坟，因为客死他乡只能葬在了他们的旅居地江陵城的东郊。承圣末年，我已经祈求要回扬都，并想将他们的灵柩迁回来。承蒙皇上赏赐百两银子，我已经开始在扬州近郊的北面烧制墓砖。此时却又赶上梁朝灭亡，我流离辗转于此。几十年来，早就已经失去了回去的希望。而今天下虽然统一，可家道却已败落，又拿什么来筹划迁葬的费用呢？而且扬都已经被毁坏，没有留下什么，再将亡父亡母的灵柩迁到这个潮湿低洼的地方，也不算妥当。我自责了很久，对父母的愧疚之情深入骨髓。再考虑我们兄弟几个，本不应当进入仕途；但是因为家道中落，骨肉单薄，至亲的人中，竟然没有一个可以依靠，而今又逃亡在外，更是不可能依靠先人的功绩来庇护自己；如若让你们沦为杂役的苦境，怕是辱没了先人；所以我厚着颜面混迹于人间，不敢有丝毫的差错。再加上北方政教纪律严明，根本不允许官员隐退。

【原文】

今年老疾侵，傥然奄忽，岂求备礼乎？一日放臂[①]，沐浴而已，不劳复魄[②]，殓以常衣。先夫人弃背之时，属世荒馑，家涂空迫，兄弟幼弱，棺器率薄，藏内无砖。吾当松棺二寸，衣帽已外，一不得自随，床上唯施七星板[③]；至如蜡弩牙、玉豚、锡人之属[④]，并须停省，粮罂明器[⑤]，故不得营，碑志旒旐[⑥]，弥在言外。载以鳖甲车，衬土而下，平地无坟；若惧拜扫不知兆域[⑦]，当筑一堵低墙于左右前后，随为私记耳。灵筵勿设枕几，朔望祥禫，唯下白粥清水干枣，不得有酒肉饼果之祭。亲友来餟酹者[⑧]，一皆拒之。汝曹若违吾心，有加先妣，则陷父不孝，在汝安乎？其内典功德，随力所至，勿刳竭生资[⑨]，使冻馁也。四时祭祀，周、孔所教，欲人勿死其亲，不忘孝道也。求诸内典，则无益焉。杀生为之，翻增罪累。若报罔极之德，霜露之悲，有时斋供，及七月半盂兰盆[⑩]，望于汝也。

【注释】

①放臂：人死亡。

②复魄：古时丧礼的一种。

③七星板：古时候放在停尸床上以及棺材内的木板。

④蜡弩牙、玉豚、锡人：蜡弩牙，古时的明器，蜡制的弩弓；玉豚，古时候用来殉葬的玉器；锡人，用锡铸造的人像。

⑤粮罂（yīng）：盛粮食用的陶器。

⑥旒旐（liú zhào）：铭旌。

⑦兆域：墓地周围的疆界。

⑧酹（lèi）：用酒浇地，表示祭奠。

⑨刳（kū）：挖空。

⑩盂兰盆：旧时，农历七月十五日会放置百味五果，供养三宝，以此来解救亡母在饿鬼道中遭受的倒悬之苦。南朝梁之后，盂兰盆成了民间超度先人的一种节日。

【译文】

而今我已经年老多病，如若突然死去，又岂能要求自己的丧礼仪式一定要完备？如若有一天我死去，只需要帮我沐浴更衣就行，不必再举办复魄的仪式，让我穿着日常的衣服入殓就行。我亡母离世的时候，正值世道荒乱，家境窘迫，我们兄弟几人尚且年幼薄弱，因此亡母的棺材也很薄，坟墓中也没有用砖。所以埋葬我只需要两寸厚的松木棺材，除了衣服和帽子外，什么都不要放进去，棺材的底部只放置一块七星板；至于像蜡弩牙、玉豚、锡人等随葬用品，必须停用，粮罂之类的明器，也不要去置办，碑志旒旐，就更不要再说了。用鳖甲车运送棺木，贴着土埋下就可以了，不要堆坟，墓顶只需要和平地一样齐就可以；如若担心扫墓的时候不知道坟墓的具体位置，便可以在坟墓的前后左右建筑一道矮墙，或者是你们任意做一些标记。灵筵上不要设置枕几，朔日、望日、祥日、禫日，只需要放置一些白粥、清水、干枣就行，不可以有酒肉饼果之类的祭品。前来祭奠的亲友，一概回绝他们。你们如若违背了我的心意，丧礼的标准超过我的亡母，那就是让你们的父亲陷于不孝，你们能够安心吗？诵读经书这样的功德之事，你们随力而行，万不可倾尽全部家财，致使你们挨饿受冻。一年四季的祭祀，是周公、孔子的教化，让生者不忘记死去的亲人，不忘记孝道。如若根据佛经来说，这些举措是没有一点好处的。杀生祭祀，更是加重了死者的罪过。如若你们想要报答父亲的恩德，以此来表示你们的哀思之情，那么按时斋供，等到七月十五盂兰盆节的时候，我希望你们可以来我墓前祭祀。

【原文】

孔子之葬亲也，云："古者，墓而不坟，丘东西南北之人也①，不可以弗识也②。"于是封之崇四尺③。然则君子应世行道，亦有不守坟墓之时，况为事际所逼也④。吾今羁旅，身若浮云，竟未知何乡是吾葬地，唯当气绝便埋之耳。汝曹宜以传业扬名为务，不可顾恋朽壤，以取堙没也⑤。

【注释】

①东西南北之人：四处奔波、居无定所之人。

②识：做标记。

③崇：高度，自下而上的距离。

④事际：多事之秋。

⑤堙没：湮没。

【译文】

孔子安葬自己的亲人，说："古时候的人建造墓但不堆坟，我是个四处奔波、居无定所之人，不可以不做标记啊。"于是便堆起了一个四尺高的坟。这样说来君子应该顺应时势以实现自己的主张，也有无法守着坟墓的时候，更何况是被时势所逼迫的呢。我现在旅居他乡，就像浮云一样没有依靠，不知道哪里才是我的葬身之地，当我死去时随地埋葬就可以了。你们应该以弘扬家业为第一要务，不可以因为顾及我的葬身之地，而葬送了自己的前程。

附录

颜之推传（《北齐书·文苑传》）

颜之推，字介，琅邪临沂人也。九世祖含，从晋元东度，官至侍中、右光禄、西平侯。父勰，梁湘东王绎镇西府咨议参军。世善《周官》、《左氏》。

之推早传家业。年十二，值绎自讲庄、老，便预门徒；虚谈非其所好，还习礼传。博览群书，无不该洽；词情典丽，甚为西府所称。绎以为其国左常侍，加镇西墨曹参军。好饮酒，多任纵，不修边幅，时论以此少之。

绎遣世子方诸出镇郢州，以之推掌管记。值侯景陷郢州，频欲杀之，赖其行台郎中王则以获免，被囚送建邺。景平，还江陵。时绎已自立，以之推为散骑侍郎，奏舍人事。后为周军所破，大将军李显庆重之，荐往弘农，令掌其兄阳平公远书翰。值河水暴长，具船将妻子来奔，经砥柱之险，时人称其勇决。

显祖见而悦之，即除奉朝请，引于内馆中；侍从左右，颇被顾眄。天保末，从至天池，以为中书舍人，令中书郎段孝信将敕书出示之推；之推营外饮酒。孝信还，以状言，显祖乃曰："且停。"由是遂寝。河清末，被举为赵州功曹参军，寻待诏文林馆，除司徒录事参军。之推聪颖机悟，博识有才辩，工尺牍，应对闲明，大为祖珽所重；令掌知馆事，判署文书，寻迁通直散骑常侍，俄领中书舍人。帝时有取索，恒令中使传旨。之推禀承宣告，馆中皆受进止；所进文章，皆是其封署，于进贤门奏之，待报方出。兼善于文字，监校缮写，处事勤敏，号为称职。帝甚加恩接，顾遇逾厚，为勋要者所嫉，常欲害之。崔季舒等将谏也，之推取急还宅，故不连署；及召集谏人，之推亦被唤入，勘无其名，方得免祸。寻除黄门侍郎。及周兵陷晋阳，帝轻骑还邺，窘急，计无所从。之推因宦者侍中邓长颙进奔陈之策，仍劝募吴士千余人，以为左右，取青、徐路，共投陈国。帝甚纳之，以告丞相高阿那肱等；阿那肱不愿入陈，乃云："吴士难信，不须募之。"劝帝送珍宝累重向青州，且守三齐之地，若不可保，徐浮海南度。虽不从之推计策，犹以为平原太守，令守河津。

齐亡，入周，大象末，为御史上士。隋开皇中，太子召为学士，甚见礼重。寻以疾终。有文三十卷、撰《家训》二十篇，并行于世。

曾撰《观我生赋》，文致清远，其词曰：仰浮清之藐藐，俯沉奥之茫茫，已生民而立教，乃司牧以分疆，内诸夏而外夷、狄，骤五帝而驰三王。大道寝而日隐，小雅摧以云亡，哀赵武之作孽，怪汉灵之不祥，旄头翫其金鼎，典午失其珠囊，瀍、涧鞠成沙漠，神华泯为龙荒，吾王所以东运，我祖于是南翔。去琅邪之迁越，宅金陵之旧章，作羽仪于新邑，树杞梓于水乡，传清白而勿替，守法度而不忘。逮微躬之九叶，颓世济之声芳。问我辰之安在，钟厌恶于有梁，养傅翼之飞兽，子贪心之野狼。初召祸于绝域，重发衅于萧墙，虽万里而作限，聊一苇而可航，指金阙以长铩，向王路而蹶张。勤王逾于十万，曾不解其搤吭，嗟将相之骨鲠，皆屈体于犬羊。武皇忽以厌世，白日黯而无光，既飨国而五十，何克终之弗康？嗣君听于巨猾，每凛然而负芒。自东晋之违难，寓礼乐于江、湘，迄此几于三百，左衽浃于四方，咏苦胡而永叹，吟微管而增伤。世祖赫其斯怒，奋大义于沮、漳。授犀函与鹤膝，建飞云及艅艎，北征兵于汉曲，南发饆于衡阳。

昔承华之宾帝，寔兄亡而弟及；逮皇孙之失宠，叹扶车之不立。闲王道之多难，各私求于京邑，襄阳阻其铜符，长沙闭其玉粒，遽自战于其地，岂大勋之暇集。子既损而侄攻，昆亦围而叔袭；褚乘城而宵下，杜倒戈而夜入。行路弯弓而含笑，骨肉相诛而涕泣；周旦其犹病诸，孝武悔而焉及。

方幕府之事殷，谬见择于人群，未成冠而登仕，财解履以从军。非社稷之能卫，仅书记于阶闼，罕羽翼于风云。

及荆王之定霸，始雠耻而图雪，舟师次乎武昌，抚军镇于夏汭。滥充选于多士，在参戎之盛列；惭四白之调护，厕六友之谈说；虽形就而心和，匪余怀之所说。

繄深宫之生贵，矧垂堂与倚衡，欲推心以厉物，树幼齿以先声；忾敷求之不器，乃画地而取名。仗御武于文吏，委军政于儒生。值白波之猝骇，逢赤舌之烧城，王凝坐而对寇，向栩拱以临兵。莫不变蝯而化鹄，皆自取首以破脑，将睥睨于渚宫，先凭陵于地道。懿永宁之龙蟠，奇护军之电扫，奔虏快其余毒，缧囚膏乎野草。幸先主之无劝，赖滕公之我保，剟鬼录于岱宗，招归魂于苍昊，荷性命之重赐，衔若人以终老。

贼弃甲而来复，肆觜距之鹏鸢，积假履而弑帝，凭衣雾以上天。用速灾于四月，奚闻道之十年！就狄俘于旧坏，陷戎俗于来旋。慨黍离于清庙，怆麦秀于空廛；鼖鼓卧而不考，景钟毁而莫悬；野萧条以横骨，邑阒寂而无烟。畴百家之或在，覆五宗而翦焉；独昭君之哀奏，唯翁主之悲弦。经长干以掩抑，展白下以流连；深燕雀之余思，感桑梓之遗虔；得此心于尼甫，信兹言乎仲宣。

遏西土之有众，资方叔以薄伐；抚鸣剑而雷咤，振雄旗而云窣；千里追其飞走，三载穷于巢窟；屠蚩尤于东郡，挂郅支于北阙。吊幽魂之冤枉，扫园陵之芜没；殷道是以再兴，夏祀于焉不忽。但遗恨于炎昆，火延宫而累月。

指余棹于两东，侍升坛之五让，钦汉官之复见，赴楚民之有望。摄绛衣以奏言，忝黄散于官谤。或校石渠之文，时参柏梁之唱，顾甒瓯之不算，濯波涛而无量。属潇、湘之负罪，兼岷、峨之自王，竚既定以鸣鸾，修东都之大壮。惊北风之复起，惨南歌之不畅，守金城之汤池，转绛宫之玉帐，徒有道而师直，翻无名之不抗。民百万而囚虏，书千两而烟炀，溥天之下，斯文尽丧。怜婴孺之何辜，矜老疾之无状，夺诸怀而弃草，踣于涂而受掠。冤乘舆之残酷，轸人神之无状，载下车以黜丧，揜桐棺之藁葬。云无心以容与，风怀愤而憀悢；井伯饮牛于秦中，子卿牧羊于海上。留钏之妻，人衔其断绝；击磬之子，家缠其悲怆。

小臣耻其独死，实有媿于胡颜，牵痀疻而就路，策驽蹇以入关。下无景而属蹈，上有寻而亟搴，嗟飞蓬之日永，怅流梗之无还。

若乃五牛之旌，九龙之路，土圭测影，璇玑审度，或先圣之规模，乍前王之典故，与神鼎而偕没，切仙弓之永慕。

尔其十六国之风教，七十代之州壤，接耳目而不通，咏图书而可想。何黎氓之匪昔，徒山川之犹曩；每结思于江湖，将取弊于罗网。聆代竹之哀怨，听出塞之嘹朗，对皓月以增愁，临芳樽而无赏。

日太清之内衅，彼天齐而外侵，始蹙国于淮浒，遂压境于江浔，获仁厚之麟角，克俊秀之南金，爰众旅而纳主，车五百以敻临，返季子之观乐，释钟仪之鼓琴。窃闻风而清耳，倾见日之归心，试拂蓍以贞筮，遇交泰之吉林。譬欲秦而更楚，假南路于东寻，乘龙门之一曲，历砥柱之双岑。冰夷风薄而雷响，阳侯山载而谷沉，侔挈龟以凭浚，类斩蛟而赴深，昏扬舲于分陕，曙结缆于河阴，追风飙之逸气，从忠信以行吟。

遭厄命而事旋，旧国从于采芑；先废君而诛相，讫变朝而易市。遂留滞于漳滨，私自怜其何已。谢黄鹄之回集，恧翠凤之高峙。曾微令思之对，空窃彦先之仕，纂书盛化之旁，待诏崇文之里，珥貂蝉而就列，执麾盖以入齿，款一相之故人，贺万乘之知己，秖夜语之见忌，宁怀刷之足恃。谏谮言之矛戟，惕险情之山水，由重裘以胜寒，用去薪而沸止。

予武成之燕翼，遵春坊而原始；唯骄奢之是修，亦佞臣之云使。惜染丝之良质，惰琢玉之遗祉，用夷吾而治臻，昵狄牙而乱起。

诚怠荒于度政，惋驱除之神速，肇平阳之烂鱼，次太原之破竹，寔未改于弦望，遂□□□□□。及都□而升降，怀坟墓之沦覆，迷识主而状人，竞己栖而择木，六马纷其颠沛，千官散于奔逐，无寒瓜以疗饥，靡秋萤而照宿，雠敌起于舟中，胡、越生于辇毂。壮安德之一战，邀文、武之余福，尸狼藉其如莽，血玄黄以成谷，天命纵不可再来，犹贤死庙而恸哭。

乃诏余以典郡，据要路而问津，斯呼航而济水，郊乡导于善邻，不羞寄公之礼，愿为式微之宾。忽成言而中悔，矫阴疏而阳亲，信谄谋于公主，竞受陷于奸臣。曩九围以制命，今八尺而由人；四七之期必尽，百六之数溘屯。

予一生而三化，备荼苦而蓼辛，鸟焚林而铩翮，鱼夺水而暴鳞，嗟宇宙之辽旷，愧无所而容身。夫有过而自讼，始发蒙于天真，远绝圣而

弃智，妄锁义以羁仁，举世溺而欲拯，王道郁以求申。既衔石以填海，终荷戟以入榛，亡寿陵之故步，临大行以逡巡。向使潜于草茅之下，甘为畎亩之人，无读书而学剑，莫抵掌以膏身，委明珠而乐贱，辞白璧以安贫，尧、舜不能荣其素朴，桀、纣无以污其清尘，此穷何由而至，兹辱安所自臻？而今而后，不敢怨天而泣麟也。

之推在齐有二子：长曰思鲁，次曰敏楚，不忘本也。

之推集在，思鲁自为序录。

清文津阁四库全书本提要及辨证

颜氏家训二卷（江西巡抚采进本）

旧本题北齐黄门侍郎颜之推撰。考陆法言切韵序，作于隋仁寿中，所列同定八人，之推与焉，则实终于隋。旧本所题，盖据作书之时也。

余嘉锡四库总目提要辨证曰：“谨案：北齐书文苑传有之推传，云：‘隋开皇中，太子召为学士，甚见礼重。寻以疾终。’”北史文苑传同。陈书文学阮卓传云：“至德元年，聘隋。隋主夙闻其名，遣河东薛道衡、琅玡颜之推等，与卓谈宴赋诗。”南史文学传略同。然则之推终于隋，史传且有明文；不知提要何以舍正史不引，而必旁征切韵也。考切韵序末，虽题大隋仁寿元年，然其序云：“昔开皇初，有仪同刘臻等八人，同诣法言门宿。夜永酒阑，论及音韵，萧、颜多所决定（萧该、颜之推也），魏著作（著作郎魏渊）谓法言曰：‘向来论难处悉尽，何不随口记之？’法言即烛下握笔，略记纲纪。十数年间，未遑修集。今返初服，私训诸弟子。凡有文藻，即须明声韵。屏居山野，交游阻绝，疑惑之所，质问无从。亡者则生死路殊，空怀可作之叹；存者则贵贱礼隔，以报绝交之旨。遂取诸家音韵，古今字书，以前所记者定之，为切韵五卷。”是则法言之书，虽作于仁寿元年，而其与之推等论韵，实在开皇之初。本传云：“开皇中，太子召为学士，寻以疾终。”法言亦有“亡者生死路殊”之语，盖之推即卒于开皇时（钱大昕疑年录卷一云：“颜之推，六十余，生梁中大通三年辛亥，卒隋开皇中。”自注云：“本传不书卒年，据家训序致篇云：‘年始九岁，便丁荼蓼。’以梁书颜协卒年证之，得其生年。又终制篇云：‘吾已六十余。’则其卒盖在开皇十一年以后矣。”）。提要乃云：“切韵序作于仁寿中，所列同定八人，之推与焉。”一若之推至仁寿时尚存者，亦误也。切韵序前所列八人姓名，有内史颜之推（古逸丛书本作“外史”），内史之官，本传不书。史通正史篇云：“齐天保二年敕秘书监魏收勒成一史，成魏书百三十卷，世薄其书，号为秽史。至隋开皇，敕著作郎魏澹，与颜之推、辛德源，更撰

魏书，矫正收失，总九十二篇。”此亦之推入隋后逸事之可见者。唐颜真卿撰颜氏家庙碑云：“北齐给事黄门侍郎、待诏文林馆、平原太守、隋东宫学士讳之推，字介，着家训廿篇，冤魂志三卷，证俗音字五卷，文集卅一卷，事具本传。”（据拓本，亦见金石萃编卷一百一。）又颜勤礼神道碑亦云：“祖讳之推，北齐给事黄门郎、隋东宫学士，齐书有传。”此碑仅见于集古录，他家皆不着录，近时始复出土。）叙之推官职，皆与史合；提要谓：“旧本题北齐黄门侍郎，为据作书之时。”考家训屡叙齐亡时事，其终制篇云：“先君先夫人，皆未还建邺旧山；今虽混一，家道罄穷，何由办此奉营经费。”则家训实作于隋开皇九年平陈之后。提要以为作于北齐，盖未尝一检原书，姑以臆说耳。颜真卿所撰殷夫人颜氏碑云：“北齐黄门侍郎之推。”（据拓本，“齐”字“推”字泐，亦见萃编卷一百一。）与家训署衔同。家庙碑虽书隋官，而下又云“黄门兄之推”，仍举齐官为称；岂非以之推在齐颇久，且官位尊显耶？新唐书颜籀传云：“祖之推，终隋黄门郎。”其以官黄门为隋时事固误，然亦可见从来举之推官爵必署黄门矣。隶释卷九司隶校尉鲁峻碑跋云：“汉人所书碑志，或以所重之官揭之。司隶权尊而职清，非列校可比；亦犹冯绲舍廷尉而用车骑也。”余谓唐人之以黄门称之推，亦从所重言之耳。卢文弨补家训赵曦明注例言曰：“黄门始仕萧梁，终于隋代，而此书向来惟题北齐，唐人修史，以之推入北齐书文苑传中。其子思鲁既纂其父之集，则此书自必亦经整理，所题当本其父之志。”此言是也。然则此书之题北齐黄门侍郎，不关作书之时，亦明矣。

陈振孙书录解题云：“古今家训，以此为祖；然李翱所称太公家教，虽属伪书，至杜预家诫之类，则在前久矣。特之推所撰，卷帙较多耳。”

余氏辨证曰：“案：李翱文公集卷六答朱载言书云：‘其理往往有是者，而词意不能工者，有之矣，刘氏人物志、王氏中说、俗传太公家教是也。’并未尝指为齐之太公所作，更未言其真伪，四库既不着录，作提要者未见其书，何从知其为伪书耶？”宋王明清玉照新志卷三云：“世传太公家教，其书极浅陋鄙俚，然见之唐李习之文集，至以文中子为一律，观其中犹引周、汉以来事，当是有唐村落间老校书为之。太公者，犹曾高祖之类，非谓渭滨之师臣明矣。”然则此所谓太公，并非吕望，宋人辨之甚明，提要不考，而以为伪书，误矣。考八旗通志阿什坦传云：“阿什坦翻译大学、中庸、孝经及通鉴总论、太公家教等书刊行之。当时翻译者，咸奉为准则。即仅通满文者，亦得借为考古资。”是其书清初尚存，其后不知何时佚去。宣统间，敦煌石室千佛洞发现古写本书中，有太公家教一卷，上虞罗氏得之，影印入鸣沙石室古佚书中，其书开卷即云：“□□□□□代，长值危时。望乡失土，波迸流离，只欲隐山居住，不能忍冻受飢，只欲扬名后代，复无晏婴之机，才轻德薄，不堪人师，徒消人食，浪费人衣，随缘信业，且逐时之随。辄以讨其坟典，简择诗、书，依傍经史，约礼时宜，为书一卷，助幼儿童，用传于后，幸愿思之。”观其自序，真王明清所谓“村落间老校书”也，何尝有伪托古人之意哉？王国维跋云（在本卷后，亦见观堂集林卷二十一）：“原书有云：‘太公未遇，钓渔水（原注：“‘水’上疑脱‘渭’字。”），相如未达，卖卜于市，□天（嘉锡案：“此字似脱上半，恐非‘天’字。”）居山，鲁连海水，孔鸣（原注：“‘明’字之误。”）盘桓，候时而起。’书中所用古人事止此，或后人取太公二字冠其书，未必如王仲言曾高祖之说也。”嘉锡案：古人摘字名篇，多取之第一句，否则亦当在首章之中。今王氏所引，在其书之后半，未必摘取以名其书。且其前尚有“唐、虞虽圣，不能化其明主；微子虽贤，不能谏其暗君；比干虽惠（‘惠’字疑是‘忠’字之误），不能自免其身”云云，亦是用古人事，不独太公数句也。名书之意，仍当以王明清说为是。要之，无论如何，绝非伪托为齐太公所撰，则可断言也。

晁公武读书志云：“之推本梁人，所着凡二十篇，述立身治家之法，辨正时俗之谬，以训世人。”今观其书，大抵于世故人情，深明利害（器案：此绝似纪昀语，于所评黄叔琳节钞本中数见不鲜，则此提要，或出其手），而能文之以经训，故唐志、宋志俱列之儒家。然其中归心等篇，深明因果，不出当时好佛之习；又兼论字画音训，并考正典故，品第文艺，曼衍旁涉，不专为一家之言，今特退之杂家，从其类焉。又是书隋志不着录，唐志、宋志俱作七卷，今本止二卷，钱曾读书敏求记载有宋钞淳熙七年嘉兴沈揆本七卷，以闽本、蜀本及天台谢氏所校五代和凝本参定，末附考证二十三条，别为一卷，且力斥流俗并为二卷之非。今沈本不可复见（器案：明万历间何镗刊汉魏丛书，即用七卷本，清康熙间武林何允中覆刻之，称为广汉魏丛书，此非罕见之书，何云不可复见也！），无由知其分卷之旧，姑从明人刊本录之。然其文既无异同，则卷帙分合，亦为细故。惟考证一卷，佚之可惜耳。

颜之推集辑佚

古意二首[①]

十五好诗书，二十弹冠仕[②]。楚王赐颜色，出入章华里[③]。作赋凌屈原，读书夸左史[④]。数从明月燕[⑤]，或侍朝云祀[⑥]。登山摘紫芝[⑦]，泛江采绿芷[⑧]。歌舞未终曲，风尘暗天起[⑨]。吴师破九龙[⑩]，秦兵割千里[⑪]。狐兔穴宗庙[⑫]，霜露沾朝市[⑬]。璧入邯郸宫[⑭]，剑去襄城水[⑮]。未获殉陵墓，独生良足耻[⑯]。悯悯思旧都[⑰]，恻恻怀君子[⑱]。白发窥明镜，忧伤没余齿[⑲]。

①据《艺文类聚》二六引《文选》徐敬业《古意酬到长史溉登琅邪城》，吕向："古意，作古诗之意也。"《文镜秘府论·南卷》论文意："古意者，非若其古意，当何有今意；言其效古人意，斯盖未当拟古。"

②张玉谷《古诗赏析》二一曰："《汉书》：'王阳在位，贡禹弹冠。'"案：此见汉书王吉传，师古注："弹冠者，且入仕也。"又萧望之传："子育，少与陈咸、朱博为友，着闻当世；往者有王阳、贡公，故长安语曰：'萧、朱结绶，王、贡弹冠。'言其相荐达也。"

③《赏析》曰："《左传》：'楚子成章华之台。'"案：见昭公七年，杜预注曰："章华台，在今华容城内。"《渚宫旧事》三原注："章华台，在江陵东百余里，台形三角，高十丈余，亦名三休台是也。"案：此二句是说仕梁元帝朝，时梁元建都江陵也。

④《赏析》曰："《左传》：'左史倚相趋过，王曰："是良史也……是能读三坟五典八索九丘。"'"案：见昭公十二年。

⑤《御览》一九六引《渚宫旧事》："湘东王（萧绎）于子城中造湘东苑，穿池构山，长数百丈……山北有临风亭、明月楼，颜之推诗云：'屡陪明月宴。'并将军扈熙所造。"《艺文类聚》七四引萧绎《谢赐弹□局启》："徘徊之势，方希明

月之楼。”

⑥《赏析》曰：“宋玉《高唐赋》：‘王游高唐，怠而昼寝，梦见一妇人，曰：“妾，巫山之神女也，朝为行云，暮为行雨，朝朝暮暮，阳台之下。”旦朝视之，如言。故为立庙，号曰朝云。’”

⑦《高士传》中：“四皓《采芝歌》：‘汉漠高山，深谷逶迤；晔晔紫芝，可以疗饥。’”《文选·思玄赋》：“留瀛洲而采芝兮，聊且以乎长生。”旧注：“瀛洲，海中山也。”

⑧吴均《与柳恽相赠答六首》：“黄鹂飞上苑，绿芷出汀洲。”

⑨《三国志·吴书·华核传》：“核上疏曰：‘卒有风尘不虞之变，当委版筑之役，应烽燧之急，驱怨苦之众，赴白刃之难，此乃大敌所因为资也。’”杜甫《秋日荆南送石首薛明府辞满告别奉寄薛尚书颂德叙怀斐然之作》：“风尘相澒洞。”赵次公注：“凡兵之地，谓之风尘。如隋颜之推《古意》诗云：‘歌舞未终曲，风尘闇天地。’”案：赵注引“起”作“地”，误，当以此为正。

⑩《赏析》曰：“《淮南子》：‘阖闾伐楚，破九龙之钟。’”案：见《泰族篇》，高诱注曰：“楚为九龙之簴（jù）以悬钟也。”

⑪《赏析》曰：“割千里，谓秦割楚国之地千里也。”案：《战国策·楚策》：“横合，则楚割地以事秦。”

⑫《文选》张孟阳《七哀诗》：“狐兔穴其中。”

⑬案：即《观我生赋》“讫变朝而易市”之意。

⑭《史记·蔺相如传》：“赵惠文时，得楚和氏璧。”邯郸，赵地。

⑮《御览》三四四引《豫章记》：“吴未亡，恒有紫气见于牛斗之间，占者以为吴方兴，唯张华以为不然。及平，此气逾明。张华闻雷孔章妙达纬象，乃要宿，屏人，问天文将来吉凶。孔章曰：‘无他，唯牛斗之间有异气，是宝物之精，上彻于天耳。’‘此气自正始、嘉平至今日，众咸谓孙氏之祥，惟吾识其不然。今闻子言，乃玄与吾同。今在何郡?’曰：‘在豫章丰城。’张遂以孔章为丰城令。至县移狱，掘深二丈，得玉

匣长八九尺，开之，得二剑：一龙渊，二即太阿。其夕，牛斗气不复见。孔章乃留其一，匣龙渊而进之。剑至，张公于密室发之，光焰韡韡，焕若电发。后张遇害，此剑飞入襄城水中。孔章临亡，诫其子恒以剑自随。后其子为建安从事，经浅濑，剑忽于腰中跃出；初出犹是剑，入水乃变为龙。逐而视之，见二龙相随而逝焉。孔章曾孙穆之犹有张公与其祖书，反复桑根纸古字。县后有掘剑窟，方广七八尺。”

⑯案：《观我生赋》：“小臣耻其独死，实有媿于胡颜。”意同。

⑰梁简文帝《伤离新体诗》：“悯悯怆还途。”旧都，指江陵。

⑱《赏析》曰：“君子，指梁主。”按：太玄翕：“翕缴恻恻。”注：“恻，痛心也。”《文选》欧阳坚石《临终诗》：“下顾所怜女，恻恻心中酸。”

⑲《论语·宪问篇》：“饭蔬食，没齿无怨言。”集解引孔安国曰：“齿，年也。”皇侃义疏：“没，终；齿，年也……但食麤粝，以终余年，不敢有怨言也。”《赏析》曰：“此伤梁室灭亡，自媿不能殉难之诗，而题曰古意，且托于楚王，更用吴师秦兵作影，惧显言之触祸也。前四，直从幼学壮行、获逢知遇说起。‘楚王’句是感旧之恨。‘作赋’六句，仍带文学，正写侍从之乐。‘歌舞’八句，蒙上转落梁室兵连国灭，禾黍之感。后六，自媿独生，不胜怀旧，而以忧伤终老结住。白发余齿，隐与‘十五’二句呼应。篇中对偶虽多，而不涉纤巧，允称杰构。”又曰：“颜历仕梁、齐、周、隋四朝，而此指为梁作者，一则元帝都江陵为楚地，二则始仕时在梁也。”

其二

宝珠出东国，美玉产南荆①。随侯曜我色②，卞氏飞吾声③。已加明称物④，复饰夜光名⑤。骊龙旦夕骇⑥，白虹朝暮生⑦。华彩烛兼乘⑧，价值讵连城[9]。常悲黄雀起[10]，每畏灵蛟迎[11]。千刃安可舍[12]，一毁难复营。昔为时所重，今为时所轻[13]。愿与浊泥会[14]，思将垢石并[15]；归真川岳下[16]，抱润潜其荣[17]。

①之推以珠玉自比，本为南人，故揭出东国、南荆，下分承言之。

②《淮南子·览冥篇》："譬如随侯之珠，和氏之璧，得之者富，失之者贫。"高诱注："随侯，汉东之国，姬姓诸侯也。随侯见大蛇伤断，以药傅之，后蛇于江中衔大珠以报之，因曰随侯之珠，盖明月珠也。"《史记·李斯传》："今陛下致昆山之玉，有随、和之宝。"正义："《括地志》云：'濆山，一名昆山，一名断蛇丘，在随州随县北二十五里。'《说苑》云：'昔随侯行遇大蛇中断，疑其灵，使人以药封之，蛇乃能去，因号其处为断蛇丘。岁余，蛇衔明珠径寸，绝白而有光，因号随珠。'卞和璧，始皇以为传国玺也。"（和氏璧见下注。）

③《韩非子·和氏篇》："楚人和氏得玉璞楚山中，奉而献之厉王。厉王使玉人相之，玉人曰：'石也。'王以和为诳，而刖其左足。及厉王薨，武王即位，和又奉其璞而献之武王；武王使玉人相之，又曰：'石也。'王又以和为诳，而刖其右足。武王薨，文王即位，和乃抱其璞而哭于楚山之下，三日三夜，泪尽而继之以血。王闻之，使人问其故，曰：'天下之刖者多矣，子奚哭之悲也？'和曰：'非悲刖也，悲夫宝玉而题之以石，贞士而名之以诳，此吾所以悲也。'王乃使玉人理其璞，而得宝焉，遂命曰和氏之璧。"案：《文选》卢子谅《赠刘琨诗》李善注引"和氏"作"卞和"。又案：卞和所遇楚三王，《韩非子》作厉、武、文，《新序》杂事五作厉、武、共，《淮南》注作武、文、成，《七谏》注作厉、武、成；《琴操》又以为怀王、平王，此传闻异辞也。

④《荀子·天论篇》："在物莫明于珠玉，珠玉不睹，则王公不为宝。"

⑤《战国策》："乃遣使车百乘，献鸡骇之犀、夜光之璧于秦王。"尹文子大道上："魏田父有耕于野者，得宝玉径尺，弗知其玉也，以告邻

人。邻人阴欲图之，谓之曰：‘此怪石也，畜之弗利其家，弗如复之。’田父虽疑，犹录以归，置于庑下。其夜，玉明光照一室，田父称家大怖，复以告。邻人曰：‘此怪之征，遄弃，殃可销。’于是遽而弃于远野。邻人无何盗之，以献魏王。魏王召玉工相之。玉工望之，再拜而立：‘敢贺王，王得此天下之宝，臣未尝见。’王问其价，玉工曰：‘此无价以当之，五城之都，仅可一观。’魏王立赐献玉者千金，长食上大夫禄。”

⑥《庄子·列御寇》：“河上有家贫、恃纬萧而食者，其子没于渊，得千金之珠。其父谓其子曰：‘取石来锻之。夫千金之珠，必在千重之渊，而骊龙颔下。子能得珠者，必遭其睡也；使骊龙而寤，子尚奚微之有哉！’”

⑦《礼记·聘义》：“夫昔者君子比德于玉焉……气如白虹，天也。”郑玄注：“虹，天气也。”正义曰：“白虹，谓天之白气。言玉之白气，似天之白气，故云天也。”

⑧《史记·田完世家》：“有径寸之珠，照车前后各十二乘者

十枚。”

⑨《太平御览》卷八〇六引张载《拟四愁诗》：“佳人遗我云中翮，何以赠之连城璧。”

⑩《吕氏春秋·贵生篇》：“以随侯之珠，弹千仞之雀，世必笑之。”《战国策·楚策》：“黄雀因是，以俯噣白粒，仰柄茂树，鼓翅奋翼，自以为无患，与人无争也；不知夫公子王孙，左挟弹，右摄丸，将加己乎十仞之上。”颜氏此文，盖合两书用之。

⑪《博物志》七：“澹台子羽赍（jī）千金之璧渡河。河伯欲之。阳侯波起，两蛟夹船，子羽左操璧，右操剑，两蛟皆死。既济，三投璧于河，河伯三跃而归之。子羽毁璧而去。”

⑫案：“千刃”疑当作“千仞”，见注⑩。彼言十仞，此言千仞，增之也。

⑬《汉书·五行志》二：“桂树华不实，黄爵巢其颠。故为人所羡，今为人所怜。”庾信《伤王司徒褒诗》：“昔为人所羡，今为人所怜。”

⑭《抱朴子·君道篇》：“夜光起乎泥泞。”《太平御览》卷八〇三引任子：“丹渊之珠，沈于黄泥。”

⑮《淮南子·说山篇》：“周之简圭，生于垢石。”高诱注：“简圭，大圭。美玉生于石中，故曰生垢石。”

⑯《荀子·劝学篇》：“玉在山而木润，珠生渊而岸不枯。”陆机《文赋》：“石韫玉而山晖，水怀珠而川媚。”

⑰此之推思茂其才之意。抱润，指玉。潜荣，指珠。

和阳纳言听鸣蝉篇（隋卢思道同赋）[①]

听秋蝉，秋蝉非一处。细柳高飞夕，长杨明月曙；历乱起秋声[②]，参差搅人虑[③]。单吟如转箫[④]，群噪学调笙；风飘流曼响[⑤]，多含断绝声。

垂阴自有乐，饮露独为清[⑥]；短緌何足贵[⑦]，薄羽不差轻[⑧]。螗蜋翳下偏难见[⑨]，翡翠竿头绝易惊[⑩]；容止由来桂林苑[⑪]，无事淹留南斗城[⑫]。城中帝皇里，金、张及许、史[⑬]；权势热如汤，意气喧城市；剑影奔星落[⑭]，马色浮云起；鼎俎陈龙凤，金石谐宫征。关中满季心[⑮]，关西饶孔子[⑯]。讵用虞公立国臣[⑰]，谁爱韩王游说士[⑱]？红颜宿昔同春花[⑲]，素鬓俄顷变秋草。中肠自有极，那堪教作转轮车[⑳]。

①据《初学记》三〇引《北史·卢思道传》："周武帝平齐，授仪同三司，追赴长安，与同辈阳休之等数人作听蝉鸣篇，思道所为，词意清切，为时人所重。新野庾信，遍览诸同作者而深叹美之。"案：《艺文类聚》九七引思道《听鸣蝉篇》曰："听鸣蝉，此听悲无极。群嘶玉树里，回噪金门侧；长风送晚声，清露供朝食。晚风朝露实多宜，秋日高鸣独见知。轻身蔽数叶，哀鸣抱一枝。流乱罢还续，酸伤合更离。蹔听别人心即断，纔闻客子泪先垂。故乡已超忽，空庭正芜没。一夕复一朝，坐见凉秋月。河流带地从来崄，峭路干天不可越；红尘早敝陆生衣，明镜空悲潘掾发。长安城里帝王州，鸣钟列鼎自相求；西望渐台临太液，东瞻甲观距龙楼。说客恒持小冠出，越使常怀宝剑游；学仙未成便尚主，寻源不见已封侯；富贵功名本多豫，繁华轻薄尽无忧。讵念嫖姚嗟木梗，谁忆兰皋倦土牛。归去来，青山下；秋菊离离日堪把，独焚枯鱼宴林野；终成独校子云书，何如还驱少游马。"

②鲍照《拟行路难》："黄丝历乱不可治。"历乱，犹言杂乱。

③《诗·小雅·节南山》何人斯："只搅我心。"搅虑，犹搅心也。

④《淮南子·修务篇》："故秦、楚、燕、赵之歌也，异转而皆乐。"高诱注："转，音声也。"转箫，犹言吹箫。转为音声，使之发音声，亦谓之转。吴均《赠周散骑兴嗣二首》："制赋已百篇，弹琴复千转。"弹琴称转，正如吹箫之称转也。白居易《题周家歌者》："清紧如敲玉，深圆似转簧。"

⑤《类聚》九七引曹大家《蝉赋》："当二秋之盛暑，凌高木之

流响。”

⑥曹大家《蝉赋》：“吸清露于丹园。”《类聚》九七、《御览》九四四引陆云《寒蝉赋》：“含气饮露，则其清也。”

⑦《礼记·檀弓下》：“范则冠而蝉有緌（ruí）。”郑玄注：“范，蜂也。蝉，蜩也。緌谓蝉喙长，在腹下。”孔颖达正义曰：“蝉喙长，在腹下，似冠之緌。”

⑧陆云《寒蝉赋》：“爰蝉集止，轻羽莎佗。”

⑨《说苑·正谏篇》：“园中有树，其上有蝉。蝉高居悲鸣饮露，不知螳螂在其后也。螳螂委身曲附欲取蝉，而不知黄雀在其傍也。”

⑩《乐府诗集》十八刘孝绰《钓竿》：“金辖茱萸网，银钩翡翠竿。”张正见《钓竿诗》：“竹竿横翡翠，桂髓掷黄金。”李巨仁《钓竿诗》：“不惜黄金饵，唯怜翡翠竿。”翡翠竿亦名文竿。《文选·西都赋》：“揄文竿。”李善注：“文竿，竿以翠羽为文饰也。”

⑪《文选·吴都赋》：“数军实乎桂林之苑。”刘渊林注：“吴有桂林苑。”

⑫《三辅黄图》：“长安故城，汉之旧都，高祖七年，方修长乐宫成，自栎阳徙居此城，本秦离宫也。初置长安城，本狭小，至惠帝更筑之：高三丈五尺，下阔一丈五尺，上阔九尺；雉高三阪；周回六十五里。城南为南斗形，北为北斗形，至人呼汉旧京为斗城。”

⑬《汉书·盖宽饶传》：“上无许、史之属，下无金、张之托。”应劭曰：“许伯，宣帝皇后父；史高，宣帝外家也；金，金日磾也；张，张安世也。”《文选》左太冲《咏史诗》：“朝集金、张馆，暮宿许、史庐。”

⑭《尔雅·释天》：“奔星为彴约。”郭注：“流星。”《长杨赋》：“疾如奔星。”

⑮《史记·季布传》：“季布弟季心，气盖关中，遇人恭谨，为任侠，方数千里，士皆争为之死。”又袁盎传：“盎曰：‘天下所望者，独季心、剧孟耳。’”

⑯《后汉书·杨震传》："杨震，字伯起，弘农华阴人也……少好学，受欧阳尚书于太常桓郁，明经博览，无不穷究，诸儒为之语曰：'关西孔子，杨伯起。'"

⑰案：虞公立国臣，盖谓宫之奇也。《左传》僖公二年："晋荀息请以屈产之乘，与垂棘之璧，假道于虞以伐虢……虞公许之，且请先伐虢。宫之奇谏，不听；遂起师。夏，晋里克、荀息帅师会虞师伐虢，灭下阳。"又三年："晋侯复假道于虞以伐虢。宫之奇谏曰：'虢，虞之表也，虢亡，虞必从之。晋不可启，寇不可翫。一之为甚，其可再乎！谚所谓"辅车相依，唇亡齿寒"者，其虞、虢之谓也。'……弗听，许晋使。宫之奇以其族行，曰：'虞不腊矣，在此行也，晋不更举矣。'"之推用此事，直为奔齐自解。庾信《哀江南赋》："章曼枝以毂走，宫之奇以族行。"意亦同此。

⑱案：此盖用苏秦以"宁为鸡口，无为牛后"说韩昭侯事，隐喻之推自己所进奔陈之策，不为齐主所用，以致覆灭，观我生赋所谓"曩九围以制命，今八尺而由人"者也。

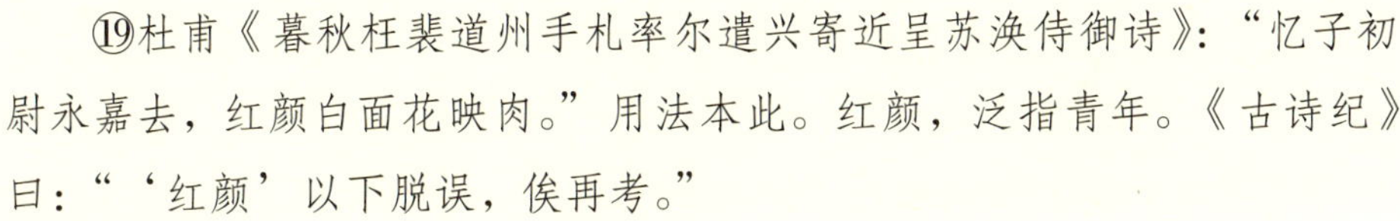

⑲杜甫《暮秋枉裴道州手札率尔遣兴寄近呈苏涣侍御诗》："忆子初尉永嘉去，红颜白面花映肉。"用法本此。红颜，泛指青年。《古诗纪》曰："'红颜'以下脱误，俟再考。"

⑳《乐府诗集》六二《悲歌古辞》："心思不能言，肠中车轮转。"

神仙[1]

红颜恃容色，青春矜盛年；自言晓书剑，不得学神仙。风云落时后，岁月度人前；镜中不相识，扪心徒自怜。愿得金楼要[2]。思逢玉钤篇[3]。九龙游弱水[4]，八凤出飞烟。朝游采琼宝[5]，夕宴酌膏泉[6]。峥嵘下无地[7]，列缺上陵天[8]；举世聊一息[9]。中州安足旋[10]。

①据《文苑英华》二二五引，此乐府古题也。

②《金楼子·志怪篇》："前金楼先生是嵩高道士，多游名山，寻丹砂，于石壁上见有古文见照宝物之秘方，用以照宝，遂获金石。"《通志·艺文略·天文类·宝气》有《金娄地镜》一卷，当即"金楼"之误。

③《颜氏家训·杂艺篇》："吾尝学六壬式，亦值世间好匠，聚得龙首、金匮、玉軨变、玉历十许种书，讨求无验，寻亦悔罢。""玉軨"即"玉钤"之讹。《唐大诏令集》二《中宗即位赦》："振玉钤而殪封豕，授金钺而斩长鲸。"沈珣《授契苾通振武节度使制》："挺鹄立鹰扬之操，知玉钤、金匮之书。"

④《太平御览》卷九三〇引《楚国先贤传》："宋玉对楚王曰：'神龙朝发昆仑之墟，暮宿于孟诸，超腾云汉之表，婉转四渎之里；夫尺泽之鲵，岂能料江海之大哉！'"《事类赋》十九引《括地图》："昆仑山在弱水中，非乘龙不得至。"则龙游弱水，积古相传如此。武则天《同太平公主游九龙潭诗》："岩顶翔双凤，潭心倒九龙。"凡言凤实兼凰而言，故必成双捉对，沈约《拟凤赋》："拂九层之羽盖，转八凤之珠旆。"八凤

双凤，其义一也。

⑤沈约《绣像题赞》：“水耀金沙，树罗琼实。”卢思道《神仙篇》：“玉英持作宝，琼实采成蹊。”

⑥《山海经·西山经》：“又西北四百二十里曰峚山……丹水出焉，西流注于稷泽，其中多白玉，是有玉膏，其源沸沸汤汤，黄帝是食是飨。”郭璞注：“所以得登龙于鼎湖而龙蜕也。”

⑦《史记·司马相如传》：“下峥嵘而无地兮，上嵺廓而无天。”

⑧《汉书·司马相如传》：“贯列缺之倒景兮。”服虔曰：“列缺，天闪也。”又《杨雄传》：“辟历列缺，吐火施鞭。”应劭曰：“列缺，天隙电照也。”

⑨《汉书·王褒传》：“周流八极，万里一息。”《拾遗记》三《周穆王录》曰：“望绛宫而骧首，指瑶台而一息。”一息，犹言暂息。

⑩《文选》苏子卿《诗四首》：“山海隔中州，相去悠且长。”李善注：“楚辞曰：‘蹇谁留兮中州。’”张铣注：“中州，帝都也。”《旧唐书·陈子昂传》：“昔蜀与中国不通，秦以金牛美女啖蜀侯；侯使五丁力士栈褒斜，凿通谷，迎秦之馈。秦随以兵，而地入中州。”前言中国，后言中州，则中州即中国也。旋，谓回旋也。

从周入齐夜度砥柱[①]

侠客重艰辛[②]，夜出小平津[③]。马色迷关吏[④]，鸡鸣起戍人[⑤]。露鲜华剑彩[⑥]，月照宝刀新[⑦]。问我：“将何去？”“北海就孙宾[⑧]。”

①据《文苑英华》二八九引冯惟讷《古诗纪·北齐一》曰：“梁词人丽句作惠慕道士诗，题云‘犯虏将逃作’。”丁福保《全北齐诗》曰：“《北史》本传：‘荆州为周军所破，大将军李穆送之推往弘农，令掌其兄阳平公远书翰。遇河水暴涨，具船将妻子奔齐，经砥柱之险，时人称

其勇决。'"张玉谷《古诗赏析》二一曰："《汉书·地理志》：'底柱，在陕县东北，山在河中，形若柱也。'"案：《文镜秘府论》东册引此诗，佚作者名，"重"作"倦"。

②《文选》陆士衡《拟青青陵上柏》："侠客控绝景。"李善注引列子："昔范氏有子曰子华，善养私名，使其侠客，以鄙相攻。"案：阳缙乐府侠客控绝影，即以陆诗首句为题，云："园中追寻桃李径，陌上逢迎游侠人。"又曰："游侠英名驰上国，人马意气俱相得。"则侠客谓游侠之士，袁宏所谓"三游"之一也。抱朴子外篇正郭，亦谓郭林宗"为游侠之徒"，之推盖以侠客自命耳。吕向注《文选》，谓"侠客，游人也"，非是。

③《赏析》曰："小平津，在今巩县西北。"案：《后汉书》灵纪注："小平津，在今巩县西北。"《御览》七一引《郡国志》："陕州平陆县小平津，张让劫献帝处。南岸有勾陈垒，武王伐纣，八百诸侯会处。"

④夜度，故马色迷也。

⑤《史记·孟尝君传》："关法：鸡鸣而出客。"《文选》鲍明远《行药至城东桥诗》："鸡鸣关吏起。"

⑥江淹《萧骠骑让太尉增封第三表》："文轩华剑。"华剑，犹江淹萧太尉上便宜表所谓"文彩利剑"。案：《文镜秘府论》一本"彩"作"影"。

⑦《谷梁传》僖公元年："孟劳者，鲁之宝刀也。"

⑧《赏析》曰："《后汉书·赵岐传》：'中常侍唐衡兄唐玹尽杀赵岐家属，岐逃难江湖间，匿名卖饼。时孙嵩察岐非常人，曰："我北海孙宾石，阖门百口，势能相济。"遂俱归，藏岐复壁中，数年，诸唐后灭，岐因赦得免。'"案：孙宾即孙宾石，《三国志·魏书·阎温传》注引鱼豢《魏略》作孙宾硕，割裂人名为文，此六朝习惯用法也。《赏析》曰："诗因避难而作：首二，提清避难，破题总领；三四，顶次句，写乘夜偷度之景如画；后四，月露仍带夜来，而佩剑刀以就孙嵩，则与起句应。但孙宾押韵，未免割裂。"

稽圣赋[①]

豪豕自为雌雄，决鼻生无牝牡[②]。

鼋鳖伏乎其阴，鸬□孕乎其口[③]。

鱼不咽水[④]。

雀奚夕瞽？鸱奚昼盲[⑤]？

雎鸠奚别？鸳鸯奚双[⑥]？

蛇晓方药，鸩善禁咒[⑦]。

蛴螬行以其背，蟪蛄鸣非其口[⑧]。

竹布实而根枯，蕉舒花而株槁[⑨]。

瓜寒于曝，油冷于煎[⑩]。

芩根为蝉[⑪]。

魏妪何多，一孕四十？中山何伙，有子百廿[⑫]？

乌处火而不燋，兔居水而不溺（拟）[⑬]。

水母，东海谓之蛇，正白蒙蒙如沫[⑭]。

①《直斋书录解题》十六：“《稽圣赋》三卷，北齐黄门侍郎琅邪颜之推撰，其孙师古注。盖拟天问而作。中兴书目称李淳风注。”案：疑此赋有颜、李二注本，故唐、宋人见其书者，或引为颜籀注，或引为李淳风注也。

②《北户录》一崔龟图注引。

③《埤雅》二引，原作颜籀稽圣赋，盖误以注者为作者耳。

④《埤雅》七引，原作颜之推曰：今审知为稽圣赋文。

⑤《埤雅》七引，原作颜之推曰：今审知为稽圣赋文。

⑥《埤雅》七引。

⑦《埤雅》十引。

⑧《埤雅》十一引。

⑨《埤雅》十五引。

⑩《埤雅》十六引。

⑪东坡《物类相感志》十六引。又引注：“《抱朴子》曰：‘有自然之

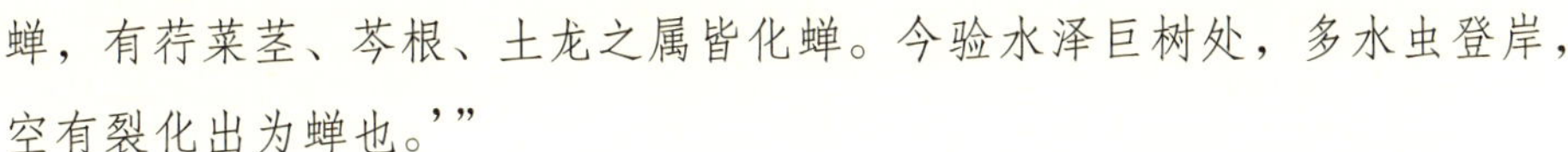

蝉，有荇菜茎、芩根、土龙之属皆化蝉。今验水泽巨树处，多水虫登岸，空有裂化出为蝉也。’”

⑫《佩觿》序原注、《焦氏笔乘》六引。器案：“魏”当作“郑”，此事见《竹书纪年》晋定公二十五年：“郑一女生四十人，二十人死。”中

山，谓中山王刘胜，《史记·五宗世家》：“中山靖王胜，以孝景前三年用皇子为中山王……胜为人乐酒好内，有子枝属百二十余人。”《汉书》胜传删“枝属”二字，之推用汉书，盖传其家学也。

⑬《一切经音义》五一：“王充《论衡》曰：‘儒者皆云：“日中有三足乌。”日者，阳精，火也。“月中有白兔、蟾蜍。”月者，阴精，水也。安得乌处火而不燋，兔居水而不溺？相违而理不然也。’李淳风注《稽圣赋》引‘《抱朴子》云：“今得道者及有妙术之人，亦能入火不烧，入水不濡。”且俱为人伦，而其异如此（“此”字原误植在“矣”下，今辄乙正）矣，王生安知日中之乌、月中之蟾兔，而不如人间之术士，有能入水入火者，与常乌凡兔之不同乎？’又云：‘业感在星天之上，日月之中，其形虽同，彼必神明之类，不可以人理凡情之所校测者矣。’”案：据此，则李淳风之注，颇有诘难之辞；而颜籀之注，盖祖述之推之说耳，于此，益有以知《稽圣赋》之有二注也。

⑭《北户录》一注引。按此当为颜籀注文。

赋

岁精仕汉，风伯朝周①。

①《艺林伐山》十三引。案：文见《北齐书·樊逊传》逊对求才审官，疑升庵误记。

上言用梁乐

礼崩乐坏，其来自久。今太常雅乐，并用胡声；请冯梁国旧事，考寻古典①。

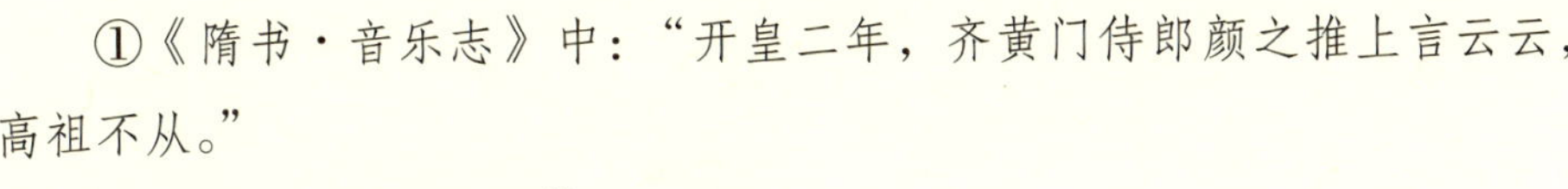

①《隋书·音乐志》中："开皇二年，齐黄门侍郎颜之推上言云云，高祖不从。"

奏请立关市邸店之税[①]（文佚）

①《隋书·食货志》："武平之后，权幸并进，赐与无限，加之旱蝗，国用转屈。乃料境内六等富人，调令出钱。而给事黄门侍郎颜之推奏请立关市邸店之税，开府邓长颙赞成之。后主大悦。于是以其所入以供御府声色之费，军国之用不豫焉。未几而亡。"

失题

眉毫不如耳毫，耳毫不如项绦，项绦不如老饕[①]。

①《能改斋漫录》卷七引。

参考文献

[1] 庄辉明，章义和. 颜氏家训译注[M]. 上海：上海古籍出版社，2012.

[2] 檀作文. 颜氏家训[M]. 北京：中华书局，2011.

[3] 檀作文，李小杰. 颜氏家训[M]. 北京：中信出版社，2013.